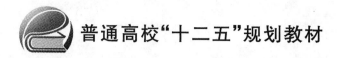
普通高校"十二五"规划教材

微机械电子系统及其应用
（第 2 版）

刘广玉　樊尚春　周浩敏　编著

北京航空航天大学出版社

内容简介

本书在第一版的基础上,结合近年相关专业技术、理论的最新发展和编者近几年研究工作的成果,主要介绍当今微机电系统的内容、应用及其发展,内容包括微机电系统的组成和应用、微机电系统材料、微机械制造技术、微机械执行器、微机械传感器及微机械弱信号检测与处理。

全书内容丰富、图文恰当、新颖实用,可作为普通高校大学本科高年级大学生和有关专业研究生的教材,也可供从事 MEMS/NEMS 技术的科技人员参考。

图书在版编目(CIP)数据

微机械电子系统及其应用 / 刘广玉,樊尚春,周浩敏编著. -- 2版. -- 北京:北京航空航天大学出版社,2015.1

ISBN 978-7-5124-1451-8

Ⅰ. ①微… Ⅱ. ①刘… ②樊… ③周… Ⅲ. ①微型—机电系统—高等学校—教材 Ⅳ. ①TH-39

中国版本图书馆 CIP 数据核字(2014)第 145559 号

版权所有,侵权必究。

微机械电子系统及其应用
(第 2 版)
刘广玉 樊尚春 周浩敏 编著
责任编辑 蔡喆 赵钟萍
*
北京航空航天大学出版社出版发行

北京市海淀区学院路 37 号(邮编 100191) http://www.buaapress.com.cn
发行部电话:(010)82317024 传真:(010)82328026
读者信箱:goodtextbook@126.com 邮购电话:(010)82316936
北京时代华都印刷有限公司印装 各地书店经销
*
开本:787×1092 1/16 印张:12.75 字数:326 千字
2015 年 1 月第 2 版 2015 年 1 月第 1 次印刷 印数:3 000 册
ISBN 978-7-5124-1451-8 定价:28.00 元

若本书有倒页、脱页、缺页等印装质量问题,请与本社发行部联系调换。联系电话:(010)82317024

第 2 版前言

微机电系统(MEMS)是 20 世纪 80 年代中后期国际上新兴的一项高新技术。其主要特征是器件尺寸构建在微米级、亚微米级乃至纳米级。如此微小器件的实现是制造技术上的一场革命,它在 MEMS 实现、应用和发展过程中占有主导地位,起着关键作用。一旦攻克微机械制造技术这一关,诸多领域的技术变革,就会转化成推动社会进步实实在在的生产力,以造福于人类。

微机电系统进展迅速,时至今日,它不仅在航空航天、工业过程控制与测试、微流量控制、微电子产品以及生物医疗等多个领域得到越来越广泛的应用,并已微化到纳机电系统(NEMS),制造出实用的纳米器件,如纳米扫描探针、纳机电振荡器等,还呈现出向各个科技领域全面扩散的趋势。

编者注意到这些新的动向,加上我们近年来取得的一些科研成果,拟定对原版进行充实、完善和更新,精心编排再版。再版仍沿用原版思路反映新的现实。主要不同之处分别说明在各章节中。

第 1 章　微机电系统的组成和应用

增强了微机电系统优特点和微尺寸效应对微装置性能影响的解说,重新改写了"1.5.6　微光学方面应用"和"1.6　结语的内容"。

第 2 章　微机电系统材料

新增了超导材料、光导纤维材料的内容,充实和更新了纳米相材料的内容,充实了多晶硅和硅-蓝宝石的内容,删去了电流变液和磁流变液材料的内容,其他节次多处作了局部完善。

第 3 章　微机械制造技术

保留原版的基本内容,但对 3.2 节作了调整、充实和完善。将固相键合技术调为 3.4 节,内容有所充实,特殊加工技术调为 3.5 节,删去冷压焊接技术和键合方法小结。增加了纳米结构制造工艺新内容。

第 4 章　微机械执行器

仅对 4.1 和 4.4.1 节作了充实和完善,修改了个别插图。

第 5 章　微机械硅电容式传感器

本章对原版第 5 章作了较大调整,增加了新内容,并分成 5、6 两章论述,突出了闭环检测原理对提高传感器静态精度和拓宽动态工作范围的作用。本版第 5 章主要讨论硅电容式传感器,论述开环集成式硅电容压力传感器和负反馈闭环硅电容加速度传感器。除讨论电容检测方法外,还增加了"电子隧道效应负反馈闭环加速度传感器"的新内容。

第6章 微机械硅谐振式传感器

集中论述正反馈闭环硅谐振式传感器,包括压力、加速度和陀螺微传感器。基于自激振动理论,更新了传感器的工作机理。改写了 6.1 节的内容,增加了温度自补偿双模态硅谐振梁式压力传感器、静电激励频率检测硅谐振式陀螺仪和碳纳米管谐振式质量传感器等新内容。

第7章 微机械弱信号检测与处理

本章对原版第 6 章作了较大的调整、充实、更新和完善——改写了概述、检测原理、滤波技术,更新了开关电容技术,新增了锁相环理论,也删掉了一些内容。

经过充实、完善、更新和删减,精心编排后,全书内容的科学性和系统性比原版更加清晰明确。

与国内近年出版的同类书籍相比,本书具有以下特点:(1)内容较为新颖、丰富,对微机电系统的特征、材料、设计理论、制造技术、应用和发展作了深入地讨论,突出了微尺寸效应对系统性能的影响和微、纳工艺是系统实现的最关键技术的论点;(2)兼顾内容的广度和深度,理论和实际并重;(3)内容和举例多侧重在航空航天领域,因为该领域对微系统技术的要求越来越高,反过来更能促进微系统的发展。

本书适合作为与 MEMS 相关专业的普通高校本科高年级大学生和研究生教材,也可供从事 MEMS/NEMS 技术的科学技术人员参考。

编 者
2014 年 5 月

目 录

第1章 微机电系统的组成和应用 … 1
1.1 引 言 … 1
1.2 微机电系统的特征 … 2
1.3 微机电系统的材料和制造技术 … 3
1.4 微机电系统的测量技术 … 4
1.5 微机电系统的应用 … 5
1.5.1 在航空航天方面的应用 … 6
1.5.2 在生物医学方面的应用 … 8
1.5.3 在微流量系统方面的应用 … 10
1.5.4 在扫描探针显微术方面的应用 … 11
1.5.5 在信息科学方面的应用 … 12
1.5.6 在微光学方面的应用 … 12
1.6 结 语 … 15
思 考 题 … 15

第2章 微机电系统材料 … 16
2.1 概 述 … 16
2.2 硅及其化合物材料 … 17
2.2.1 单晶硅 … 17
2.2.2 多晶硅 … 19
2.2.3 硅-蓝宝石 … 23
2.2.4 碳化硅 … 24
2.2.5 氧化硅和氮化硅 … 25
2.3 化合物半导体材料 … 25
2.4 光导纤维 … 26
2.5 熔凝石英 … 27
2.6 金刚石材料 … 27
2.7 压电材料 … 28
2.7.1 压电效应(电致伸缩效应) … 28
2.7.2 压电石英晶体 … 28
2.7.3 压电陶瓷 … 30
2.7.4 聚偏二氟乙烯薄膜 … 31
2.7.5 ZnO压电薄膜 … 33

2.7.6 压电自感知驱动器 ·· 34
2.8 磁致伸缩材料 ·· 35
2.9 形状记忆合金 ·· 36
2.10 膨胀合金 ··· 37
2.10.1 铁镍低膨胀系数合金(4J36) ······································ 37
2.10.2 铁、镍、钴玻璃封接合金(4J29) ·································· 37
2.10.3 铁、镍、钴瓷封合金(4J33) ······································· 37
2.11 几种通用金属材料 ·· 38
2.12 超导材料 ··· 38
2.13 纳米相材料 ·· 39
思 考 题 ··· 40

第3章 微机械制造技术 ··· 41
3.1 概 述 ·· 41
3.2 硅微机械制造技术 ·· 41
3.2.1 表面微加工技术 ·· 42
3.2.2 体型微加工技术 ·· 53
3.3 LIGA 技术和 SLIGA 技术 ·· 65
3.3.1 LIGA 技术 ·· 65
3.3.2 SLIGA 技术 ·· 66
3.4 固相键合技术 ·· 67
3.4.1 技术要求 ··· 67
3.4.2 键合方法 ··· 71
3.5 特种加工技术 ·· 77
3.5.1 激光加工技术 ·· 77
3.5.2 电子束加工技术 ·· 78
3.6 纳米结构(器件)制造工艺方法简述 ··························· 78
3.6.1 引 言 ··· 78
3.6.2 纳米结构新工艺技术探讨 ··································· 78
思 考 题 ··· 80

第4章 微机械执行器 ··· 81
4.1 概 述 ·· 81
4.2 微电机 ·· 81
4.2.1 静电力驱动变电容式微电机 ································ 81
4.2.2 静电驱动谐波式微电机 ······································ 86
4.2.3 电悬浮微电机 ·· 87
4.3 微泵和微阀 ·· 91
4.3.1 微流量控制系统 ·· 91

4.3.2　微型泵 ··· 91
　4.4　梳状微谐振器 ··· 107
　　4.4.1　梳状微谐振器的结构和工作原理 ································· 107
　　4.4.2　谐振梳弹性系统的固有频率 ·· 109
　　思　考　题 ·· 111

第5章　微机械硅电容式传感器 114

　5.1　概　述 ··· 114
　5.2　集成式硅电容压力传感器 ·· 115
　　5.2.1　原理结构 ··· 115
　　5.2.2　方膜片的小挠度近似计算 ·· 116
　　5.2.3　检测电路 ··· 117
　　5.2.4　硅电容式集成压力传感器的接口电路 ····························· 118
　5.3　力平衡式硅电容加速度传感器 ·· 124
　　5.3.1　摆式结构脉宽调制静电力平衡式加速度传感器 ················ 124
　　5.3.2　梳齿结构静电力平衡式加速度传感器 ···························· 126
　5.4　电子隧道效应加速度传感器 ··· 128
　　5.4.1　电子隧道效应 ·· 128
　　5.4.2　力平衡式隧道加速度传感器 ··· 129
　　思　考　题 ·· 136

第6章　微机械硅谐振式传感器 138

　6.1　概　述 ··· 138
　6.2　硅谐振式传感器的物理机制 ··· 139
　　6.2.1　测量原理 ··· 139
　　6.2.2　品质因数 ··· 140
　　6.2.3　谐振梁的微分方程 ··· 144
　6.3　激励和检测机制 ··· 146
　　6.3.1　静电激励与电容检测 ·· 146
　　6.3.2　电热激励与压敏电阻检测 ·· 148
　　6.3.3　光热激励与光纤检测 ·· 149
　　6.3.4　电磁激励与检测 ·· 149
　　6.3.5　压电激励与检测 ·· 149
　6.4　硅谐振式传感器 ··· 151
　　6.4.1　硅谐振梁式压力传感器 ··· 151
　　6.4.2　硅谐振式加速度传感器 ··· 158
　　6.4.3　硅谐振式角速率传感器 ··· 162
　　6.4.4　谐振式碳纳米管质量传感器 ··· 171
　　思　考　题 ·· 174

第7章 微机械弱信号检测与处理 ································· 175
7.1 概　述 ··· 175
7.2 微弱信号检测技术 ··· 176
7.2.1 滤波技术 ··· 176
7.2.2 开关电容技术 ·· 180
7.2.3 频域信号的相关检测技术 ···································· 181
7.2.4 锁相环理论 ··· 185
7.2.5 时域信号的取样平均技术 ···································· 193
7.2.6 抗干扰的技术措施 ·· 194
思 考 题 ··· 195
参考文献 ··· 196

第1章 微机电系统的组成和应用

1.1 引 言

微机械、微系统或微机械电子系统(微机电系统)是大意相同的3个名词,兴起于20世纪80年代后期,其含义十分广泛。一般可定义为由微米(10^{-6} m)和纳米(10^{-9} m)的加工技术制作而成、融机、电、光、磁以及其他相关技术群为一体的,可以活动和控制的微工程系统。目前,人们泛称的是微机械电子系统(Microelectromechanical Systems,MEMS)。它是以微传感器、微执行器以及驱动和控制电路为基本元器件组成的、自动性能高的、可以活动和控制的、机电合一的微机械装置,如图1-1所示。特点是体积小、质量轻、功耗低。用它进行的操作是极其微细的,有的操作已经到了单个细胞乃至分子范围;有的微型敏感元件(纳米探测器)能敏感到单个原子,能进行原子量级的探测。如此细微的工作状况,用肉眼是不能直接分辨的,必须借助显微术或专用仪器来观察和控制。

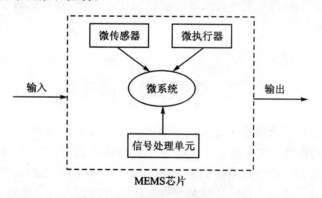

图1-1 微机电系统组成示意图

传统(宏观)机械的最小构成单元通常是毫米(mm)量级,而微机械的最小零件尺寸要下降3~6个数量级,完全进入到一个新的尺度范畴(10^{-6}~10^{-9}) m。

微机械装置不仅节省空间和原材料,还节省能源。以微传感器在航空航天上的应用为例:现在一架航天器需要安装3 000~4 000只各种用途的传感器,若用质量只有几克(g)的微传感器取代那些千克(kg)级质量的传统传感器,显然在减轻航天器质量、减少能源供应和储存、增加航程及可携带更多的有用设备等方面都有积极的作用。

微机电系统比传统的宏观元件和系统更不容易受到干扰、更便宜、更可靠而且功能更强。

微机电系统是国际上20世纪80年代末新兴起的一项热点技术。它的由来和产生不是偶然的,是人类社会和科学技术持续发展的必然结果。人类社会的日益进步,人民生活水平的日益提高,科学技术的日益发展,都需要大量资源的支持。大量资源的耗散,促使自然资源的开发日益扩大。这不仅会使资源日渐枯竭,出现资源危机,还将严重地破坏生态环境,使其失去平衡，给人类造成灾难。发展和应用微机电系统和微型技术，可以满足人类社会实现低能耗、高功效、低成本以及保护环境和维持生态平衡的愿望。

科学技术的进步，是社会繁荣的动力。在宏观技术方面，人类已经取得了显著成就，推进了社会发展，创造了人类文明。为了社会的持续发展，科技工作者们正在向微观技术世界进军，包括从原子、分子尺度出发，研究自然界各种现象的行为和规律。微机电系统研究的兴起，集中地反映了人类开拓微观技术世界这一发展趋势。

微机电系统不像集成电路(IC)，只涉及单一的电学参数，而是涉及机、电、光、磁、热等多门学科范畴，并模糊了学科界限的边缘技术；所以对它的研究，绝不是简单地在原有技术上做适当的改进，而是要求开发者具有新的思维。

尽管研究和发展MEMS技术的难度很大，但它对人类未来的影响已吸引了众多科学家和工程师们对它的不悔追求与探索。在实验室里，他们力求创造出能改造传统工程系统的各种微机械装置，以满足人类社会的持续发展，特别是满足不断追求尺寸微型化的航空航天、生物工程、临床医学、信息技术、环境监测及预防等诸多方面的迫切需求。

可以预见，将来人类的活动会与微机械技术(或称微型技术)密切相关，它将影响人类生活和社会的各个方面。概括地说，微机械技术是21世纪引人注目的技术，它将使世界发生改变。

值得指出的是，尽管微技术的应用将遍及各种工程和科学领域，但它不能完全取代宏技术。微技术有微的妙处，宏技术有宏的作用，二者将相伴共存。不过，各类宏技术如舰艇、飞机、汽车等传统装置本身，待挖掘的技术潜力已近殆尽，一味地追求它们本身的最优化已无意义，而应将重点转移到把微技术植入传统装置中，提高它们的数字化、信息化及智能化水平，以提高其综合效能。

1.2 微机电系统的特征

尺寸微小是微机电系统的基本特征。当制造的元件尺寸小到亚微米($0.1~\mu m$)乃至纳米(nm)量级时，元件的物性将发生与宏观尺寸下不同的特性效应，称作纳米微尺寸效应或称量子尺寸效应。它呈现出一些微观世界的新现象。微尺寸效应，将影响由微尺寸元件组成的微系统(或装置)的设计观念和方法。传统的设计观念和方法以及一些物理定律，在此不能完全套用。比如工程上惯用的尺寸缩放等方法。因此，许多理论需要更新和重新建立，必须从新的构思出发去探索微机械由于微尺寸效应形成的一些特殊现象和规律。

● 微尺寸效应对于元器件间的作用力有很大影响。随着尺寸的减小，与尺寸3次方成比例的像惯性力、体积力及电磁力等的作用将明显减弱；而与尺寸2次方成比例的像粘性力、表面力、静电力及摩擦力等的作用则明显增强，并成为影响微机械性能的主要因素。在微机械中，又由于表面积与体积之比相对增大，使热传导的速度也相对增加。

所以在微机械设计中，对元器件间作用力的分析、控制及利用不同于传统的宏观机械。如在传统的电机设计中，多利用电磁力驱动；而在微型电机设计中，则多利用静电力驱动。

又如微机械的能源很小，因而应尽可能地降低摩擦阻力造成的能耗，必要时可利用悬浮机理技术等措施实现0摩擦。最大限度地降低摩擦、磨损是保证微机械功能和寿命的关键，因而研究微机械中摩擦、磨损的特性与机理也就成为一项主要研究课题。

● 随着元器件尺寸的减小，元器件材料内部缺陷出现的可能性减小，因而元器件材料的机械强度会增加。所以微型元器件的弹性模量、抗拉强度、疲劳强度及残余应力均与大零件有所不同。

- 由于微尺寸效应，导致微机电系统的惯性小、热容量低，容易获得高灵敏度和快响应。
- 由于微尺寸效应，导致微机电系统的前端装置如微传感器的输出信号十分微小，传统的测量工具和仪器难以实现如此微弱信号的检测，必须创造新的测量设备。
- 微机电系统尺度的缩小，集成化程度的提高，会导致工序增多，成本增高；所以应在试制前对整个微机电系统的器件、工艺及性能进行模拟分析，对各种参数进行优化，以保证微系统的设计合理、正确，降低研制成本，缩短研制周期。显然，传统的设计方法(基本上为试凑法)已难以满足上述新要求，必须寻求新的设计途径。其中最流行的就是微机电系统的计算机辅助设计(MEMS CAD)。运用 MEMS CAD，除了借鉴已有的机械 CAD 和电子 CAD 工具外，还必须针对特定的微系统，开发专用的 CAD 建模软件。这方面有大量的工作要做。

更有价值的是：微尺寸效应为新技术开发带来广阔的前景，最好的例证当属量子隧道效应。它已被人们在现实(宏观)世界中开发和利用。如基于超导体的量子隧道效应开发出的超导量子干涉器件(SQUID, superconducting quantum interference device)，借助这种器件已设计成对微弱磁场进行测量的超精密磁传感器，用于心、脑磁性图的测量。精度达 ppm 量级。

再如，量子尺度(纳尺度)的装置比宏观尺度的装置对声音极为敏感，利用它对声音的敏感性就能设计和制造出极敏感的纳米声传感器和探测器。

总而言之，微纳机电系统自身的一些特征和内在规律，几乎都是由微尺寸效应引发而生的。当元件尺寸进入纳米尺度时，就将呈现出只有在纳米尺寸才能有的一些新功能。

1.3 微机电系统的材料和制造技术

传统的机电系统，用得最多的是金属材料，采用传统的机械制造工艺制作而成；而微机电系统最常用的则是硅及其化合物材料。

- 硅是容易获得的超纯无杂的低成本材料，有极好的机械特性和电学特性，非常适合制造微结构。
- 便于利用集成电路(IC)工艺和微机械加工工艺进行批量生产。
- 硅微结构便于和微电子线路实现集成化。

集成电路制造技术，包括版图设计、刻蚀工艺、薄膜工艺以及模拟技术等已发展得较为成熟，能成功地用于微电子器件和集成电路的制作。但它不能完全满足微机电系统及其器件的制造。

微机电系统及器件多种多样，像各种原理和结构的微传感器、微执行器及微结构等，不仅和微电子之间有交联，还和外界其他物理量相互作用，并且为体型结构。例如，硅膜片在压力作用下会发生变形；悬挂在硅梁上的质量块受加速度作用后，会使硅梁变形，质量块也随之往复运动，而硅压力传感器和加速度传感器就是在上述机理的基础上分别设计和制造而成的。其间，传感器的敏感结构要和硅衬底相连，硅衬底还要装配在壳体上，传感器总体形成层与层之间互不相同的三维体结构；所以，微机电系统及器件的制造，远非 IC 加工工艺所能及，必须在 IC 工艺基础上扩展一些专用的微机械加工技术，包括表面加工技术、体型加工技术、构件间的相互组装技术、键合及一些封装技术等，才能制造出具有一定性能的微器件和微机电系统。

其实,微机电系统及器件的不同结构,主要取决于掩模版图的设计;它们的制备工艺和过程则是类同的。可归结为:

① 掩模版图的设计和制造;

② 利用光刻版术将平面图形从掩模版上转移到立体结构的硅晶片表面上;

③ 通过 IC 工艺和专用的微机械加工技术,制造出所需要的微机电器件及系统(详见本书第 3 章);

④ 封装和测试。

必须指出,性能优良的微器件及系统,是经过不断改进版图设计和加工工艺而得到的,尤其是微加工工艺。如果没有高精度(nm 级)的微加工工艺,版图设计、改进得再理想,也不能获得性能优良的微器件及系统。换言之,高精度的微加工工艺是得到性能优良的微器件及系统的头等关键技术。

1.4 微机电系统的测量技术

由于微尺寸效应,导致微传感器、微执行器等的输出量衰减到微弱信号级,如运动位移、振幅及形变小到亚 μm 和 nm 量级。将它们变换成可供接收和处理的电信息时,相应的电压量小到 μV、亚 μV 乃至 nV,电流量小到 nA,电容量小到 $0.1 \sim 0.001$ pF。信号幅度如此微小,受空间耦合干扰较强。任何放大电路在此情况下都存在较强背景噪声。如何从背景噪声中将微弱有用信号检测出来的关键是设法抑制混杂在有用信号中的噪声和各种干扰,以提高信噪比。从设计上考虑,必须遵循的原则是:

● 设计合理的集成检测电路布局;

● 检测电路必须与微机械装置(如微传感器)尽量靠近,最好能与传感器实现单片集成或混合集成;

● 尽量减短微系统的尺寸链。

目的都是为了尽量避免寄生信号的产生和干扰。

对于如此微弱信号的检测,目前还缺少标准化的测量方法和设备;因此,研究和开发微弱信号的测量技术和相应的设备,是保证微机电系统取得成功的另一项关键技术。

还有,微机电系统器件的制造,涉及到 nm 量级的加工精度。器件本身的几何量检测,都是传统的测量工具难以实现的。像如何测量微器件的尺寸和结构的误差,如何评价器件表面的原子和分子的几何结构,如何评价薄膜表面的平整度和起伏等,都是摆在测量技术面前的重要课题。

目前,能够在 nm 范围内进行测量的仪器,是 1981 年位于苏黎世的 IBM 实验室的物理学家海因里希·罗雷尔和格尔德·宾尼基于量子隧道效应创造的扫描隧道显微镜(Scanning Tunneling Microscopy,STM),或称扫描探针显微镜。从此,才使纳米技术真正兴起。

STM 的工作原理是利用超细的金属纳米探针(纳米尖)和被测样件表面的 2 个电极,当探针尖与样件表面非常接近(如 1 nm)时,在探针与表面形成的电场作用下,将产生隧道电流效应,即电子会穿过二者之间的空隙从一个电极流向另一个电极。隧道电流的大小与空隙大小有关。当空隙增大时,电流指数形式衰减,若空隙增大 0.1 nm,电流减小 1 个数量级,灵敏度极高。测出探针在非常接近的被测样件表面上扫描产生的隧道电流变化,即可得知样件表面在 nm 尺度内各点位置的微细变化,分辨率极高,达到原子级别的水平。

在 STM 的基础上,现已发展了多种扫描探针的显微技术,以适应不同领域的需要。这些显微技术都是利用探针与样件的不同相互作用,探测表面或界面在 nm 尺度上表现出来的微细变化。如原子力显微镜(Atomic Force Microscopy,AFM),就是利用探针和被测表面之间微弱力的相互作用这一物理现象,对被测样件表面进行扫描测量,得知纳米形貌。AFM 的探测力极其微弱,在 $10^{-6} \sim 10^{-9}$ N 之间,形成与被测表面轻微接触或接近于非接触(相互作用力仅为几 nN)的模式。这种程度的接触模式是不会使样件表面产生形变和损伤的。

AFM 除与 STM 一样,可以对导体进行探测外,还可以用于绝缘体表面的探测;因而具有更广的适应性。例如图 1-2 所示,是用 AFM 扫描测量出的多晶硅芯片的表面粗糙度。尽管有 21 nm 的凹凸不平度,但给人的直观感觉仍是非常光滑的表面。

图 1-2　AFM 扫描测量结果示例

还应指出,STM 和 AFM 扫描显微镜可视为微型坐标测量仪,除含有核心部分——纳米探针外,还含有扫描装置、信息处理及图像分析部分。扫描装置确保探针相对样件表面产生三维(x,y,z)扫描运动;信息处理和图像分析部分除对探针得到的信息进行处理外,还应控制三维扫描系统正确工作,最终给出样件表面的三维图像特征。

1.5　微机电系统的应用

综上所述,微机电系统及微器件在各种工程和科学领域的应用大有发展前途。可用它实现信息获取(微传感器)、信息执行(微执行器)乃至信息处理(微电子技术)等多种多样的功能。优先应用的主要领域包括航空航天、生物医学、微流量控制、微探头和显微技术、信息科学、微光学技术、微机器人及环境监测等。它是改变人类生活的一项高端技术。

1.5.1 在航空航天方面的应用

微机电系统在飞行器的电子设备、飞行器设计及微小卫星等技术方面都有重要的应用。

图1-3所示为机载分布式大气数据计算机，由全压-静压-攻角为一体的多功能微型大气数据探头（或称组合式空速管）、微型压力传感器（静压、差压及动压）以及信号处理单元直接组成，并封装在壳体内，形成一个微机电系统。多功能微型大气数据探头把感受的大气数据直接输入相应的微传感器，并将其变换为电信号，再经信号处理单元解算和补偿后，以总线信号方式提供给飞机上飞控、火控、导航及环境控制等各系统使用。与现在飞机上使用的常规型分离式大气数据计算机相比，其体积和质量下降1~2个数量级。减轻质量和减小体积，对于飞机和空间飞行器来说是至关重要的。

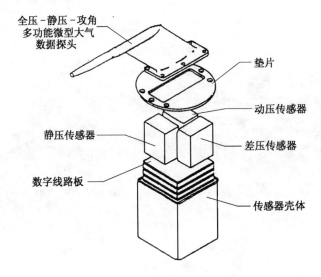

图1-3 分布式大气数据计算机

为了满足高超声速（Hypersonic）、大攻角、恶劣热环境条件下具有隐身外形的现代飞行器的需求，国际上少数国家研发了称为嵌入式大气数据传感系统（Flush Airdata Sensing，FADS）。本系统由微型压力传感器阵列组成，一般嵌入在飞行器头部周围表面内（也有安装在机翼两侧的），用于测量表面大气压力分布状态。根据测得的压力分布，通过特定算法推算出大气数值，实时传送给飞行器上各个需求的控制系统执行操作。

该系统省去了空速管，不仅测量可靠，精度高，适用于高超声速、大攻角条件，还对飞行器的隐身外形没有影响，减少了雷达反射面积。

图1-4给出一种FADS的布局示例，6个微传感器安装（嵌入）在飞行器的球形头部，测量头部表面压力分布。

类似情况，集合微陀螺、微加速度计及其信号处理单元，便可构成微型惯性导航系统。该系统也是以硅材料为主，用微机械加工工艺制造而成的，其体积和质量比常规惯性导航系统至少下降2~3个数量级。这种微型惯性系统，在未来飞机和航天器的姿态控制、测量及导航方面具有重要的应用价值。

航空航天常用的压力微传感器、微陀螺及微加速度计的工作原理和构造，可参见本书第5、6章。

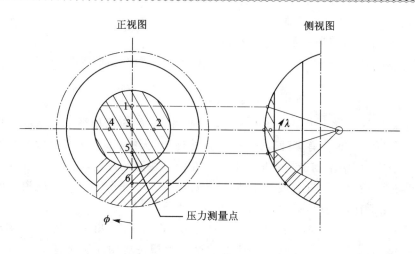

图 1-4　FADS 大气数据系统

现代飞机和飞行器的结构更多地采用复合材料,已成为发展趋势。尤其引人注目的是,在复合材料内分布嵌入微机电系统功能单元(微传感器+微执行器+微电子线路),便可得到期望的、程序可控的材料和结构组态。这些材料和结构被称为 Smart(机敏)材料和 Smart 结构。这种 Smart 结构具有自我监测和检测的功能,能连续地对结构的应力、振动、声、加速度、气动阻力及结构完好性(或损伤)等多种状态实施监测和检测。例如,若将能测量和控制气动涡流和扰动气流的 MEMS 单元分布嵌入飞机襟翼表面,使其成为主动柔性表面,便可对气流扰动或涡流形成主动抑制,就能明显地降低气动阻力,改善飞机飞行的机动性,参见示意图 1-5。类似的主动活动表面也可用于转动直升飞机的桨叶、燃气轮机的叶片,以达到减振降噪,提高功效的目的。

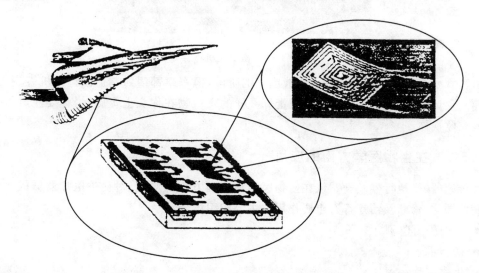

图 1-5　气动扰动控制的柔性襟翼示意图

可以预见,利用具有程序可控、动态可调的 Smart 材料和结构继而可以研发活动机翼的飞机。这种新型飞机会像鸟儿一样飞翔,用活动机翼调节空气阻力,达到节省燃油、提高性能的目的。

Smart 材料和结构在其他方面的重要应用：
- 有源和无源结构的振动阻尼及其控制；
- 有源和无源噪声阻尼及其控制，像潜艇用 Smart 结构表面（蒙皮），即可提高潜艇的减噪功能和隐身性能；
- 桥梁、高速公路及地震结构的监测与报警等。

微机电系统对发展微小卫星起着重要的促进作用，它的应用使微小卫星的质量可以降至 10 kg 以下。不久的将来，含有多种微传感器、微处理器、天线、微型火箭及微控制器等在内的集合体，将会用微米和纳米制造技术把它们制作在同一块硅基片上，成为单片微小卫星。这些微小卫星发射上天后，形成星团（或称浮动层）。这个星团就是分布在一定轨道上的微小卫星结构体系，可以保证在任何时刻对地球上的覆盖区进行监测。

微机电系统也推动了无人驾驶微型飞机的实现。图 1-6 给出的是利用微、纳米制造技术制造出来的微型飞机样机。可以放在手掌上的这种微型飞机的翼展仅有 15 cm，靠体积仅有纽扣大小（d（直径）<1 cm）的涡轮喷气发动机或微型马达来驱动。这种微型飞机可用于常规军用侦察机监视不到的巷道和阴山背地的地方侦察，搜集情报。

现在，仅有 1 cm 大小的直升飞机样机已经被制造出来，由 2 台微型马达提供动力。

图 1-6 微型飞机样件

尽管微型飞机尚未完全达到可实战应用的阶段，但军事部门对制造微型飞机表现出极大的兴趣。预计将来，当有一只像蜻蜓或蜜蜂一样的飞行物在你头上盘旋时，你要注意，这也许是有人在监视你。

1.5.2 在生物医学方面的应用

微传感器、微执行器及微系统在生物医学和工程方面的应用，对促进医疗器械的改善，加速疾病的预防、诊断及治疗都有重要作用。主要应用场合：
- 腔内压力监测；
- 微型手术；
- 生物芯片；
- 细胞操作；
- 仿生器件等。

腔室压力测量已应用于临床，如颅内压力、胸腔压力、心脏房室及其他血管等部位的压力监测等。

图 1-7 所示为用于颅内压力监测的微系统。它由微型压力传感器(如硅电容式压力微传感器)和遥测单元组成。植入颅内腔的压力微传感器可以实时监测颅内病灶部位的压力变化,如脑出血时压力会增高。微型压力传感器实时检测信息,经内导线传给遥测单元输出,供医生做出正确判断,以便确定适宜的治疗方案。

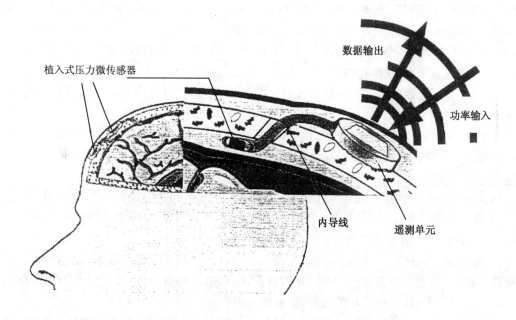

图 1-7 颅内压力监测系统

在治疗头颅外伤和神经外科的疾病时,颅内压力实时监测非常重要。以往临床上采用的导管系统测定方法不安全。因为导管仅能保留几天,必须撤换,超期使用会增加感染的危险。

微机电系统或微执行器在微型手术方面有广阔的应用前景。新近问世的用于做细微手术的微小型机械手就是一例。这种机械手由 3 个微型驱动器驱动。在直径 12 mm 的机械手尖端有长 10 mm 的指尖,可以执行"抓住"和"转动"等动作,并能深入到一般机械手所不能及的患部实施如缝合、结扎等微细手术。进一步提高和完善这种微型机械手的可操作性,有望代替只有熟练医生才能实现的手术动作和质量。

在医学超声成像技术中,应用已开发出的通过体腔直接靠近受检脏器的微型成像探测器(探头),对提高医疗水平和质量大有帮助。

以往的超声成像探头,都是通过体表对内部脏器发射超声频率,对受检者患部进行探测。由于超声在体组织内的衰减与频率成比例,所以超声频率受到患者体征和检查部位的限制,导致探测的分辨率低,难以显示细微的组织结构和更多的生理、病理信息,乃至造成误诊。而采用直接插入体内患部的超声波微探测器,则会明显提高探测分辨率和图像清晰度,并能获得更多的生理、病理信息,便于对疾病做出正确的判断,早发现,早治疗。

如超声波对癌症的诊断。通过将一个微型探测器插入肿瘤,利用声波脉冲为周围组织成像并显示的方法,可对肿瘤进行实时鉴定和分类,判断是良性还是恶性。这种直接探测的方法,是通过侵入程度最低的快捷方式,达到与外科活组织检查相同的效果。

综上所述，利用MEMS器件微小和智能的特点，可以实现在人体器官内部实施细微操作和检查，对疾病的治疗大有裨益。这是MEMS技术对生物医学发展的一大贡献。

生物芯片是MEMS医用器件潜在的应用领域。芯片是采用微、纳米加工技术在面积不大的基片（如硅片、玻璃片及尼龙片等）表面有序地排列若干固定点阵，点阵中每一个微元都是一个微传感器探针，构成微传感器阵列，可用于生物基因检测和分析等。例如，对人类基因组DNA（Deoxyribonucleic Acid，脱氧核糖核酸）长链上的化学序列的测定、基因（密码）图谱鉴定以及基因突变体的检测和分析等，都可在制作好的DNA芯片上进行操作和处理。

由于检测、分析及处理都是在芯片上进行的，又可称其为芯片实验室LOC（Lab-on-a-Chip）。芯片实验室基因分析法与传统的实验室基因分析法相比，检测效率大大提高，工作量明显减少，可比性显著增加。

总起来说，生物芯片分析，实际上是微传感器检测和分析的组合。芯片技术的需求，必然会促进医用或生物微传感器的发展；反之，医用或生物传感技术的研发，也必然会促进生物芯片技术的发展和应用。

长期以来，生物医学界一直期望能对单一细胞和生物大分子进行探测和操作，采用MEMS微小器件能够使这一期望得以实现。生物细胞和生物大分子（如DNA）一般在1~10 μm的量级，利用微、纳米加工技术能按这个尺寸的大小加工、组装具有一定功能的微小装置，探测和操作细胞的运行，并能引导细胞进行自我组合。例如细胞融合技术，就是利用遥控的微操作机器人，先把2个要融合的细胞导入融合室，然后通过电场作用，将2个细胞沿电场方向排列并融合起来，构成一个新的细胞，实现细胞融合。

运用MEMS微小器件实现的细胞操作技术，不仅被用于探测细胞的运行机制，分析生物纳米大小的结构和性能，还可以发现、甚至修复一个个分子上出现的小故障，并通过开关基因来抵御疾病的发生。这些，对生物医学的影响是难以估量的。

MEMS器件也应用于仿生器官。仿生器官由许多模仿生物器官组织的基本微结构构成，每个基本微结构类似有机体的一个细胞、基因甚至某生物体。借助MEMS制造技术可将这些微结构加工、组装成仿生微装置或微系统。该微系统在人或动物体内就能像蛇那样完成柔性运动。这样的微系统在医学上，如低侵袭性外科手术和人工器官组织更换等方面，有着重要的应用。当然，这些仿生微系统须选用与生物机体的物性类同的材料制成。

电子鼻是仿生器官的一种。它是模仿人和动物嗅觉器官功能的仿生系统，由气敏传感器阵列、模式识别及相关的信号处理电路构成，用来探测和识别各种气味。如今，借助于MEMS技术，电子鼻越做越小，甚至可以将上百、上千个微型气敏传感器（相当于生物的嗅觉感受器）及其相关部分集成在同一芯片上，成为电子鼻芯片，其功能更接近于生物的嗅觉器官（人类鼻子具有上万个气敏传感器的功能）。

电子鼻的应用领域十分广泛，最早、最多的应用领域是食品工业。如今在医药卫生、大气监测、有毒气体检测、汽车尾气检测、安全检查、公安及军事等诸多领域都有应用。

1.5.3 在微流量系统方面的应用

微流量系统由微阀、微泵及微型流量传感器等器件组成，经微机械加工，将这些微器件制作在同一块硅衬底上，形成微流量共同体。微流量通道（含孔和沟渠）刻蚀在与硅衬底键合在一起的硼硅酸玻璃片上。

图1-8所示为一种微流量化学分析系统的原理结构。其整体尺寸只有0.9 cm³，计含2个压电驱动膜片泵、2个热电式微型流量传感器及1个化学反应室。其工作原理流程示于图1-9。

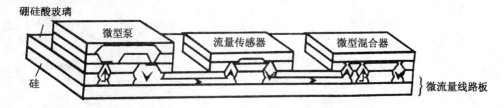

图1-8 微流量化学分析系统原理结构

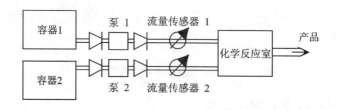

图1-9 微流量化学分析系统原理流程

在微量化学反应分析系统、微量药剂传送与计量系统、特定的血液成分分析和测量等系统，都需要以微流技术为基础做出评定和判断。如临床分析化验、DNA基因遗传诊断分析、新药物的化学成分分析以及微量试剂反应等。

微流量系统除具有体积小、所需样品量少的优点以外，在性能上还能确保被分析、化验及检测的流量感受同样的温度分布、吸热反应、清洁的反应过程及精确的流量控制。这些是运用MEMS技术实现的，过去那种分离式的常规流量系统是无法做到的。

微流量系统在其他方面也有重要应用，如太空用微型推进系统、喷墨嘴、射流元件、射流放大器以及气体与液体的色谱分析等。

1.5.4 在扫描探针显微术方面的应用

扫描探针显微术主要由超细的纳米传感探针（俗称纳米尖）和扫描部件组成，如图1-10所示。利用探针在被测样件表面上方扫描，检测样件表面（或界面）在原子和分子尺度上表现出的一些性质。目前使用的测量仪器，包括扫描隧道显微镜（STM）、原子力显微镜（AFM）以及在这2种显微镜基础上派生和发展起来的多种扫描探针显微镜（SPM），几乎都是以纳米传感探针为测量部件设计而成的。纳米探针是人们开发MEMS制造技术制作出的一种新器件，它成为微观方面对各种现象在原子和分子尺度内观测研究的重要工具。若没有精度达到nm级的超细微加工技术，就不能制造出纳米探针，就不能发明新的MEMS器件，当然也就不能做到nm尺度的观测和研究。随着纳米技术的深入研究和日益广泛的应用，新的各具特征的扫描探针显微术的探针阵列将会不断出现，以满足各种领域新的nm尺度的观测和研究。预计，未来人类的活动都会与显微技术密切相关。

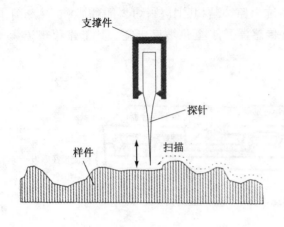

(a) 扫描探针的工作原理　　　　　　　　(b) 扫描探针部分的图像

图 1-10　扫描显微术主要组成部分示意图

1.5.5　在信息科学方面的应用

信息本身没有质量和尺寸,但信息存储、交换、操作及传输过程中外接的微型化、低功耗的 MEMS 器件却是不可或缺的基础件,如计算机系统中的微机械存储器、激光扫描器、磁盘和磁头以及打印头等。它们不仅具备信息交换和存储的能力,同时也有助于改进信息的敏感度及显示的密度和品质。

射频(RF)MEMS 器件,包括 RF 微机械开关、微机械谐振器、微机械可调电容器、微机械电感器和滤波器、微机械天线以及雷达系统用的 RF 器件等,它们都是无线电通信设备中必不可少的基础组成件。人们正以极大的兴趣,采用 MEMS 制造技术,对这类微型器件进行开发和实用化研究。

MEMS 器件和系统在信息科学中的应用,对移动通信及信息技术实现微型化、低功耗等都具有重要作用。

1.5.6　在微光学方面的应用

利用微米和纳米制造技术,现已开发出许多用于传感、通信及显示系统的分立式或阵列式微型光学器件。它们可以实现传统光学设备所能实现的如折射、衍射、反射及致偏等功能,而且实现了小体积、轻质量及低功耗。

这些微器件包括光纤传感器、光开关、光显示器、光调制器、光学对准器、光度头、变焦距反射镜、集成光编码器、微光谱仪及微干涉器等。它们又各有主要的应用场合。例如光开关,主要应用于光纤通信系统;而光显示器的主要应用领域,则有投影显示、通信设备以及测量显示等。

现对用于图像显示的数字式铝制微反射镜 DMD(Digtal Micromirror Device)的组成、制造及应用作简要的介绍。数字式微镜是一种由静电驱动的扭转微镜阵列(起光开关作用)和与其匹配的集成电路制作一起,形成多层结构。光在底层硅芯片上,在低温 400 ℃ 条件下用微加工工艺制出静态随机存储器阵列和相关的集成电路,再在其上层采用表面微细加工工艺流程制出铝微反射镜阵列。微镜阵列由成上万个像素排列的面阵组成。每个微镜(像素)是边长仅为数微米的正方形,其部分放大照片如图1-11所示,图中仅有9个微镜,中间一个被除去,便于观察微镜下方的硅芯片结构。

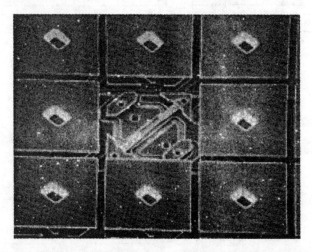

图1-11 DMD像素阵列(一个像素已经被去除,以展示铝反射微镜下方的硅芯片)

微反射镜阵列可在一个角度(约±10°)内偏转,偏转角由其下方的静态随机存储单元的状态决定。若存储单元为"1",微镜处于+10°的偏转状态,入射光发射的照明光才被反射到投影透镜中,并可投射到显示屏幕上。若为"0"状态,微镜处于-10°位置,微镜则不发光。

微镜制造的工艺流程主要有6个步骤(见图1-12):

① 在底层硅芯片上,在400 ℃条件下,制出静态随机存储器阵列和集成电路。然后,在硅片上表面淀积一层较厚的SiO_2保护层,并进行化学机械抛光处理,以便为微镜阵列的加工提供一个平坦的表面;在SiO_2表面上再淀积铝层并图形化,形成偏压和寻址电极、触地盘并与下方的电路互连;经再淀积牺牲层光刻胶。

② 淀积后专用的铝合金,以形成微镜的扭转铰链。

扭转铰链的区域被一层图形化淀积的SiO_2保护起来。

③ 淀积一层另一种专用的铝合金组成的较厚的覆盖层,用于形成支架片结构;在这第二层金属上再次进行淀积氧化物掩膜,并形成托架片和锚柱形状。

④ 除了氧化物铰链掩膜保留的部位处,暴露出的铝区域均被刻蚀掉,直到牺牲层的光刻胶上,仅保留下方的铰链结构。

⑤ 再将薄的氧化物掩膜层刻蚀掉,并再一次淀积牺牲层光刻胶,并将其图形化,形成微镜的形状。

⑥ 用等离子体刻蚀掉牺牲层,释放出微镜体,获得与硅衬底完全分离并可偏转的微反射镜阵列。最后,在镜面上涂一层抗黏附层,防止工作时微镜与着落点黏附。

单个DMD像素的各种组成部件结构如图1-13所示。

在F-22战机的驾驶舱中,采用了7个多功能彩色液晶显示器,其中显示彩色图像的就是数字式微反射镜器件。该器件制作在一块面积为31.75 mm×19.05 mm的硅芯片上,底层是集成电路部分,上层制有(1920×1080)个微反射镜阵列,每个微镜边长仅为17 μm的正方形。

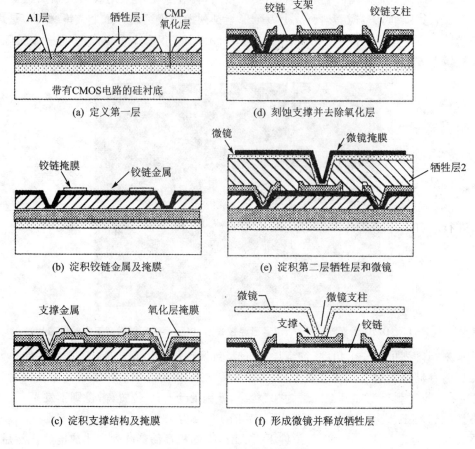

图 1-12 DMD 的制造工艺

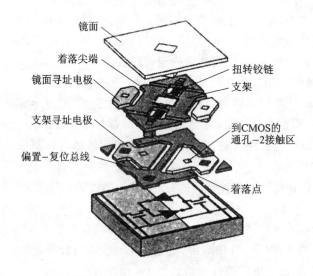

图 1-13 四层铝层和两层高分子牺牲层构成的 DMD 结构示意图

1.6 结　语

　　MEMS 技术涵盖的科技领域极其宽广,现已发展成为一个包括材料、机械、电子、光学、生物、化学、医学和生命科学等基础学科的综合领域。是一门交叉学科,并正在向各门科学和技术领域全面扩散。是当今世界范围内热门研究的高新科技。

　　MEMS 装置的最大特征是尺度微小,微小到纳米量级,可以进入管道和结构内部收集有关信息,进行维修工作。如在医学领域,纳米"潜艇"(例如银纳米粒子)可以使其在血液中游弋,找出肿瘤细胞,并将其摧毁。该项技术已受到生物医学界的广泛关注。

　　MEMS 技术是支撑人们解释和利用微观科学世界各种现象的平台。它是在微、纳米加工技术的基础上建造起来的。如果没有微米和纳米制造技术这一基础,没有能按照原子和分子的大小进行加工、组装及构成具有一定性能的各种微机电系统(MEMS)、纳机电系统(NEMS)、微光机电系统(MEOMS)以及微装置这一微纳米制造手段,今天人们探索、理解及利用微观科学技术,如分析纳米大小的生物结构和性质,制造生物医学上用的遥控微操作机器人,制造分子发动机等微机械装置去造福人类的愿望,都将无法实现。

　　MEMS 技术是推动社会发展的一种动力,近些年来取得一些重大进步,已使一些传统技术显得陈旧过时,时至今日,MEMS 技术正在从微米级向纳米级的水平微化和延伸。可以预见,在未来的某些应用领域,纳米机电系统(NEMS),将逐步取代微机电系统(MEMS)。如在构建纳米粒子作为生物传感器和生化传感器去研究细胞的情况和区别化学样本中不同元素的情况,就是很好的例证。

　　总之,未来从信息科技到生物科技,从医药学到航空航天,处处都将能见到纳米科技的应用。

思 考 题

1.1　为什么工程上常用的尺寸缩放法不适用于对 MEMS 的研究,试论证之。
1.2　MEMS 技术模糊了学科的界限,它处于许多科学领域的中心。试论述这一特点对促进科学技术发展的作用。
1.3　论述 MEMS 对航空航天仪表发展的作用,并以实例说明之。
1.4　何谓纳米技术?有人说纳米技术是摆弄(或说摆布)原子和分子的技术。你同意这种说法吗?试举例论证之。
1.5　微型化可能引发新一轮工业革命吗?试论证之。

(各题论述在 1 000 字以上)

第 2 章 微机电系统材料

2.1 概 述

制造微机电系统的材料有多种多样,大体可分为非金属材料和金属材料,主要有:半导体硅及其化合物;化合物半导体;电致伸缩和磁致伸缩材料;陶瓷和玻璃材料;高分子聚合物;复合材料;超导材料;纳米材料;金属和合金材料等,是一个材料体系。理解和掌握这个体系,才能深入地分析 MEMS 器件的性能及其加工技术。

面对如此多种材料,设计者必须面临一个合理选择材料的问题,以保证在不同使用条件下的 MEMS 器件获得最佳性能和可靠性。选择材料时主要依据材料的物理性质,材料的内耗和材料的残余应力。

材料的物理性质主要包括弹性模量、密度、泊松比、线膨胀系数和每单位质量的热容量等。

材料的损耗用损耗系数 η 表示,它是衡量谐振器件振动时能量损耗的系数,与谐振器件的机械品质因数 Q 互为倒数,即

$$\eta = Q^{-1} = \frac{\Delta W}{2\pi W} \tag{2-1}$$

或写为

$$Q = \frac{2\pi W}{\Delta W} = \eta^{-1} \tag{2-2}$$

式中,W 代表谐振器件储备的最大应变能,ΔW 代表每一振动循环损失掉的能量。

$$\eta = \eta_e + \eta_i \tag{2-3}$$

式中,η_i 代表材料内部固有的能量损耗系数;η_e 代表谐振器件外部周边的能量损耗系数,包括空气阻尼、压膜阻尼和声阻等。

材料内部的残余应力是热载荷作用的结果,在微结构设计中尤其应该加以考虑。例如,在衬底材料表面上,蒸镀或淀积薄膜材料,由于衬底和薄膜材料的热膨胀系数不同,在淀积过程中便会产生热应变。若在一矩形截面的硅梁衬底上,淀积一层其他的薄膜材料,产生的轴向热应变 ε_t^T 可表示为

$$\varepsilon_t^T = -\Delta\alpha(T - T_d) \tag{2-4}$$

式中,$\Delta\alpha$ 代表衬底和薄膜材料热膨胀系数的差值,T_d 代表有效薄膜淀积温度,T 代表正常温度。由于热应变 ε_t^T,便导致残余应力(热应力)的产生。

一支具体的 MEMS 常由多种材料构成,在选择材料时要注意它们之间热膨胀系数的匹配,以免引起因环境温度而产生的额外残余应力,导致系统性能漂移,稳定性下降。

对于由多种材料组合的微结构,优选组件的时效处理温度和机械老化措施也是降低残余应力的有效方法。

2.2 硅及其化合物材料

2.2.1 单晶硅

单晶硅为中心对称立方晶体。图2-1表示一个简单的立方单元晶胞及其几个不同的主要晶面：(100)、(110)和(111)面。晶面的法线称为晶向。

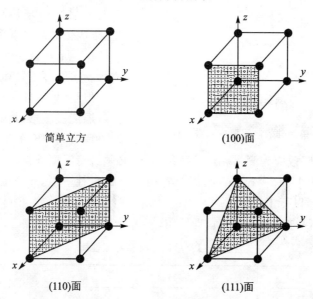

图2-1 简单立方原子结构及其几个不同的主要晶面

图2-2表示出一个完整的硅单元晶胞中的原子排列，8个角上各有一个原子，6个面中心各有一个原子，体对角线1/4处各有一个原子。这种单元晶胞在空间的重复排列，就形成完整的硅单晶晶体结构。

在单晶硅的不同晶面上，原子密度不同，故其物理性质也不相同，即单晶硅为各向异性材料。例如，弹性模量、压阻效应、腐蚀速率等，表现出各向异性的特征。

单晶硅材料质量轻，密度为 2.33g/cm³，是不锈钢的 1/3.5；强度高，弯曲强度为不锈钢的 3.5 倍，具有较高的刚度/密度比和强度/密度比。

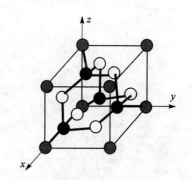

图2-2 完整的硅单元晶胞中的原子排列

单晶硅具有很好的热导性，是不锈钢的 5 倍，而热膨胀系数则不到不锈钢的 1/7，与 Invar 合金、7740# 玻璃接近，它们之间彼此封接在一起，几乎可以避免热应力的产生。

单晶硅的电阻应变灵敏系数高，在同样的输入下，可以得到比金属应变计更高的信号输出，一般为金属的 10~100 倍，能在 10^{-6}~10^{-7} 量级上敏感到输入信号。

单晶硅材质纯，不纯度在十亿分之一（10^{-9}）的量级上，因而内耗低，机械品质因数可达

10^6 量级(实际值往往比其最高值小几倍)。如果设计得当,微传感器结构的能达到极小的迟滞和蠕变、极佳的重复性和长期稳定性,以及高可靠性。所以,用单晶硅材料制造微传感器有利于解决长期困扰传感器领域的 3 个难题:迟滞、重复性、长期稳定性。

单晶硅材料的制造工艺和集成电路工艺有很好的兼容性,这便于制造微型化、集成化的微机电系统。

正是上述这些优异性质,才使单晶硅成为制造微传感器和微系统的首选材料。

但是,单晶硅材料的电阻率和压阻系数对温度极敏感,其电阻温度系数接近于 $2\,000 \times 10^{-6}/K$ 的数量级(见图 2-3)。

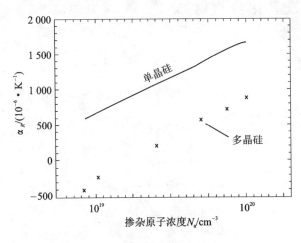

图 2-3 单晶硅的电阻温度系数

因此,凡是基于硅压阻效应为测量原理的微传感器,必须进行温度补偿。

还有硅的带隙太小($E_g = 1.1$ eV),因此它的化学稳定性一般,也限制了硅基电子器件只能在结温(约 150 ℃)以下工作。

表 2-1 给出单晶硅材料的一些物理性质。

表 2-1 单晶硅材料物理性质

物理参数	数 据	
密度 $\rho_m/(g \cdot cm^{-3})$	2.33	
弯曲强度 b_s/MPa	70~200	
屈服强度 Y_s/MPa	7 000	
弹性模量 E/MPa 剪弹性模量 G/MPa	(100)晶向:$E=130\times10^3$;$G=79\times10^3$ (100)晶向:$E=170\times10^3$;$G=61.7\times10^3$ (111)晶向:$E=190\times10^3$;$G=57.5\times10^3$	
弹性模量温度系数/K^{-1} $\beta_E = \frac{1}{E_o}\frac{dE}{dT}$	(100)晶向:$\beta_E = -63\times10^{-6}$; (110)晶向:$\beta_E = -80\times10^{-6}$; (111)晶向:$\beta_E = -46\times10^{-6}$	
线膨胀系数 α_1/K^{-1}	2.62×10^{-6}	
热导率 $\lambda/(W \cdot m^{-1} \cdot K^{-1})$	157	
比定压热容 $c_p/(J \cdot kg^{-1} \cdot K^{-1})$	678	
泊松比 ν	(100)晶向:$\nu=0.278$;(111)晶向:$\nu=0.18$	
电阻应变灵敏系数 $G_s = \frac{1}{\varepsilon}\frac{\Delta R}{R_0}$ ε——应变	N 型硅	P 型硅
	(100)晶向:$G_s=-132$	+10
	(110)晶向:$G_s=-52$	+132
	(111)晶向:$G_s=-13$	+177

续表 2-1

物理参数	数据	
压阻效应和压阻系数 $\frac{\Delta\rho}{\rho}=\pi\sigma$ 式中，ρ,π,σ 分别代表电阻率，压阻系数和正应力 注：单晶硅为中心对称立方晶体结构，仅有 3 个非零的压阻系数	$\rho=11.7\times10^{-2}(\Omega\cdot m)$ 纵向：$\pi_{11}=-102\times10^{-11}(m^2\cdot N^{-1})$ 横向：$\pi_{12}=+53.4\times10^{-11}(m^2\cdot N^{-1})$ 切向：$\pi_{44}=-13.6\times10^{-11}(m^2\cdot N^{-1})$	$\rho=7.8\times10^{-2}(\Omega\cdot m)$ $\pi_{11}=+6.6\times10^{-11}(m^2\cdot N^{-1})$ $\pi_{12}=-1.1\times10^{-11}(m^2\cdot N^{-1})$ $\pi_{44}=+138\times10^{-11}(m^2\cdot N^{-1})$

2.2.2 多晶硅

多晶硅（poly-si）是许多单晶晶粒的聚合物。这些单晶晶粒的排列是无序的，故多晶硅没有单晶硅那样的取向问题，但每一晶粒内部有单晶的特征。晶粒之间的部位称晶界，它把晶粒彼此隔开成为阻挡层。图 2-4 所示即为多晶硅简化模型，如同一串联电阻。

晶界对多晶硅的物理性质影响明显，但这可通过控制掺杂原子浓度来调节。先就电特性加以讨论。以掺硼的多晶硅膜为例，该膜由低压气相淀积（LPCVD）法生成，膜厚小于 1 μm，并在氮气炉中退火处理（950 ℃）。电阻率与掺杂浓度的变化关系表示在图 2-5 中，实线所示为多晶硅，虚线所示为单晶硅。多晶硅膜的电阻率比单晶硅的高，特别在低掺杂浓度下，多晶硅膜的电阻率迅速升高。这是因为随着掺杂浓度降低，晶界阻挡层宽度增大，晶粒尺寸减小，电阻率上升。反之，则阻挡层宽度下降，晶粒尺寸增大，电阻率下降（见图 2-6）。

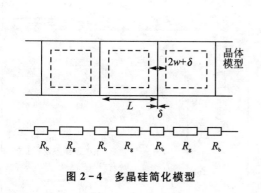

图 2-4 多晶硅简化模型

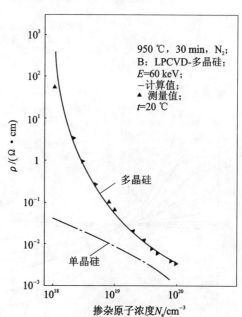

图 2-5 电阻率与掺杂浓度的关系

多晶硅膜的电阻率可用下式确定：

$$\rho=\left[\frac{L-(2w+\delta)}{L}\right]\rho_g+\left[\frac{(2w+\delta)}{L}\right]\rho_b \qquad (2-5)$$

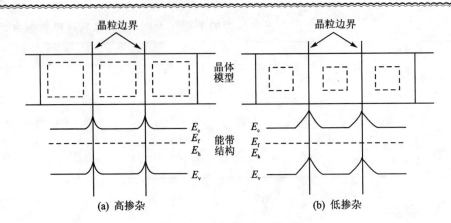

图 2-6 阻挡层引起的模型结构变化

式中,L、w 和 δ 标明在图 2-4 上,ρ_g 和 ρ_b 分别代表晶粒和阻挡层的电阻率。

图 2-7 所示为不同掺杂浓度的多晶硅电阻随温度的变化特性,一般为非线性,可表达为

$$R(t) = R_0 \exp[\alpha_R(t - t_0)] \tag{2-6}$$

式中,R_0 代表温度为 20℃时的电阻,α_R 代表电阻温度系数,t_0 和 t 分别代表 20℃和实时温度。

电阻温度系数 α_R 随掺杂浓度的关系如图 2-8 所示。掺杂浓度不同,使得多晶硅的电阻温度系数在很大范围内变化,低掺杂时出现很大负值,随着掺杂浓度增加,α_R 经过 0 达到正值,并且与单晶硅的 α_R 接近。

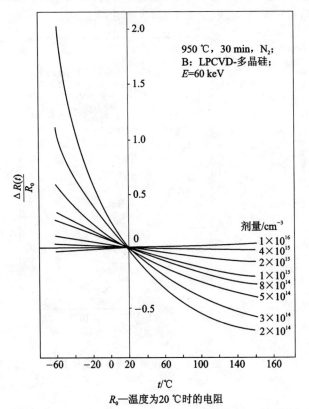

R_0—温度为 20℃时的电阻

图 2-7 多晶硅电阻随温度变化的特性

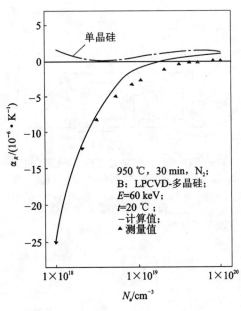

图 2-8 电阻温度系数与掺杂浓度的关系

图2-9所示为多晶硅相对电阻与纵向应变的关系。由图可见,多晶硅膜受压缩时电阻下降,拉伸时电阻上升。

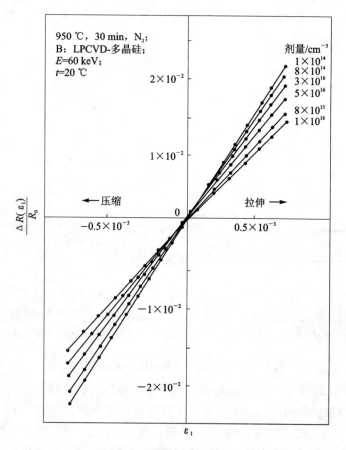

图2-9 多晶硅相对电阻与纵向应变的关系

图2-10表示电阻应变灵敏系数与掺杂浓度的关系。由图可见,电阻应变灵敏系数随掺杂浓度的增加而略有下降。其中 G_l 为纵向应变灵敏系数,最大值约为金属应变计最大值的30倍,为单晶硅电阻应变灵敏系数最大值的1/3; G_t 为横向应变灵敏系数,其值随掺杂浓度的变化出现正、负值波动,故一般都不采用。

此外,与单晶硅压阻膜相比,尽管多晶硅压阻膜的压阻效应略低,但可以淀积在不同衬底材料上,并且无 PN 结隔离问题,能适合更高工作温度($t \geq 200$℃)场合使用。因而在研制微型传感器时,利用多晶硅膜具有较宽的工作温度范围($-60 \sim +300$℃)、可调节的电阻特性、可调节的温度系数、较高的应变灵敏系数,以及能达到准确调整阻值等这些电学特性,有时比只用单晶硅

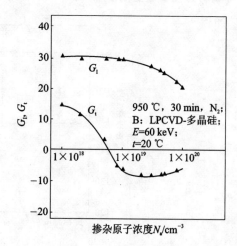

图2-10 多晶硅应变灵敏系数与掺杂浓度的关系

更有价值。例如,利用物理性能优异的单晶硅制作感压膜片,在其上覆盖一层介质膜 SiO_2,再在 SiO_2 膜上淀积一层多晶硅压阻膜并制出压敏应变电阻结构,如图 2-11(a)所示。这种混合结构的微型压力传感器,发挥了单晶硅和多晶硅各自的优势,其工作高温至少可达到 200℃ 甚至 300℃,低温为 -60℃。该传感器的输出特性如图 2-11(b)所示。

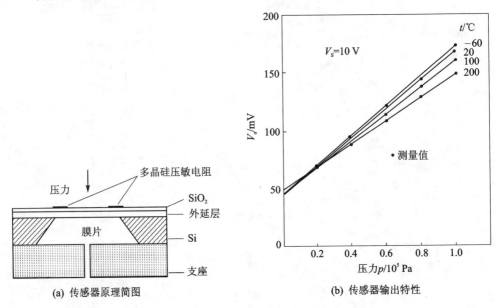

图 2-11 多晶硅压敏电阻压力传感器及特性

再看多晶硅膜的机械特性。单晶硅的弹性模量取决晶向,在(100)晶向的 E 值最小,而在(111)晶向的 E 值最大。对于多晶硅,其弹性模量则局限于两者之间,晶界对其几乎没有影响。图 2-12 所示为 LPCVD 的多晶硅膜(淀积温度为 620℃)的弹性模量与退火温度之间的关系。由图可见,在退火温度前,即处于淀积温度 620℃ 状态下,由膜片变形法和超声表面波法测得的弹性模量分别为 151 GPa 和 159 GPa,进入退火状态,温度在 600~1 100℃ 之间,退火温度保持 2 h,弹性模量变化很小,在 1 100℃,两种方法测得的弹性模量分别为 162 GPa 和 166 GPa。

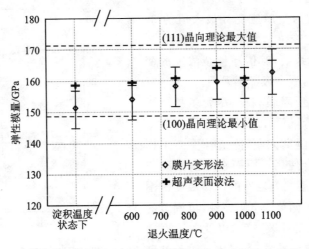

图 2-12 LPCVD 多晶硅膜弹性模量与退火温度的关系

残余应力则不然,它受晶界形成的影响较明显。对于淀积在衬底材料(如 SiO$_2$,PSG 等)上的多晶硅膜,其内部常存有压缩应力,但这可以通过控制退火温度和退火保持时间来改变结晶组织和形成的晶界,以使应力状态发生变化,从压应力转变为拉应力。图 2-13 和图 2-14 为其中的实例说明。

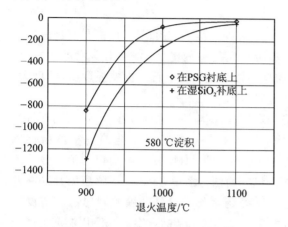

图 2-13 多晶硅膜应变与退火温度的关系

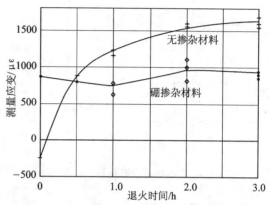

图 2-14 多晶硅膜应变与退火时间的关系

残余应力对于微型器件尤为重要,过大的压应力,易使器件失稳,而过大的拉应力,又会使器件破裂。理想的使用状态是将器件内部的应力调节到处于低拉伸应力状态下,这既不会使器件受损坏,还能使器件保持正确的形态和发挥稳定的工作性能。

2.2.3 硅-蓝宝石

蓝宝石(α-Al$_2$O$_3$)的晶体结构非常类似于单晶硅的晶体结构,这种类似性可使硅晶体薄层(0.1~5.0 μm)通过外延生长技术(通常由硅烷高温分解)将其生长在蓝宝石衬底上,成为蓝宝石的延伸部分,二者构成硅-蓝宝石(Silicon-on-Saphire, SoS)晶片。

因为蓝宝石和硅的晶体结构毕竟不完全相同,所以蓝宝石衬底必须有一个合适的晶向使得单晶硅薄膜能够生成。图 2-15 所示的 Si(001)和 Al$_2$O$_3$($1\bar{1}02$)晶向组合物最适合构成 SoS 结构。图(a)、(b)是人造蓝宝石(α-Al$_2$O$_3$)的结晶平面和方向,图(c)由 Si(001)薄膜和 $r(1\bar{1}02)$ 蓝宝石衬底组成的 SoS 结构的结晶方向。在图(a)、(b)中三个等效的 r 平面的晶向分别是

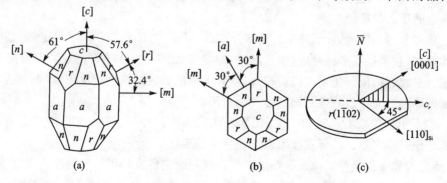

图 2-15 Si(001)和 Al$_2$O$_3$($1\bar{1}02$)晶向组合物

$(01\bar{1}2)$、$(\bar{1}012)$、$(1\bar{1}02)$，在图(c)中 N 是衬底的法线，c_r 是蓝宝石的 c 轴在 r 平面的投影，衬底在硅(110)晶向的法线方向上被切断。

蓝宝石材料为绝缘体，在其上面淀积的每一个电阻，其电性能是完全独立的。这不仅能消除因 PN 结泄漏而产生的漂移，还能提供很高的应变效应，以及高、低温（$-100\sim+700$℃）环境下的工作稳定性。

蓝宝石材料由单晶元素组成，其迟滞和蠕变小到可以忽略不计的程度，因而具有极好的重复性。蓝宝石又是一种惰性材料，化学稳定性好，耐腐蚀，抗辐射能力强。蓝宝石的机械强度高，硬度大，仅次于金刚石。

充分利用硅-蓝宝石的特点，可以制成具有耐高、低温，耐腐蚀及抗辐射等优越性能的高精度微传感器。图 2-16 所示为由硅-蓝宝石制作的绝压微传感器的原理结构简图。图中硅-蓝宝石感压膜片是在蓝宝石基片上外延生长成单晶硅膜并制出感压应变结构作成的。该膜片借助玻璃焊料与陶瓷基座熔接在一起构成图示的方案。其使用温度范围为$-60\sim600$℃，使用时性能稳定。

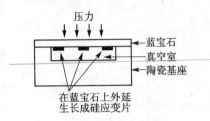

图 2-16　SoS 绝压传感器原理结构

2.2.4　碳化硅

碳化硅（SiC）是由碳原子和硅原子组成，利用离子注入掺杂技术将碳原子注入单晶硅内（或称渗碳），便可获得优质的立方晶体结构的 SiC。随着掺杂浓度的差异，得到的晶体结构不同，可表示为 β-SiC，β 表示不同形态的晶体结构。

用离子注入法得到的 SiC 材料，自身的物理、化学及电学性能优异，表现为高强度、大硬度、残余应力低、化学惰性极强、较宽的禁带宽度（近乎硅的 2 倍），高的热导率（近乎硅的 3 倍），以及较高的压阻系数。因此，SiC 材料具有高温下耐腐蚀、抗辐射和稳定的电学性质，非常适合在这些特殊环境下工作的微纳级系统选择使用。

由于 SiC 单晶材料硬度大、加工难、成本高，所以以硅单晶片为衬底的 SiC 薄膜就成为研究和使用的理想选择。通过离子注入或化学气相淀积等技术，将其制作在绝缘体衬底上（SiC-on-Insulator），供设计者选用。例如，航空发动机、火箭、导弹以及卫星等耐热腔体及其表面部位的压力测量，均可选用以绝缘体为衬底的 SiC 薄膜，并制成高温（$\geqslant 600$℃）压力传感器，实现上述场合的压力测量。

除了使用单晶 SiC 薄膜外，还可选用多晶 SiC 薄膜。与单晶 SiC 薄膜相比，多晶 SiC 薄膜的适用性更广，它可以在多种衬底（如单晶硅、绝缘体、SiO_2、非晶硅等）上，采用等离子体强化气相淀积、物理溅射、低压化学气相淀积，以及电子束放射等技术生长成薄膜（制作方法见第 3 章），供制造高温压力传感器等不同场合选择使用。

SiC 薄膜和硅-蓝宝石薄膜的物理、化学性质实为大同小异，可供相同场合使用。选用时应视研究单位或厂家原有的研发技术专长和优势而定。

硅-蓝宝石和碳化硅可以说是改性的硅复合材料。它既发挥了单晶硅的优良特质，又增添了新的功能，扩展了应用范围，增强了适应恶劣环境的能力，为研制特殊需要的微系统奠定了物质基础。

2.2.5 氧化硅和氮化硅

硅的氧化物 SiO_2 是一种介电材料,不仅能掩蔽杂质的掺杂,还能为器件表面提供优良的保护层。

氮化硅(Si_3N_4)也是一种介电材料,耐腐蚀,耐磨性好,能为器件表面提供优良的钝化层。还因其具有很高的机械强度,适合选作很薄的器件,如膜片、梁等(厚度约为 1 μm)。

在微系统中,常选用 SiO_2 作为绝缘层或起尺寸控制作用的衬垫层,以及充填预备空腔的牺牲层(在器件制成之前将其腐蚀掉形成空腔)。

Si_3N_4 膜常用其覆盖在硅器件表面上,起到防腐蚀、耐磨的保护作用。

Si_3N_4 还具有很高的硬度,因而可用作微电机轴承等。

至于膜的淀积厚度,视应用场合而定,从几十纳米直到 2 μm 之间选择。

表 2-2 给出 Poly-Si、SiC、SoS、SiO_2 和 Si_3N_4 薄膜材料的一些物理性质。

表 2-2 Poly-Si、SiC、SoS、SiO_2 和 Si_3N_4 薄膜材料的一些物理性质

物理参数	Poly-Si	SiC	SoS	SiO_2	Si_3N_4
密度 $\rho_m/(g \cdot cm^{-3})$	2.32	3.216		2.55	3.44
弹性模量 $E/10^3$ MPa	145~170	430~450	360~460	50~80	280~310
线膨胀系数 $\alpha_l/10^{-6} K^{-1}$	2~2.8	3.4~3.7	5.5~7.2	0.5~0.55	0.8~2.8
热导率 $\lambda/(W \cdot m^{-1} \cdot K^{-1})$	13	68~70		1.60	19
断裂强度 σ_F/MPa	2 000~4 000	4 000~10 000		800~1 100	5 000~8 000

2.3 化合物半导体材料

硅及其化合物材料是设计和制造微系统器件和装置的主要材料。但先进的成像传感器和探测器则越来越多地采用化合物半导体材料,敏感并接收搜捕目标发出的信号。例如红外探测器,它是利用红外辐射与物质作用产生的各种效应发展起来的光敏探测器,主要是针对红外辐射在大气传输中透射率最为清晰的 3 个波段(1~3 μm,3~5 μm,8~14 μm)窗口研制的。对于波长 1~3 μm 敏感的有本征半导体 PbS、InAs 和 $Hg_{0.61}Cd_{0.39}Te$ 等制成的探测器;对于波长 3~5 μm 敏感的有 InAs、PbSe 和 $Hg_{0.73}Cd_{0.27}Te$ 等制成的探测器;对于波长 8~14 μm 敏感的则有 $Pb_{1-x}Sn_xTe$、$Hg_{0.8}Cd_{0.2}Te$ 以及非本征(掺杂)半导体 Ge:Hg、Si:Ga 和 Si:Al 等制成的探测器。其中 3 元素合金 $Hg_{1-x}Cd_xTe$ 不仅可以制成适合 3 个波段的器件,通过调整材料的组分 x,还可以开发更长工作波段(1~30 μm)的应用,因而倍受人们的关注。

表 2-3 给出几种化合物半导体材料的物理性质。

从表 2-3 可知,由于 3 元素合金 $Hg_{1-x}Cd_xTe$ 的禁带能量宽度较窄、极限波长较长、响应时间较短以及光谱探测率较高,所以它是比较理想的制造光探测器的材料。已得到迅速发展和广泛应用。

从表 2-3 还可看到,非本征型材料的禁带能量宽度更窄,欲使光谱特性扩展到更长波段,建议使用非本征型半导体材料。

表 2-3 几种化合物半导体材料的物理性质

化合物半导体材料		禁带能量宽度 E_g/eV	最高灵敏度对应的波长 $\lambda/\mu m$（极限波长）	响应时间 t/s	光谱探测率 D^*/($cm \cdot \sqrt{Hz} \cdot W^{-1}$)
本征型	PbS	0.42	2.9	$(1\sim 4)\times 10^{-4}$	5×10^{10}
	PbSe	0.23	5.4	$(1\sim 2)\times 10^{-6}$	1×10^9
	InAs	0.39	3.2	5×10^{-3}	3×10^{11}
	InSb	0.23	5.4	5×10^{-6}	$(6\sim 10)\times 10^{10}$
	$Hg_{0.8}Cd_{0.2}Te$	0.1	12	$<10^{-6}$	10^{10}
	$Pb_{0.8}Sn_{0.2}Te$	0.1	12	1.2×10^{-6}	1.7×10^{10}
非本征型	Ge:Au	0.15	8.3	3×10^{-8}	$(3\sim 10)\times 10^9$
	Ge:Hg	0.09	14	10^{-9}	4×10^{10}
	Si:Al	0.068 5	18	—	—
	Si:Ga	0.072 3	17	—	—
	Si:In	0.155	8.0	—	—

上述化合物半导体材料需要在低温（如 77K）下工作，因为在室温下，晶格振动能量会与杂质能量相互作用，使热激励的载流子数增加，而激发的光子数则明显减少，从而会降低波长区的探测灵敏度。

2.4 光导纤维

光导纤维（简称光纤）主要由 SiO_2 材料经过气相淀积（掺杂）后拉伸制造而成，为微米量级的柔性丝。它包括一个折射率为 n_1 的中心圆柱体，称纤芯；一个环绕着纤芯的具有稍低折射率为 n_2 的圆筒状包层；以及一个用作保护套的外层，外层保护套通常用塑料制成，结构如图 2-17 所示。

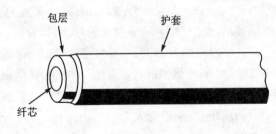

图 2-17 光纤的基本结构

通过向纯 SiO_2 中掺入不同类型的其他玻璃或掺杂剂来控制折射率分布。常采用的掺杂剂为二氧化锗（GeO_2），这是因为 SiO_2 和 GeO_2 的密度和热膨胀系数十分接近，避免了混合态的组合结构产生残余应力。

光纤有如下主要优点：

1) 光纤是一种重要的传感材料，利用光纤中传导的光波特性受被测物理量的调制而发生变化的特性，已制成如压力、加速度、角速度、声场、电场和磁场等多种光纤传感器。

2) 光纤是一种介电材料，在传导光波信息时，可以防止电磁波、无线电波和核爆炸冲击波的干扰。所以光纤传感器特别适合于在强磁场辐射干扰的环境中应用。

3) 光纤具有直径尺寸小、质量轻、柔顺性好的特点，便于将光纤传感器分布埋入结构中，类似结构中的神经纤维,用以监测结构"健康"的实时状态。如大型建筑、桥梁和飞机结构的完好性监测等。

4) 光纤的传输损耗低、频带宽、信息容量大,故光纤还可作成传输频带宽、抗干扰能力强、传送图像清晰的传输线路。

2.5 熔凝石英

熔凝石英是用高温熔化的氧化硅(SiO_2)经快速冷却而形成的一种非结晶石英玻璃(Fused Silica)。它材质纯、内耗低、机械品质因数高,能形成一个很单纯的振荡频率;具有弹性储能比 σ_e^2/E(σ_e 为材料的弹性极限)大、迟滞和蠕变极小,以及稳定的物理和化学性能;是制造高精度传感器可靠而理想的敏感材料。如半球谐振陀螺的谐振器、精密标准压力计的感压敏感元件(石英弹簧管)都是选用这种理想材料制成的。

石英玻璃与大多数材料的区别是:在 700~800℃以下,它的弹性模量随温度升高而增大;在 700~800℃以上,则随温度升高而下降,石英玻璃的允许使用温度为 1 100℃。

表 2-4 列出熔凝石英的几项物理性质。

表 2-4 熔凝石英几项物理性质

物理参数	数 据
密度 $\rho_m/(g \cdot cm^{-3})$	2.50
弹性模量 $E/10^3 MPa$	73
屈服强度 $\sigma_y/10^3 MPa$	8.4
线膨胀系数$/10^{-6} K^{-1}$	0.55
泊松比 ν	0.17~0.19

2.6 金刚石材料

金刚石(钻石)是一种碳化物晶体材料,闪闪发亮的天然金刚石是形成于数百万年前压力极大、温度极高的地壳深层处。如今的许多金刚石是在模仿天然金刚石形成的条件,用人工合成的,即在高温(约 1 300℃)下,于巨大水压中利用碳(石墨)和金属催化剂制成的。几乎任何富含碳的物质,都可利用高温高压技术来制造金刚石。

金刚石不仅是漂亮的晶体,还具有非凡的物理、化学性质。它材质坚硬,弹性模量高达700~1 000 GPa,线膨胀系数极低($0.8 \times 10^{-6} K^{-1}$),能耐强酸、强碱的腐蚀,耐磨损,抗辐射。它又是极佳的热导体,热导率接近 2 000 $W \cdot m^{-1} \cdot K^{-1}$,如低压化学气相淀积的金刚石薄膜约为 1 400 $W \cdot m^{-1} \cdot K^{-1}$。而硅的热导率仅为 150 $W \cdot m^{-1} \cdot K^{-1}$ 左右,铜也只有 400 $W \cdot m^{-1} \cdot K^{-1}$。可见金刚石的热导率近乎是硅的 14 倍,铜的 5 倍。

采用化学气相淀积技术在不同衬底表面上形成一层金刚石薄膜涂层,可以明显改善器件的性能,增强耐磨、散热和耐环境的化学侵袭。所以金刚石薄膜或金刚石片颇具广泛用途,并在以下诸方面获得应用:

1) 制作金刚石薄膜式微型传感器;
2) 纳米传感器中的纳米探针的金刚石涂层;
3) 制作大功率集成电路的散热片或散热片上的涂层;
4) 制作高功率激光器的光学组件;
5) 制作航天探测器上的金刚石窗户或窗户上的涂层;
6) 用金刚石片制作计算机的微型芯片,可以把更多的电子元件放入更小的空间而不至于

使电路过热;

7) 制作抗辐射的光学涂层。
8) 制作医用(如外科)手术刀具等。

2.7 压电材料

2.7.1 压电效应(电致伸缩效应)

压电材料的主要属性是其弹性效应和电极化效应在机械应力或电场(电压)作用下将发生相互耦合,耦合关系可用下式表达:

$$d_{ij} = \left(\frac{\partial D}{\partial \sigma}\right)_E = \left(\frac{\partial \varepsilon}{\partial E}\right)_\sigma \tag{2-7}$$

式(2-7)表明了应力-应变-电压之间的内在联系。式中,d_{ij}、D、E、ε 及 σ 分别代表压电常数、电位移、电场强度、应变及应力;$\left(\frac{\partial D}{\partial \sigma}\right)_E$、$\left(\frac{\partial \varepsilon}{\partial E}\right)_\sigma$ 分别表示正压电效应和逆压电效应;括号外的下标表示作为条件恒定不变的参数。实际上,往往以外电路短路($E=0$)和压电体不受机械约束的自由状态($\sigma=0$)来满足恒定条件,下标 i、j 分别表示电场方向和应力方向。

正压电效应表现为在机械应力作用下,将机械能转换为电能;逆压电效应则是在电压作用下,将电能转换为机械能。反映压电材料能量转换效率的系数称为机电耦合系数,用 k_{ij} 表示,即

$$k_{ij} = \left(\frac{\text{由正压电效应转换为电能}}{\text{输入机械能}}\right)^{1/2} = \left(\frac{\text{由逆压电效应转换为机械能}}{\text{输入电能}}\right)^{1/2} \tag{2-8}$$

利用正压电效应可制成机械能的敏感器(检测器);利用逆压电效应可制成电激励的驱动器(执行器)。可见,压电材料是一种双向功能材料。在双向机电式微传感器设计中得到了广泛应用。以下介绍几种常用的压电材料。

2.7.2 压电石英晶体

SiO_2 的晶态形式为石英晶体(quartz),俗称水晶,形状为六角锥体,如图 2-18 所示。通过锥顶端的轴线为 z 轴(又称光轴),通过六面体平面并与 z 轴正交的轴线为 y 轴(机械轴),通过棱线并与 z 轴正交的轴线为 x 轴(电轴)。

石英晶体是各向异性材料,晶向不同,物理特性各异。它又是压电材料,压电效应也与晶向有关。压电常数矩阵可写为

$$d_{ij} = \begin{bmatrix} d_{11} & 0 & 0 \\ -d_{11} & 0 & 0 \\ 0 & 0 & 0 \\ d_{14} & 0 & 0 \\ 0 & -d_{14} & 0 \\ 0 & 0 & -2d_{11} \end{bmatrix} \tag{2-9}$$

由式 2-9 可见,虽然压电常数矩阵含有 18 个元素,但石英晶体的对称条件决定了其中 13 个

应取 0 值,并要求其他元素之间有一定关系,即 $d_{12}=-d_{11}, d_{25}=-d_{14}, d_{26}=-2d_{11}$。最终只剩下 2 个独立的压电常数 d_{11} 和 d_{14}。其数值分别为

$$d_{11}=2.3\times10^{-12}\ \mathrm{C\cdot N^{-1}};\ d_{14}=-0.67\times10^{-12}\ \mathrm{C\cdot N^{-1}}$$

元素下标 1~6 与石英晶体的 3 个晶轴 x,y,z 有关,如图 2-19 所示。

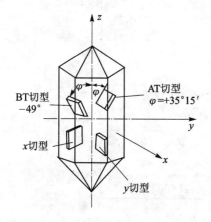

图 2-18 石英晶体的形状

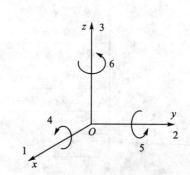

图 2-19 压电常数的轴向表示法

压电常数 d_{ij} 的物理意义可用量纲表示法阐明,对于正压电效应则有

$$d_{ij}=\frac{\mathrm{C/m^2}}{\mathrm{N/m^2}}=\mathrm{C\cdot N^{-1}} \tag{2-10}$$

式(2-10)表明,压电常数为每单位力输入时的电荷输出。

对于逆压电效应则有

$$d_{ij}=\frac{\mathrm{m/m}}{\mathrm{V/m}}=\mathrm{m\cdot V^{-1}} \tag{2-11}$$

即每单位场强作用下的应变输出。

为了计算方便,引入压电电压常数 g_{ij},即

$$g_{ij}=\frac{\mathrm{V/m}}{\mathrm{N/m^2}}=\mathrm{V\cdot m\cdot N^{-1}} \tag{2-12}$$

该常数表示在输入单位压强下的电压梯度。

以上各式中符号 m、V、N 和 C 分别表示米、伏(特)、牛(顿)和库(仑)。

石英晶体又是绝缘体,在其表面淀积金属电极引线,不会产生漏电现象。

石英晶体和单晶硅一样,具有优良的物理性质。它材质轻,内耗低,机械品质因数高,理想值高达 10^6 量级,迟滞和蠕变小到可以忽略不计。

石英晶体的密度为 $2.65\ \mathrm{g\cdot cm^{-3}}$,是不锈钢的 1/3,弯曲强度是不锈钢的 4 倍。石英晶体的实际工作温度最高不应超过 250℃。在 20~200℃区间,d_{11} 的温度系数为 $0.016℃^{-1}$。

表 2-5 给出石英晶体的一些物理性质。

表 2-5 石英晶体的物理性质

物理参数	数据
密度 $\rho_m/(g \cdot cm^{-3})$	2.65
弹性模量 $E/10^3$ MPa	$(001)//z:100;\perp z:80$
弯曲强度 σ_b/MPa	90
压电常数 $d_{ij}/(10^{-12} C \cdot N^{-1})$	$d_{11}=2.3; d_{14}=-0.67$
介电常数 $(\varepsilon/\varepsilon_0)$	4.6
线膨胀系数 $\alpha_1/(10^{-6} K^{-1})$	$7.1(//z);13.2(\perp z)$
热导率 $\lambda/(W \cdot m \cdot K^{-1})$	$4.55(//z);2.51(\perp z)$
比定压热容 $c_p/(J \cdot kg^{-1} \cdot K^{-1})$	730
电阻率 $\rho/(\Omega \cdot cm)$	$\geqslant 10^{14}$
真空介电常数 $\varepsilon_0/(F \cdot m^{-1})$	8.854×10^{-12}

压电石英晶体虽具有很高的机械品质因数,但换能效率不高,因此,主要用它制造诸如谐振器、振荡器和滤波器等。

2.7.3 压电陶瓷

陶瓷材料是以化学合成物质为原料,经过精密的成型烧结而成。烧结前,严格控制合成物质的组分比,便可以制成适合多种用途的功能陶瓷。如压电陶瓷、半导体陶瓷、导电陶瓷、磁性陶瓷和多孔陶瓷等。

压电陶瓷是陶瓷经过电极化之后形成的,如图 2-20 所示。电极化之后的压电陶瓷为各向异性的多晶体,也是一种绝缘体。

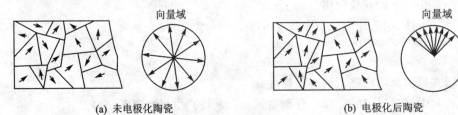

(a) 未电极化陶瓷　　　　　　　　　(b) 电极化后陶瓷

图 2-20 电极化处理的陶瓷

压电陶瓷的弹性效应和电极化效应具有耦合性,耦合关系如式(2-7)所示。压电常数矩阵为

$$\boldsymbol{d}_{ij} = \begin{bmatrix} 0 & 0 & 0 & 0 & d_{15} & 0 \\ 0 & 0 & 0 & d_{24} & 0 & 0 \\ d_{31} & d_{32} & d_{33} & 0 & 0 & 0 \end{bmatrix} \quad (2-13)$$

其中,元素 $d_{32}=d_{31},d_{24}=d_{15}$。可见,压电陶瓷有 3 个独立的压电常数,$d_{31}$ 表示横向伸缩模式,d_{33} 表示纵向伸缩模式,d_{15} 表示剪切模式,如图 2-21 所示。

压电陶瓷材料有多种,最早应用的是钛酸钡($BaTiO_3$),现在最常用的是锆钛酸铅

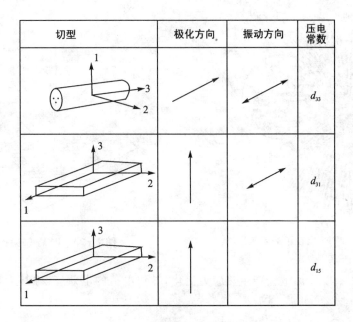

图 2-21 压电陶瓷的伸缩模式

($PbZrO_3$-$PbTiO_3$),简称 PZT。良好的压电性能成为 PZT 用途广泛的重要基础。在 PZT 中掺镧制出镧锆钛酸铅,简称 PLZT,是一种透明的压电陶瓷。利用 PLZT 的电控光折射效应和电控光散射效应可以进行光调制、光存储和光显示,并可制成多种光阀和光闸。

钛酸锶铋($Bi_4SrTi_{14}O_{15}$)压电陶瓷简称 BST,可满足在较高温度(≥150℃)下,作为换能器使用,其居里点温度为 520℃,而 PZT 的居里点温度仅为 250℃。

2.7.4 聚偏二氟乙烯薄膜

聚偏二氟乙烯,简称 PVDF 或 PVF_2,是一种压电和热释电高分子功能材料,是由重复单元(CF_2—CH_2)长链分子组成的半晶态聚合物,其分子质量一般为 10^5 左右,分子链展开长度约为 0.5 μm,所含重复单元 2 000 个左右;材料内部组织由分层结构的晶体与无定形结构混合而成;晶体薄层约占 50%,厚度约为 0.01 μm。图 2-22 所示为 PVF_2 晶粒组织的示意图。由图可见,分子链在晶层内来回折叠多次。

PVF_2 薄膜常用单向拉伸或双向拉伸改善其机械性能和压电特性。经单向拉伸后再极化,它的压电常数矩阵为

$$\boldsymbol{d}_{ij} = \begin{bmatrix} 0 & 0 & 0 & 0 & d_{15} & 0 \\ 0 & 0 & 0 & d_{24} & 0 & 0 \\ d_{31} & d_{32} & d_{33} & 0 & 0 & 0 \end{bmatrix} \quad (2-14)$$

与式(2-13)相同。对于双向拉伸而言,$d_{32}=d_{31}$,$d_{24}=d_{15}$。式(2-14)中下标 1、2、3 分别代表薄膜的拉伸方向,平面内的横向方向和厚度方向,表示在图 2-23 上。

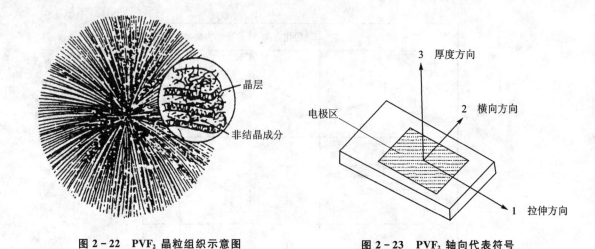

图 2-22　PVF₂ 晶粒组织示意图　　　　图 2-23　PVF₂ 轴向代表符号

PVF₂ 薄膜在温度作用下会产生热应力变化，导致电荷的电效应，称其为热释电效应。热释电常数为

$$P_y = \left(\frac{dP_s}{dT}\right)_{\substack{E=0 \\ \sigma=0}} \qquad (2-15)$$

式中，P_s 和 T 分别代表极化强度和温度。温度升高，使薄膜晶态的体积增加，同时也使沿第3轴（厚度方向）的平均偶极矩降低，从而导致极化强度下降。在此情况下，沿轴1和轴2方向不存在有效的偶极矩，表明在轴1和轴2方向的热释电常数 P_1 和 P_2 为0，因此，热释电常数矩阵为

$$\boldsymbol{P}_y = \begin{bmatrix} 0 \\ 0 \\ -P_3 \end{bmatrix} \qquad (2-16)$$

即只有一个非0值 P_3，且为负值。

PVF₂ 压电薄膜是一种柔性、质轻、高韧度的塑料薄膜，可制成多种厚度和较大面积的阵列元件。作为一种高分子敏感材料，其主要特点如下：

1）可制成轻软、结实的检测元件，附着在被测对象的弯曲或柔性表面上进行参数测量。

2）化学稳定性高，且不会析出有毒物质，与人的血液有良好的兼容性，适用体内检测。

3）有与水及人体软组织相接近的低声学阻抗，水的声阻抗为 1.5×10^6 kg·m⁻²·s⁻¹，PVF₂ 为 2.7×10^6 kg·m⁻²·s⁻¹，而压电陶瓷则在 30×10^6 kg·m⁻²·s⁻¹ 以上，因而在 PVF₂/水界面上有较低的声反射系数，约为0.43，在 PZT/水界面上反射系数达0.91。故用 PVF₂ 作为水下声（或超声）检测装置或人体超声诊断设备的检测元件，可省去阻抗匹配层。

4）PVF₂ 的压电常数比石英高1个数量级，比压电陶瓷低1个数量级，而压电电压常数则远远大于压电陶瓷。因此非常适合制作高灵敏度的应变检测元件，而不适合制作执行器。

5）PVF₂ 的加工性能好，易于制作大面积、不同厚度（几 μm～1 mm 以上）的薄膜，也可用模压技术制成多种特定形状的元件，有很大的灵活性。

6）PVF₂ 的内阻大，固有频率高，还具有宽频带的响应特性，在 $10^{-3} \sim 5 \times 10^8$ Hz 内，响应平坦，振动模式单纯，且余波极小。

尽管 PVF$_2$ 薄膜的尺寸稳定性和热稳定性(工作温度范围：-40~+80℃)都比相应的压电陶瓷差，但像任何一种功能材料一样，PVF$_2$ 可被使用在能发挥其优势而又能忽略其劣势的场合。例如在拾音传声、振动冲击、超声换能和计数开关等领域得到广泛应用。

2.7.5 ZnO 压电薄膜

ZnO 是 6 mm 点群对称的六角晶系纤锌矿晶体，锌原子占据层与氧原子占据层交错排列，如图 2-24 所示。

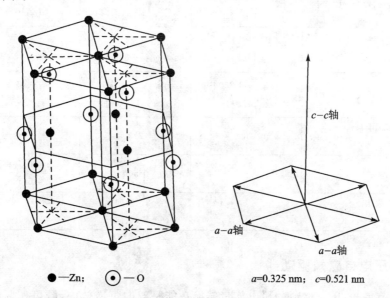

●—Zn; ⊙—O $a=0.325$ nm; $c=0.521$ nm

图 2-24 ZndO 材料的组织结构

ZnO 薄膜与各种非压电材料衬底有优异的结合性能，如 Si、SiO$_2$、Si$_3$N$_4$、Au 和 Al 等。溅射在衬底上的 ZnO 薄膜是密集的多晶体，各个晶粒随垂直于衬底的结晶轴 c 优先生长，并具有较强的压电耦合性和各向异性。

ZnO 压电薄膜用途广泛，将其溅射在非压电材料衬底上可作为压电驱动器和检测器。在声学频段内，可作为传感器中的换能器；在高频段(MHz 级)，常常用于制作表面声波器件中的压电叉指换能器，如表面声波传感器、谐振器和滤波器等。

须指出的是，向衬底材料表面溅射 ZnO 薄膜时，在薄膜生长过程中内部易存在残余应力。虽然可以通过优选溅射条件和相关参数，如温度、压力、材料纯度和工艺操作技术等来克服，但其性能控制是相当繁琐的。残余应力会影响器件使用的稳定性，是 ZnO 薄膜应用中的主要缺点。

以上介绍了几种常用的压电材料，选用时应注意其压电常数、压电电压常数、介电常数、频带宽度、和机电耦合系数等，根据使用场合来确定。表 2-6 给出 PZT、PVF$_2$ 和 ZnO 压电材料的主要物理性质。

表 2-6 PZT、PVF$_2$、ZnO 压电材料的主要物理性质

物理参数	PZT	PVF$_2$	ZnO
密度 $\rho_m/(g \cdot cm^{-3})$	7.5	1.78	5.68
弹性模量 $E/10^3$ MPa	$E_{11}:61; E_{33}:53$	2.8(单向拉),2.7(双向)	$E_{11}:2\,100; E_{33}:2\,110$
机电耦合系数 k_{ij}	$k_{31}:0.34; k_{33}:0.705$	$k_{31}:0.116$	$k_{33}:0.41; k_{15}:0.31$
压电常数 $d_{ij}/10^{-12}$ C·N^{-1}	$d_{31}:-171$ $d_{33}:374$	$d_{31}:24$(单向) 12.4(双向)	$d_{31}:-5.0$ $d_{33}:10.6$
压电电压常数 g_{ij} /(10^{-3}V·m·N^{-1})	$g_{31}:-11.4$ $g_{33}:24.8$	$g_{31}:217$ $g_{33}:-330$	—
相对介电常数 $(\varepsilon/\varepsilon_0)$	$\varepsilon_{11}/\varepsilon_0:1\,730$ $\varepsilon_{33}/\varepsilon_0:1\,700$	$\varepsilon/\varepsilon_0::15$(单向) 12(双向)	$\varepsilon_{11}/\varepsilon_0:9.26$ $\varepsilon_{33}/\varepsilon_0:11$
声阻抗 Z_a/ (10^6 kg·m^{-2}·S^{-1})	30	2.7	—
声速 c(m·s^{-1})	—	1 500	6 400(伸缩) 2 945(切变)
热释电常数 P_y /(10^{-6}C·m^{-2}·K^{-1})		-27(单向) -42(双向)	

2.7.6 压电自感知驱动器

从 2.7.1 节得知:压电材料的机电能量转换功能是双向可逆效应,既可作驱动器,同时也可作敏感器。在多数使用场合,驱动功能和敏感功能分别用两块独立的压电片(如 PZT)来实现。其优点是后续信号处理电路简单,也不受能量转换形式和物理效应的限制。

基于压电效应原理,单一压电元件就集驱动功能和敏感功能于一身,关键是如何从驱动器中分离出独立于驱动信号的敏感量,即使两种信号解耦。实现解耦的方法之一是设计一种特殊形式的电桥电路,在电桥平衡条件下可使同一片压电元件同时具有独立的驱动和敏感功能。这就是所谓的压电自感知(或自敏感)驱动器。

自感知驱动器的原理桥路如图 2-25 所示,图中 AB 桥臂接入自感知驱动器,其等效电容为 C_s,其余桥臂间电容分别为 C_2、C_3 和 C_4。设在 AC 端施加驱动电压 V_a,则 B、D 两端间的电位差为

$$V_{BD} = \frac{C_3 C_s - C_2 C_4}{(C_2+C_3)(C_s+C_4)} V_a \tag{2-17}$$

电桥平衡条件是:$C_2 = C_s$,$C_3 = C_4$,可知 $V_{BD}=0$。因此,输出端电压 V_o 与驱动电压 V_a 无关,只与感知电压 V_s 有关,即

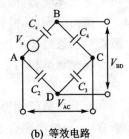

(a) 桥路   (b) 等效电路

图 2-25 自感知驱动器的原理桥路

$$V_o = G \frac{C_s}{C_4 + C_s} V_s \tag{2-18}$$

这就构成了自感知驱动器。

在实际电路中，$C_3=C_4$ 的条件容易满足，只要取相同的两个电容即可，而要使 $C_2=C_s$ 则比较困难，必须知道压电元件工作条件下准确的等效电容值，这需要采用高准确度的测量方法测出 C_s 值。

采用自感知驱动器的优点体现在：可以减小系统的体积和质量，加快响应速度，实现同位测控，即传感器的测量点与控制器的作用点重合，以及提高测控系统的稳定性。这些优点对于 MEMS 的微型化和集成化，复合结构的智能化颇有益处。

但其缺点也是明显的，体现在：需要研究解耦方法，增加了信号处理电路的难度；驱动器自感知信号的精度和可靠性与解耦方法的完善程度密切相关。

结论是：在某些应用场合，如果采用自感知驱动器体现不出其优点，则应遵循前面介绍的方法，分别选用压电元件，各自独立实现驱动功能和感知（敏感）功能，切勿求繁舍简。

2.8 磁致伸缩材料

某些铁磁性合金，包括晶态和非晶态，在外磁场作用下，其体内自发磁化形成的各个磁畴的磁化方向均转向外磁场的方向，并成规则排列而磁化。材料磁化时，体内结构将产生应变（伸长或缩短）。这种由磁作用而产生的伸缩现象称为正磁致伸缩效应；反之，磁化的铁磁体，在机械应力作用下产生应变时，其磁畴的结构也会发生变化，使材料体内的磁通密度（磁感应强度）发生变化，这称为逆磁致伸缩效应。

可见，磁致伸缩材料和电致伸缩材料（压电材料）一样，也是双向可逆的换能材料。

磁致伸缩材料有多种，经常选用的主要有纯镍（Ni）、含68%Ni 的铁镍合金（俗称"68%坡莫合金"）以及含13%Al 的铁铝磁性合金。因为它们有较高的饱和磁致伸缩系数，即当磁化饱和时，材料沿磁化方向的伸缩比 $\varepsilon=\Delta l/l_0$ 有确定值，称为材料的饱和磁致伸缩系数，用 ε_s 表示，$\varepsilon_s=(\Delta l/l_0)_s$，其值约为 $(30\sim35)\times10^{-6}$。

除上述晶体磁性材料外，还可选用富铁的非晶态磁性材料。常用的有 $Fe_{81}Si_4C_1$、$Fe_{78}MO_2B_{20}$ 和 $Fe_{40}Ni_{40}P_{14}B_6$ 等。它们不仅有较高的磁致伸缩系数，而且机磁耦合系数也比晶态磁性材料的大。

还有一种引人注目的超磁致伸缩材料，它是含有稀土元素铽（Tb）的镝铽铁合金（$Dy_{0.7}Tb_{0.3}Fe_2$），俗称 Terfenol-D。在磁场作用下的伸缩量是其他磁致伸缩材料伸缩量的 40 倍，即 $\varepsilon_s=1\,400\times10^{-6}$ 的形变，并且有较快的响应速度。

磁致伸缩材料用途广泛，例如，在微位移传感器、精密定位装置、主振动控制、主动阻尼系统，以及超声波发生器中均有应用。它既可作为驱动器（磁-机转换），也可用作检测器（机-磁转换），还可制成自感知驱动器。

磁致伸缩换能装置比电致伸缩换能装置的结构复杂，它由磁致伸缩换能元件、激励线圈和偏磁体（永久磁铁）3部分组成，可激励多种模式的应变（伸缩、弯曲、扭转等）。图 2-26 为一磁致伸缩换能器示例，其中磁致伸缩合金棒为换能元件，外周绕有激励线圈，并置于偏磁体建立的磁场中，最外层为铝保护套。当有交变电流通过线圈便产生交变磁场，在磁场作用下，换能元件将产生纵向伸缩振动。该振动信号即可被检测器接收，以适当方式（如电脉冲）输出（图中未示出）。偏磁体提供的磁场，可消除在一个伸缩振动周期出现的二倍频现象。

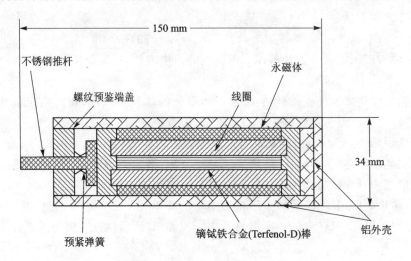

图 2-26 磁致伸缩换能器示例

2.9 形状记忆合金

这是一种有记忆功能的合金材料。如在某一温度下用其制作具有一定形状的元件,在较低温度作用下,它会改变这种形状;当温度升回原来的温度时,它又会恢复到原来赋予它的形状。这一变化流程是基于材料在温度作用下其热弹性通过马氏体相变将热能转换为机械能,导致了材料形状记忆效应的发生,把具有这种形状记忆效应的合金称为形状记忆合金。

温度导致材料内部发生热弹性相变,相变过程必与应力、应变有关。图 2-27 所示为某种形状记忆合金系在温度 $t=2.2℃$ 和 $t=71.1℃$ 时的应力-应变 $(\sigma-\varepsilon)$ 响应特性。由图可见,在低温或高温状态下,卸载过程结束时,均无残余的非弹性应变而呈现出完全弹性或称超弹性。这说明在交变温度作用下,材料内部发生了周而复始的热弹性相变,故材料形状也随之发生了周而复始的变化。

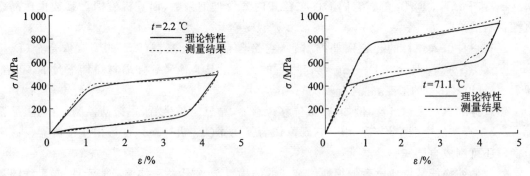

图 2-27 2 种温度下的应力-应变特性

综上所述,若材料在某一高温下定形,当温度降至某一低温时,材料会产生相应的形变,而当温度再回升到原来的高温状态时,形变随即消失,并恢复到原来高温下所具有的形状,好似合金记住了高温状态下所赋予它的形状,以上过程称为"单程"形状记忆。若材料在随后的加热和冷却循环中,能重复地记住高温和低温状态下的两种形状,则称为"双程"记忆。即形状记忆合金在加热或冷却作用下具有双向可逆效应,可作驱动器和位移检测器,也可制作成自感知驱动器。

形状记忆合金的记忆性随合金材料的不同而异,最大可恢复应变的记忆上限为15%,即形状的形变程度达到原形的15%时,还能"记住"原先的外形,超过15%时,"记忆"将不再现。

在形状记忆合金中,镍钛合金(TiNi)性能优良,耐疲劳、抗腐蚀,并具有较大的可恢复应变量(8%～10%)。铜基形状记忆合金(ZnAlCu、NiAlCu等)的成本低,约为镍钛合金的1%,但其最大可恢复应变只有4%。

由于形状记忆合金依靠温度致动,因此其响应时间比压电材料(在几毫秒内即可作出反应)的长。但压电材料各向尺寸的最大应变只有1%。

形状记忆合金的主要缺点是要有热源(如电流加热、光加热等),长期使用会产生蠕变,故要注意使用寿命期限(如若干千万次循环)。

压电材料、磁致伸缩材料和形状记忆合金,它们依靠自身固有的电致伸缩、磁致伸缩和热致伸缩的特质,被广泛用于自适应系统的智能结构中。例如植入上述材料的飞机智能结构,将会使飞机的机翼在飞行过程中像鱼尾一样自行弯曲,自动改变形状的控制面,借以改进升力或阻力。

2.10 膨胀合金

膨胀合金是指在一定温度范围内具有很低的线膨胀系数。它们在MEMS中多用作与其线膨胀系数一致或接近的其他材料(如硅、玻璃等)匹配封接,以减小热应力产生的可能。按照特性和用途可将膨胀合金分为3种。

2.10.1 铁镍低膨胀系数合金(4J36)

4J36合金是含36%Ni的铁镍合金,其特点是在含镍量36%附近,合金的膨胀系数很低,$\alpha_l=(1\sim1.8)\times10^{-6}\mathrm{K}^{-1}$,称它为Invar(因瓦)合金,是体积不变的意思。

Fe-Ni合金的膨胀系数随Fe、Ni含量的变化而变化。如含39%Ni合金的膨胀系数与低温玻璃的相适应;含46%Ni合金的膨胀系数与金属铂的相等($\alpha_l=(8.8\sim9)\times10^{-6}\mathrm{K}^{-1}$)。利用Fe-Ni合金这一性质,可以选择与多种玻璃和半导体硅相匹配,如选用Invar合金与硅一起封接,基本上可以消除热应力的影响。

低膨胀合金还具有很好的塑性,便于加工。

2.10.2 铁、镍、钴玻璃封接合金(4J29)

该合金含(28.5～29.5)%Ni,含(16.8～17.8)%Co,在温度-60～+400℃范围内,具有与玻璃相接近的膨胀系数,$\alpha_l=(4.6\sim5.2)\times10^{-6}\mathrm{K}^{-1}$,俗称Kovar(可伐)合金,常用其与玻璃封接,制作电绝缘子。

2.10.3 铁、镍、钴瓷封合金(4J33)

该合金含(32.5～34)%Ni 含(13.6～14.8)%Co,在温度-60～+600℃范围内,具有与95%Al_2O_3陶瓷相接近的膨胀系数,$\alpha_l=(6\sim7)\times10^{-6}\mathrm{K}^{-1}$。主要用于与95%$Al_2O_3$陶瓷(俗

称95陶瓷)相封接。

2.11 几种通用金属材料

现将在MEMS中通用金属材料的物理性质列于表2-7。

表2-7 通用金属材料的物理性质

物理参数	Al	Au	Cr	Ti	W	Pt
密度 $\rho_m/(g \cdot cm^{-3})$	2.699	19.320	7.194	4.508	19.254	21.447
弹性模量 $E/10^3 MPa$	70	78	279	—40	411	—
屈服强度 σ_s/MPa	50	200	—	480	—750	—
泊松比 ν	0.35	0.44	0.21	0.36	0.28	—
线膨胀系数 $\alpha_l/(10^{-6} K^{-1})$	23	14	4.9	8.6	4.5	8.8
熔点温度 $T_{mp}/℃$	660	1 064	1 875	1 660	3 422	1 769
热导率 $\lambda/(W \cdot m^{-1} \cdot K^{-1})$	236	319	97	22	177	72
比定压热容 $c_p/(J \cdot kg^{-1} \cdot K^{-1})$	904	129	448	522	134	—
电阻温度系数 $\alpha_r/(10^{-4} \cdot K^{-1})$	43	34	30	38		

2.12 超导材料

对一般常用的敏感材料制作的微传感器,其测量精度能达到0.1%~0.01%就已经很令人满意了,要求再提高其测量精度就很难了。一个主要原因是,常规的敏感材料的固有性质会随各种环境条件的变化而变化。如温度、湿度的变化,会导致敏感材料的弹性、电阻温度系数、固有频率等随之变化,使传感器的稳定性漂移,最终降低了传感器的精度。

为了获得更高的精度,如达到百万分之一(10^{-6})的超精密测量精度,必须寻找材料的固有性质不随各种环境条件变化而变化的物质。满足这种新要求的典型代表是基于超导电体的约瑟夫逊(Josephson)效应。这种约瑟夫逊效应与常规的效应不同,是一种利用量子力学的隧道效应。简述如下:

从量子力学效应可观测到某些金属,如铅、锡、铌等,在超低温状态下,其电阻值会突降为零。这种在低温条件下,材料电阻突然消失的现象被称为超导现象,而材料(物质)被称为超导材料或超导电体,转变温度被称为临界温度。低温超导材料的临界温度是在绝对温度十几K以下(如4.2K),须在液氦中工作。由于液氦及其制冷费用昂贵,低温超导体的应用受到限制。相应发展了高温超导材料,其临界温度一般是在绝对温度77K(—196 ℃)以上,电阻接近零的超导材料。由于高温超导材料通常可以在液氮环境中使用,加上液氮的价格较低,所以高温超导材料的应用前景更被看好。

超导体中的电子不再像一般导体中的电子那样,作杂乱无章的运动,而是作规则化的有序运动。若将一极薄的绝缘薄膜(厚约为1 nm)夹置在两超导体之间,它们就组成约瑟夫逊超导结。这时,即使不加电压,也会有一很小的电流从一块超导体穿透绝缘薄膜流向另一块超导体。这就是由量子力学的隧道效应所致,称这种现象为约瑟夫逊效应。图 2-28 给出几种约瑟夫逊超导结示意图。

若有外加直流电压,基于超导隧道效应,自然会有很小电流 i 通过超导结,但是,当电流 i 小于某临界值 i_c 时,超导结上不产生压降,称这为直流约瑟夫逊效应。当电流 $i>i_c$ 时,超导结区会产生压降 V,而且还会出现射频电流,称其为交流约瑟夫逊效应。图 2-29 为超导结的伏安特性测试原理图。

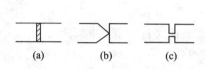

图 2-28 几种超导结示意图

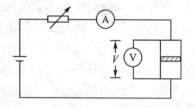

图 2-29 超导结的伏安特性测试原理图

基于约瑟夫逊效应,利用含有超导结的超导量子干涉器件(SQUID)可以对各种物理量(特别是弱物理量)进行超精密测量,精度可达 10^{-6} 量级。

图 2-30 所示是借助 SQUID 器件制作的对微弱磁场进行测量的超精密磁传感器。它由铅或铌制作的超导环、与其耦合的超导电感线圈以及起信号变换作用的射频反馈电路(图中未画出)组成。它们构成闭环回路,流往超导环的射频电流和穿过超导环的磁通密度之间成一定的函数关系,射频电路的谐振频率则受射频电流的调制,所以输出的反馈电流即相对于要测量的磁通密度的变化。这就是超精密磁传感器的基本测量原理。超精密磁传感器具有极高的灵敏度,能敏感到 $(10^{-12}\sim 10^{-15})$ T 的弱磁通密度,特别适用于生物医学方面的弱磁场检测,如心磁性图和脑磁性图的测量。

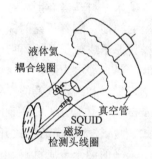

图 2-30 SQUID 磁传感器部分

从广义上说,正因为超导材料导电能力强、损耗小、制成的器件体积小、质量轻、效率高,所以超导材料(特别是高温超导材料)在国防和民用领域具有广泛应用前景。如制造超导电机、超导电缆、超导磁悬浮列车等。

2.13 纳米相材料

纳米相材料(纳米材料)包括纳米金属、纳米半导体、纳米陶瓷、纳米高分子聚合物,以及其他固体材料,与常规的金属、半导体、陶瓷、高分子聚合物,以及其他固体材料一样,都是由同样的原子组成的,只是这些原子排列成了纳米级的原子团,成为组成纳米材料的结构粒子或结构单元。粒径在 0.1~100 nm 范围内的材料称为纳米材料,它是纳米技术的核心。

常规材料中的基本颗粒的直径小到几 μm,大到几 mm,包含几十亿个原子;而纳米材料中的基本颗粒的直径最大不到 100 nm,包含的原子不到几万个。例如,一个直径 3 nm 的原子团,大约包含 900 个原子,几乎是书中一个句点符号的百万分之一,相当于一条长 30 多米的帆船与地球的比例。

当材料的尺寸进入纳米层次时,它们像"量子点"一样,其特性将发生与宏观状态下不同的效应,称为纳米微尺寸效应或称量子尺寸效应。这种效应致使材料中的结构粒子或原子团大多数是不存在晶界和位错,从而大大减少了材料内部的缺陷。因此,纳米材料对诸如机械应力、光、电以及磁的反应完全不同于由 μm 级或 mm 级结构粒子组成的常规材料,在宏观上表现出异乎寻常的特性。例如常规相陶瓷脆而易碎,纳米相陶瓷则有塑性,纳米相铜的强度比常规相铜的强度高出 5 倍,碳纳米管的强度比常规钢铁高出 100 倍,同时还具有良好的导电性能和奇特的光学特性。更有价值的是,纳米相材料拥有现实世界与量子世界相结合的特性,电子的隧道效应就是一个最好的例证。

研究已经表明,当材料的结构粒子做得足够小,比跟任何特性有关的临界长度还小的时候,其特性就会发生变化,且这个变化可以通过控制结构粒子的大小获得。这一结论在纳米相材料中被证实了。其含意是只要对物质中结构粒子的大小和排列加以某种控制,使其变成纳米相,就能使物质得到许多可能的特性。例如,一些物质通常并不导电,当做得足够小的话,却会具有很好的导电性能,一些反光的物质,达到纳米级却是透明的了。这些物质遵循的是量子力学中的定律。

纳米材料是当今世界范围的热点研究课题之一,它的科学史源于 20 世纪 60 年代,尚处在发展的初期。随着研究的深入,人们开始对"自下而上"纳米材料的制造方法越来越感兴趣,即从操控原子或分子开始,再升级到构建(组装)纳米结构。具体过程是:基于分子间的结合力(如键合力、静电力等),在这些力的作用下,分子会自发地排列成有序的、稳定的聚集体,组装成纳米材料和结构以及能在纳米尺度下工作的功能器件。这一制造过程被称为自组装(Self Assembly),体现出"自下而上"制造方法的内涵。而一般的制造方法却相反,是"自上而下"的方式,即从较大规模的模式开始,然后加工缩小到预期的模式。

未来的纳米金属材料、电子材料、光子材料和其他固体材料,对制造各种高性能的微机电系统和纳机电系统的升级发展必将发挥至关重要的关键作用。

思 考 题

2.1 阐明单晶硅是制造微传感器首选材料的理由。
2.2 阐明 Poly-Si、SiO_2、Si_3N_4 在微、纳机电系统设计和制造中各起哪些作用?
2.3 举例说明电致效应、磁致效应和热机效应敏感材料的异同和特点。
2.4 纳米相材料与常规(传统)方式制造的材料相比有哪些优点和特点?
2.5 何谓智能材料?它可能产生哪些技术功能?试举例说明之。
2.6 试论述红外光敏材料在航空航天领域中的应用,以及红外光敏材料今后的发展方向。
2.7 解读纳米材料拥有现实世界和量子世界相结合的特性的理由。

第3章 微机械制造技术

3.1 概 述

正如本书第1章所述，构成微机电系统的元器件，其特征尺寸一般在微米乃至纳米量级。制造如此微小尺寸，已经不是尺寸问题而是器件制造技术上的一场革命，一旦攻克制造技术这一关，就能使微机电系统成功实现并获得巨大发展。

微机械制造技术与半导体集成电路工艺密不可分，它已经成为集成电路工艺的扩展和延伸。其基本内容包括淀积、光刻、刻蚀、掺杂、键合与封装等技术。组合应用这些技术就可制作出精密的、以硅（或石英等其他材料）为衬底的、层与层之间有很大差别的三维微结构（或表面微结构）。例如，控制位移的活动件：膜片、弹性梁、探针、梳状齿等；固定结构有如空腔、毛细孔、沟槽等。这些微结构与特殊用途的薄膜和高性能的电子线路相结合，已经成功地制作出了多种微传感器、微执行器，并构成微纳机电系统，实现不同用途的测量和控制。

由于硅材料是制造微、纳机电系统应用最多的，故针对硅材料的微机械加工技术自然成为本章介绍的主要内容。

3.2 硅微机械制造技术

硅微机械加工技术广泛用于制造各种微机电结构并由它们形成多种微传感器和微执行器。图3-1所示为硅晶片及某型微传感器芯片基本的制造工艺流程。描述如下：

1) 硅片氧化：选用双面抛光的硅片并在其表面热生长一层氧化层，对表面起掩蔽保护作用。

2) 薄膜生成：利用淀积技术将薄膜材料淀积在氧化处理过的硅片表面形成薄膜层，如多晶硅膜、介电膜、金属膜、金刚石膜及外延生长膜等。它们与硅片构成一个复合体。这些薄膜有的作为敏感膜，有的作为介质膜起绝缘作用，有的作为衬垫层起控制尺寸作用，有的起耐腐耐磨的作用。根据需要可以在其上制出多种图形。

3) 光刻技术：是把设计好的图形经掩模板转移到硅片表面薄膜上，包括紫外光刻、X射线光刻、电子束光刻和离子束光刻等方法。

4) 刻蚀技术：有选择地从硅片表面去除不需要的材料，将需要的图形刻划在硅片表面薄膜上，实现薄膜图形化。光刻腐蚀过程的循环次数取决于掩模版图的件数。

5) 掺杂技术：利用扩散或离子注入技术，对硅片进行掺杂。

6) 固相键合技术：例如将微传感器加工过程中分开制作的零部件，利用接合工艺（不使用粘接剂）把它们结合在一起，构成微传感器的三维结构体（见图3-1(b)）。

7) 封装技术：通常是把有关器件保护起来，与外界环境隔离，并能为器件提供真空或恒温环境、合适的外引线结构、散热和电磁屏蔽等条件。封装技术无标准可循，应根据实际需要设计制作，故操作比较复杂和困难。该项技术在图3-1中未具体呈现。

综上所述,这些工艺的不同组合使用,便可制作出按掩模版图要求的各种精巧微结构(表面的和体型的)。

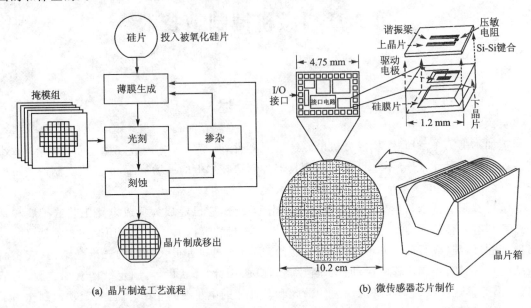

(a) 晶片制造工艺流程　　　　　　　(b) 微传感器芯片制作

图 3-1　硅晶片及某型微传感器芯片基本的工艺流程

3.2.1　表面微加工技术

主要利用淀积、光刻、腐蚀和牺牲层技术在硅衬底(基片)表面薄膜层上制作各种需要的功能结构。其工艺特点是去除薄膜层中不需要的材料,实现薄膜图形化及可活动的微结构。表面微加工深度最多几微米。现将单项工艺技术分叙如下。

1. 硅晶片

微加工从硅晶片开始,在如图 3-2 所示的晶片边缘处分别研磨出作为识别晶片的大平边和小平边标志。大平边表示硅晶面(或晶向),小平边则表示硅的类型。

2. 硅片氧化

硅材料的一个最大优点是可以通过热氧化在其表面生长一层氧化物(SiO_2)。氧化过程在管式炉内完成(见图 3-3),炉内温度控制在 850～1 150℃之间,氧分子直接与其作用,很容易在硅表面形成非晶态 SiO_2 层,不仅为硅片表面提供优良的保护层,同时还起到优良的绝缘作用。

氧化层厚度取决于氧化时间、温度和环境。硅片在空气中自然氧化,氧化层厚度只能达到 2～5 nm。在干氧(硅片与 O_2 分子直接作用)条件下氧化:若氧化时间 3 h,温度 900℃,氧化层厚度约达 0.04 μm;1 050℃时,氧化层厚度约达 0.11 μm。在湿氧(O_2+H_2O)条件下氧化:900℃时,氧化层厚度约达 0.45 μm;1 050℃时,氧化层厚度约达 0.95 μm。图 3-4 为氧化层厚度与时间和温度的函数关系,图(a)表示干法氧化,图(b)表示湿法氧化。

对氧化层质量要求高时,应选择干法氧化。湿法氧化通常用于制作较厚的氧化层,从几百 nm 到大约 1.5 μm。

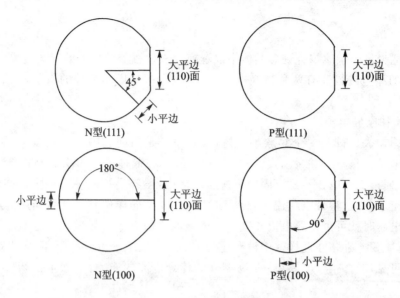

图 3-2　硅晶片上的基准面位置

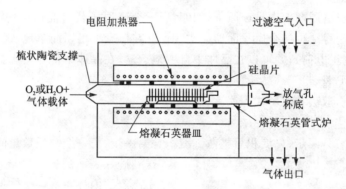

图 3-3　硅片热氧化管式炉示意图

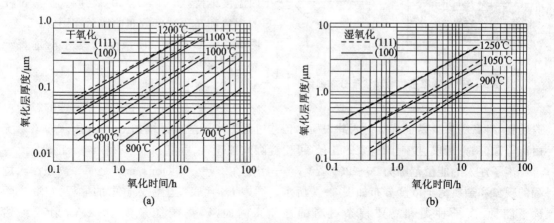

图 3-4　氧化层厚度与时间和温度的函数关系

3. 掺 杂

掺杂是把少量的杂质掺合到硅晶体中以置换原来位置上的原子的工艺过程。掺杂效应是改变硅晶体的导电特性。有两种提高电导率的方法：一是增加额外的电子，二是增加额外的空穴。

(1) N 型掺杂和电子

在元素周期表中硅是一个Ⅳ族半导体，掺杂原子是周期表中的Ⅴ族原子，如磷、砷和锑。磷有 5 个价电子，用磷原子取代硅晶格中的硅原子时，在晶体中磷的 4 个价电子参与相邻硅原子的共价键，而第 5 个电子不是牢固地束缚在晶格内，很容易从施主原子附近移走，成为可移动的带电载流子，称这种带电载流子材料为 N 型。N 型硅样件有某些可利用的电子，用导线连接并外加电压时就可以传导电流。N 型硅传导电流的方法与导线传导电流一样，两者都具有传导电子，主要差别是在硅样件中没有导线中那么多的电子可以利用，因此硅的电阻率要高一些。综上可见，轻掺杂（N^-掺杂）的 N 型硅的传导电流的能力，不如重掺杂（N^+掺杂）的那么强。

(2) P 型掺杂和空穴

如果掺杂原子是周期表中Ⅲ族原子，如硼，当一个硼原子代替晶体中的一个硅原子时，相邻的一个硅原子变得缺少一个电子而形成空穴。这在概念上可以简单地认为把空穴看成是一个带正电的粒子（正电荷），并可以在晶体中自由地运动，在晶体中传导电流。以空穴为主要载流子的材料称为 P 型。

掺杂工艺分扩散法和离子注入法。

(1) 扩散法

扩散法的工艺分两步，先淀积后扩散。淀积是第一步，把一个合适数量的气相掺杂原子输送到硅片表面的选择区域，而后再把硅片置于高温炉内并在惰性气体保护下杂质原子从表面高浓度区向体内低浓度区弥漫扩散，炉内温度维持在 800～1 150℃之间。扩散过程的现象和杂质浓度分布曲线示在图 3-5 上，图中符号 C 代表杂质浓度，x 表示沿垂直于表面的深度。

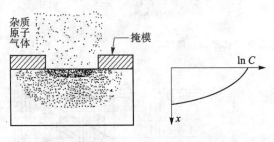

图 3-5 杂质原子扩散和浓度分布曲线

(2) 离子注入法

这种掺杂方法是利用一个特殊的粒子加速装置，将高能掺杂离子直接射入硅表面的工艺过程。离子注入系统如图 3-6 所示。该系统由离子源、磁分析仪、控制离子束的孔径（可变缝隙）、加速管、垂直和水平扫描器等组成。

离子注入的能量范围为 20～200 keV，离子密度在 10^{11}～10^{16} ions/cm² 之间。离子注入过程的现象和杂质离子浓度分布如图 3-7 所示。图中 R_P 代表离子注入硅中的射程，它取决于离子能量、离子种类和需要掺杂材料的性质。例如，磷离子能量为 20 keV，射程约达 0.028 μm；硼离子射程约达 0.07 μm；100 keV 时，磷离子射程约达 0.12 μm，硼离子射程约达 0.3 μm；200 keV 时，磷离子射程约达 0.27 μm，硼离子射程约达 0.55 μm。统计表明，离子注入硅中的射程在 0.01～1 μm 范围内。

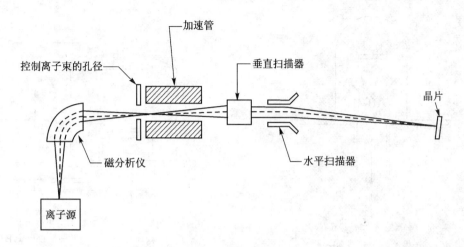

图 3-6 离子注入系统

4. 薄膜淀积

薄膜淀积是硅表面微加工中的一项主要工艺,这样的淀积有多种方法可以实现,物理气相淀积(PVD)和化学气相淀积(CVD)是其中常用的两种工艺技术。前者是利用蒸镀和溅射的方法,使另一种物质在硅衬底(基片)表面上淀积

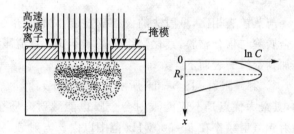

图 3-7 杂质离子注入和浓度分布

成膜;后者则是利用高温条件下在硅衬底表面上形成的化学反应导致了薄膜的淀积。

(1) 物理气相淀积

1) 真空蒸镀(蒸发):主要用于制作金属材料的薄膜,用途广泛。如在微传感器中,更多地用来制作电极,常用蒸发铝或金材料获得电极的欧姆接触区。也可用蒸镀方法直接在器件上制作金属薄膜。图 3-8 为一种简单的真空镀膜系统示意图。在真空室内,有一个用钨丝绕制的螺旋形加热器,在钨丝上挂着待蒸发的金属材料,如金丝。在真空度达到 0.013 3 Pa 以上时,对钨丝通以电流(20 A 左右),使金丝熔化沾润在钨丝表面上,继续加大电流,提高加热温度,金原子开始蒸发。由于真空室内残留的气体分子很少,故金属原子经碰撞即可到达衬底表面凝聚成膜。

2) 溅射成膜:溅射是一种利用惰性气体在辉光放电中进行电离的工艺,分直流溅射和射频溅射。

① 直流溅射:它是在一个低真空室中进行,用高电压(通常在 1 000 V 以上)使充入室内的低压(1.3~13.3 Pa)惰性气体(如氩气)电离成等离子体。将待溅射的物质制成靶置于阴极,等离子体中的正离子以高能量轰击靶面,使靶上待溅射物质的原子离开靶面,淀积到阳极工作台上的衬底表面上形成薄膜,如图 3-9 所示。

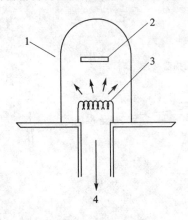

1—真空室；2—基底；
3—钨丝；4—接高真空泵

图 3-8 一种真空镀膜系统示意图

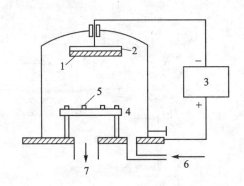

1—靶；2—阴极；3—直流高压；4—阳极；
5—基片；6—惰性气体入口；7—接真空系统

图 3-9 直流溅射原理简图

与蒸镀法相比，溅射法的设备较复杂，成膜速度也较慢，但形成的膜牢固，并能制作高熔点的金属膜与化合物膜，其化学组分基本不变。直流溅射法不能溅射介质膜，因为阴极电压不能施加到绝缘的表面上。

② 射频溅射：图 3-10 所示为射频(RF)溅射原理简图。它是用高频交流电压进行溅射的，其最大优点是不仅能溅射合金膜也能溅射介质膜，如 MgO, Al_2O_3, SiO_2, Si_3N_4 等。常用的射频溅射频率在 5～30 MHz 范围以内。当射频高压加到阴极和阳极之间(通过匹配器和耦合电容)时，由于离子的质量远大于电子的质量，所以离子的迁移率远小于电子的迁移率。在上半周(阴极为正、阳极为负)，电子迅速到达靶面；在下半周，因离子运动速度慢，阴极表面所带的负电荷不会很快被中和，导致靶面上负电荷的积累，形成一个自建电场 E，从而使正离子加速，并以较大能量轰击靶面，形成靶材原子的溅射淀积而成膜。

为了提高溅射薄膜的均匀性和溅射速率，现在常采用带附加磁场的射频溅射装置，如图 3-11 所示。在靶和工作台之间加一个与工作台相垂直的磁场 B(由套在真空罩上的激磁线圈通电后产生，也可由固定磁铁产生)，磁场的作用使靶和工作台之间辉光放电。在磁场中

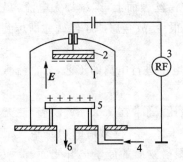

1—介质靶；2—阴极；3—射频电源；
4—气体入口；5—阳极；6—接真空系统

图 3-10 射频溅射原理简图

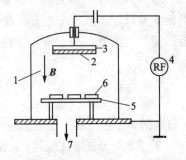

1—磁感应强度(0.01～0.03T)；2—靶；
3—阴极；4—射频电源；5—阳极；
6—基片；7—接真空系统

图 3-11 带附加磁场的射频溅射原理简图

受洛仑兹力作用的带电粒子做螺旋运动,增长了运动路程,使电子与气体分子间的碰撞机率增加了,从而提高了溅射薄膜的均匀性。

但这种方法并不能明显地提高溅射速率;为此,可在阴极附近安装一定的磁体,形成磁场。由于洛仑兹力的作用,电子在靶的附近做反复的螺旋运动,增加与气体分子的碰撞机率,使气体分子加速电离,产生正离子。正离子不断轰击靶面产生溅射原子,淀积成膜。

这种溅射装置称为磁控溅射装置。一般情况下,其溅射速率比普通的2极溅射装置的溅射速率能提高几倍乃至几十倍,而且形成的薄膜针孔少,结合力强。此外,该情况下的2次电子较少,造成衬底损伤小,温升也较低。

磁控溅射装置已广泛应用于制作金属膜、介质膜、压阻膜、压电膜以及半导体膜等。

(2) 化学气相淀积

化学气相淀积是利用物质在加热的反应室内进行的化学反应(分解、还原、氧化、置换)淀积成膜。主要的反应过程:使含有待淀积物质的化合物(如卤化物、硼化物、氢化物、碳氢化合物等)升华为气体,与另一种载体气体(如 H_2,Ar,N_2 等)或化合物在一个高温反应室中进行反应,生成固态的淀积物质,使之淀积在加热至高温的衬底上,生成薄膜。反应生成的副产品气体,由表面脱离,扩散逸出。这种方法可以制作多种用途的薄膜,如介质膜、半导体膜等。

化学气相淀积通常分常压化学气相淀积(NPCVD)、低压化学气相淀积(LPCVD)和等离子体增强化学气相淀积(PECVD)。

1) 常压化学气相淀积:这是指在大气压的反应室中进行化学反应。图3-12所示为这种工艺装置简图,其主要部分是反应室。反应气体 A 和 B 的分子中含有待淀积物质的原子,它们经分子筛过滤后进入混合器中,再进入反应室,反应室用电阻丝加热。两种气体进行化学反应后,产生单质或化合物,淀积在经过清洁处理的衬底上,形成薄膜。副产品气体由出口处流出。

常压化学气相淀积工艺已比较成熟,被广泛使用,但成膜厚度的均匀性不够理想。

2) 低压化学气相淀积:为了改善成膜厚度分布的均匀性,将常压化学气相装置稍加改良,即成为低压化学气相淀积。成膜工艺装置与图3-12类同,只是在反应室内保持低压强($10^3 \sim 10$ Pa),而不是大气压。压强的降低意味着减少载体气体,而生成薄膜所必要的反应气体量和压强与大气压时相同,从而

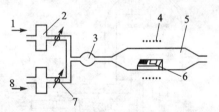

1—反应气体 A 入口;2—分子筛;3—混合器;
4—加热器;5—反应室;6—基片;
7—阀门;8—反应气体 B 入口

图3-12 NPCVD 工艺装置简图

使反应室内的反应气体相对增加,致使反应气体向衬底表面的扩散能进行得更均匀些。如果适当地选择基片与基片的间隔、气体的压强及流量等生成薄膜的条件,往往可使膜厚的分布均匀性明显地得到改善。

常压和低压 CVD 工艺的反应成膜温度,通常在 500~850℃ 之间。这个温度范围对于那些已经含有铝或金的金属化层的硅片来说是太高了,因为铝在 577℃,金在 370℃ 下即可和硅形成共熔物质。因此,在工艺流程设计中,CVD 反应成膜工艺,一定要在淀积铝或金材料之前完成。

3) 等离子体增强化学气相淀积:这种工艺的化学气相反应是在较低的温度(350~400℃)下进行的,主要是利用等离子体(俗称电浆)的活性促进反应生成。在反应过程中,为了

产生等离子体,在平板电极间施加射频高电压,并在反应室内通入一定量的气体(如氧气),使之辉光放电,在辉光放电中,室内气体被电离化,或称等离子体化。伴随气体电离、热效应、光化学反应等复杂的等离子体化过程,淀积物质的反应速率必将得到提高,淀积成膜。以上就是等离子体增强化学气相淀积工艺。该工艺常用于低温下(低于 400℃)淀积介质膜,例如 Si_3N_4 膜的生成。若用常压或低压 CVD 法制作,温度必须达到 850℃左右。

等离子体增强 CVD 的工艺设备与图 3-12 所示的 NPCVD 的工艺设备基本类同,只增加了产生等离子体的有关装置,如图 3-13 所示。在平板电极上加射频高电压,在一定的真空度下产生辉光放电,反应气体在低压($10^3 \sim 10^{-2}$ Pa)反应室中进行反应,生成待淀积物质的单质或化合物,在衬底表面上淀积成膜。

例如,一种 SnO_2 气敏薄膜就是利用图 3-13 所示的 PECVD 工艺设备制作的。将 O_2 和 $SnCl_4$ 气体通入反应室内,产生辉光放电,并在该状态下进行化学反应为

$$O_2 + SnCl_4 \rightarrow SnO_2 \downarrow + 2Cl_2 \uparrow \tag{3-1}$$

Cl_2 气被真空泵抽出,SnO_2 淀积在衬底(如陶瓷片)上生成 SnO_2 薄膜。淀积速度取决于 $SnCl_4$ 流量,流量用阀门控制,正常情况下,淀积速度约为 1.5×10^{-8} m/min。

图 3-14 所示为环形 PECVD 工艺装置简图。这种装置不需高压电极和靶,设备比较简单。介质膜 Si_3N_4 也常用这种装置制作。射频电压经一对射频电极通过电容耦合加到反应室,射频频率在 10 MHz 以上,电极距离约为 10 cm。在反应过程中,反应气体为硅烷(SiH_4)和联氨(N_2H_4)。气体辉光放电时产生的高温使气体分解,化学反应后生成的 Si_3N_4 在衬底上淀积成膜。反应式为

$$3SiH_4 + 3N_2H_4 \rightarrow Si_3N_4 \downarrow + 2NH_3 \uparrow + 9H_2 \uparrow \tag{3-2}$$

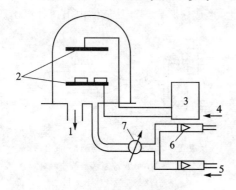

1—接抽气系统;2—平板电极;
3—RF 或 DC 电源;4—反应气体 A;
5—反应气体 B;6—流量计;7—阀门

图 3-13 PECVD 工艺装置简图

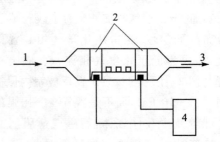

1—过滤后反应气体入口;2—环形射频电极;
3—接抽气泵;4—RF 电源

图 3-14 环形 PECVD 工艺装置简图

综上可见,等离子体增强 CVD 工艺适于在低温(低于 400℃)下制作介质薄膜,特别在金属上形成绝缘层,这一工艺更显优势。

4) 外延:如果 CVD 淀积发生在一个单晶衬底上,则在淀积层下面的晶体就有可能作为被淀积材料的基体,而在其上延生出单晶材料,把这一延生过程称为外延生长工艺。现以硅单晶片为衬底,并在其上生长硅单晶膜为例加以说明。把含硅化物如硅烷(SiH_4)或四氯化硅($SiCl_4$)等分解或用氢气还原,生成单质硅淀积在硅衬底上。淀积过程在外延反应炉内进行,

在衬底的结晶性质影响下形成单晶硅膜。例如，用四氯化硅生成硅的还原反应式为

$$SiCl_4 + 2H_2 \xrightarrow{1000 \sim 1200℃} Si\downarrow + 4HCl\uparrow \tag{3-3}$$

此外，杂质也可以掺入气流中，以产生具有给定杂质类型（N 型或 P 型）的外延层。

(3) 薄膜应力

淀积薄膜的一个主要问题是控制薄膜的内应力。因为在温度较高的情况下，向衬底淀积薄膜，冷却时由于膜和衬底的膨胀系数不同，导致了薄膜受到热应力的作用。薄膜应力可以导致晶片本身弯曲，也可以使悬臂结构发生卷翘。改善措施之一，可借助于退火处理；之二，挑选膨胀系数与薄膜相接近的材料作为衬底，可以降低热应力（见第 2 章 2.1 节）；之三，通过控制淀积条件和参数如温度、压力、电源功率以及工艺技术等加以克服。

表 3-1 给出一组 ZnO 压电薄膜的制备参数，选用的是溅射方法。

表 3-1 ZnO 薄膜溅射条件

锌靶材料	Zn(99.999%)
溅射气体	O_2
衬底温度/℃	375
靶与衬底间距/cm	11
氧气压力/Pa	0.9
直流溅射功率/kW	1.5(500V,3A)
溅射速率/(nm·min^{-1})	100

5. 图形转移

硅微传感器芯片是通过一系列硅片级工艺在各种膜层上进行图形刻蚀而获得的。图形的转移主要是将图形通过光刻方式从光掩模版上转移到涂覆光敏胶的氧化硅层或多层膜上，然后再利用腐蚀方法去除不需要的材料，就得到转移到氧化硅层或多层膜上的设计图形。

(1) 光 刻

光刻是一种图形转移技术。图形转移中要用到光刻胶，它是一种聚合可溶解的光敏材料，可以通过旋转涂布淀积到衬底表面上，见图 3-15。涂布后要对光刻胶进行前烘，以使其坚固，同时去除其中的有机物含量，再通过紫外线曝光方式印制掩模版上的图形。

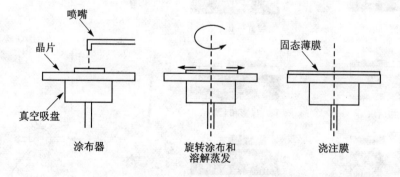

图 3-15 光刻胶涂布示意图

图 3-16 给出的是直接接触印制的光刻工艺示意结构，光掩模版含有由透明区和不透明区组成的准备转移到氧化硅层上的图形，并将其与涂覆光刻胶的氧化硅层相接触。紫外光直接通过掩模板照射到涂有光刻胶的氧化硅层上，没有遮蔽部分的光刻胶被曝光，导致光刻胶的化学特性起了变化。具体的化学变化存在两种类型：负胶和正胶，如图 3-17 所示。负胶工艺的行为是，光刻胶中被紫外光照射的部分发生了交联反应，在显影液中变为不可溶解的，而被保护没有受到照射的部分在显影中却保持其可溶性见图 3-17(a)。于是，在浸入显影液的

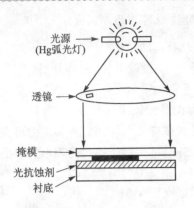

图 3-16 接触式光刻示意结构

过程中,可溶解部分被去除了,图形就会转移到光刻胶上,掩模上的不透明区在光刻胶上变成了透明区。在把图形转移到氧化硅层上之前,需把光刻胶再进行烘烤(后烘),以使其硬化并增强其化学稳定性。此后,就可通过刻蚀工艺去除氧化硅层部分,接着将光刻胶全部刻蚀掉,最后获得转移到氧化硅层上的图形。

正胶工艺的行为其化学变化过程与负胶正相反,光刻胶中被紫外光曝光的区域在显影液中比未被曝光的区域更容易溶解见图 3-17(b)。在显影和后烘之后,未被光照的部分就会留在氧化硅层上。在进行后续的刻蚀以后,透明部分的氧化层被除掉,把与掩模版上相同的图形印制到氧化硅层上。

正胶光刻比负胶光刻有较高的对比度和分辨率。在曝光和非曝光区能显示出非常明显的边界,从而在光刻胶上产生出陡直的转移图形。负胶光刻则更像影印工艺。

归纳起来,光学光刻主要包括对硅衬底进行预处理、旋转涂布光刻胶、前烘、对准曝光、显影和定影、后烘、硬化、刻蚀等过程,最终将光刻图形转移到光刻胶层上,接着再转移到氧化硅层上。

接触式曝光光刻在硅微传感器芯片制作中是一项标准工艺。但由于掩模版和涂有光刻胶的硅晶片之间的直接接触,通常会在光刻过程中造成掩模损伤。因此改进为使掩模版和硅晶片之间预留 10~50 μm 的空隙,这就是接近式曝光光刻,见图 3-18。但这又会造成掩模图形的不透明区域的边沿产生光衍射现象,导致其分辨率比直接接触式稍差,故不常使用,而被投影光刻法所代替,见图 3-19。

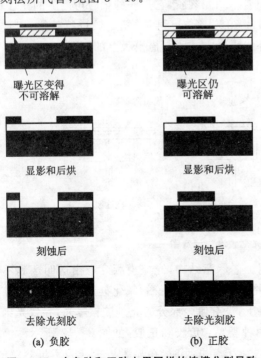

图 3-17 在负胶和正胶上用同样的掩模分别导致出不同图形的示意

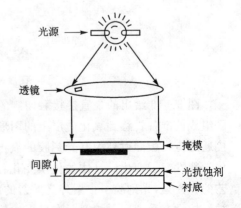

图 3-18 接近式光刻示意结构

投影光刻法是利用分步重复式投影光刻机对光刻胶进行交替曝光。对比接近式光刻,在投影光刻法中,在掩模版与光刻胶层之间增添了投影光学系统,可将投影到硅片上的掩模图形缩小 5～10 倍。由于缩小作用,在一次曝光中只用到硅片上的一小部分,曝光区域往往是一硅芯片。为了曝光整个硅片,每一次曝光后都需要移动硅片,以将下一个芯片区域移到投影照射区进行曝光,这就是分步重复光刻的含意,也可称为交替曝光法。这种交替曝光法既可避免因接触而引起掩模的损伤,也能提高图形印制的精度。同时也方便用较大的特征尺寸来绘制掩模图形。例如,为了实现硅片上 0.3 μm 的特征尺寸,在掩模制作时较容易地用 3 μm 的图形即可。

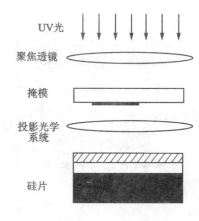

图 3-19 投影光刻法示意结构

(2) 掩模制作

光掩模版是进行光刻的基础,它类同常规的精密机械铸造中的模具。掩模版的材料多选用膨胀系数低的熔凝石英为基底,并在其表面镀有铬和涂有光刻胶的覆盖层。设计好的掩模图形就是制作在这样的熔凝母板上。它的制作是一项专门的工艺,可以从供应商那里订货。这里仅就其中一种基本制作方法略加介绍:借助光学图形发生器的曝光快门,配以分步重复光刻技术,对掩模版逐次进行曝光、定位;连续进行这一过程直到在光刻胶上形成设计好的掩模图形;随后进行显影、烘烤、刻蚀铬,使其在铬层上形成正确的图形;最后去除光刻胶,便可形成由熔凝石英和其上的铬结构组成的掩模版图。它就是图形转移过程中光刻的模具样板。其制作过程与分步重复曝光光刻工艺极其类似。

(3) 剥离技术

图形转移又可称为在涂有光刻胶的衬底上制作图形的剥离技术,其含意是把制作了图形的衬底浸入到合适的化学溶剂中进行刻蚀,去除不需要的部分,留下被保护的图形部分。剥离的基本步骤表明在图 3-20 上。图 3-20(a),对掩模版图进行曝光;图 3-20(b),显露出被曝光的光刻胶结构;图 3-20(c),在图 3-20(b)上淀积薄膜;图 3-20(d),把图 3-20(c)结构浸入丙酮酸溶剂中进行化学刻蚀,剥离去余下部分的光刻胶及其顶部的薄膜,留下被保护的图形部分。

6. 牺牲层技术

为了在硅衬底表面上获得空腔和可活动的微结构,常借助牺牲层技术。即在形成空腔结构过程中,将 2 层薄膜中的下层腐蚀掉,保留上层薄膜,空腔便可形成。被腐蚀掉的下层薄膜在形成空腔过程中,只起分离层作用,故称其为牺牲层(Sacrificial Layer),利用牺牲层能制作出多种可活动的微结构,如两端固支梁、悬臂梁和悬臂块等。这些可活动的微结构,在微传感器中常被作为敏感元件使用,如压力敏感元件、惯性敏感元件等。

利用牺牲层形成可活动微结构的一般工艺过程如图 3-21 所示。

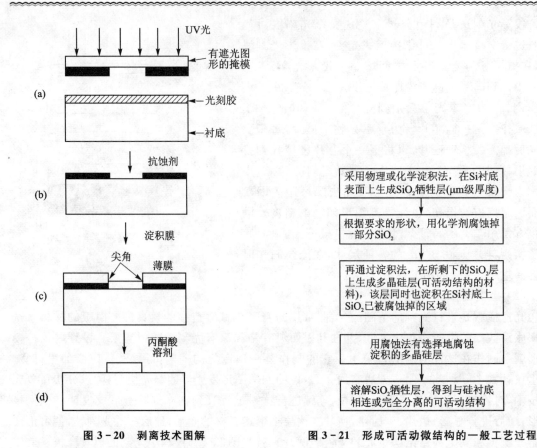

图 3-20 剥离技术图解   图 3-21 形成可活动微结构的一般工艺过程

图 3-22 所示为利用牺牲层制作多晶硅悬臂梁的工艺实例。图中：①硅衬底；②在硅衬底表面上淀积一层介质膜 Si_3N_4；③在 Si_3N_4 膜上再淀积一层厚约 2 μm 的 SiO_2 膜作为牺牲层；④有选择地局部腐蚀掉 SiO_2，用作制出悬臂梁的固定端；⑤在 SiO_2 层及露出 Si_3N_4 窗口处淀积一层厚约 1~2 μm 的多晶硅膜；⑥最后，腐蚀掉 SiO_2 牺牲层，便形成可活动的悬臂梁。

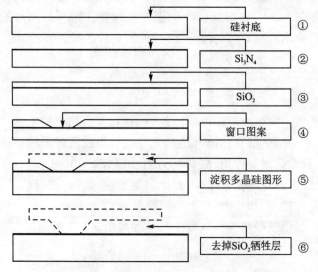

图 3-22 借助牺牲层制作多晶硅悬臂梁

图 3-23 所示为制作两端固支多晶硅梁的一种工艺过程。衬底为 N 型硅(100),在硅衬底上淀积一层 Si_3N_4 膜,作为多晶硅梁的绝缘支撑,并有选择地刻蚀出窗口(图 3-23(a));利用局部氧化,在窗口处生成一层 SiO_2 膜作为牺牲层(图 3-23(b));在 SiO_2 层及剩下的 Si_3N_4 层上淀积一层厚约 2 μm 的多晶硅膜(图 3-23(c));腐蚀掉 SiO_2 形成空腔,即得到两端固支多晶硅梁(图 3-23(d))。

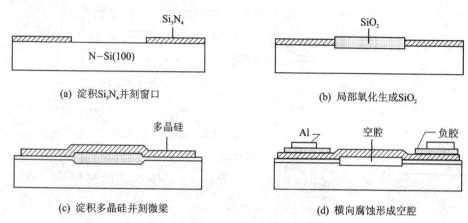

图 3-23 借助牺牲层制作两端固支多晶硅梁

图 3-24 所示为 H 形硅谐振梁式压力传感器芯片的制作过程。谐振梁是用重掺硼硅制作而成的。图中:①选用 N 型硅(100)面作为衬底,在其表面上先淀积一层 SiO_2 掩蔽膜,并刻蚀出窗口;②用 HCl 气体在 1 050℃下,在窗口处进行深刻蚀;③在 1 050℃下用 SiH_4,B_2H_6 及 HCl 混合气体有选择地生长第 1 层浓掺硼 P^+ 硅层;④同样条件下,有选择地生长第 2 层重掺硼 P^{++} 硅层;⑤再有选择地生长第 3 层 P^+ 型硅层;⑥再有选择地生长第 4 层 P^{++} 型硅层;⑦用氢氟酸(HF)刻蚀 SiO_2 层,使刻蚀口呈现出来;⑧有选择地刻蚀掉第 1 和第 3 牺牲层 P^+ 层,形成硅谐振梁(P^{++} 层)和腔壁;⑨采用 SiH_4 和 PH_3 混合气体在硅片整个表面生长一层 N 型硅外延层,并与硅衬底连为一体;⑩在高纯度氮气炉中退火脱氢,抽出腔中氢气,形成真空腔室(≤1 mTorr,1Torr=133.3224 Pa);⑪利用各向异性 KOH 腐蚀液在硅衬底背面刻蚀出硅膜片(见 3.2.2 节)。

综上所述,在利用牺牲层的表面微加工中,常用几种材料以薄膜形式组合在一起,形成结构层和牺牲层;再有选择地腐蚀掉牺牲层,即可在硅衬底表面上制作出如微型梁、微型悬臂结构等多种可活动的微器件。这种制造工艺,对发展和创造新型微器件和微结构具有广泛的应用前景。

3.2.2 体型微加工技术

体型微加工主要是利用专门的刻蚀技术制作三维微结构。

1. 化学腐蚀(湿法腐蚀)

腐蚀(刻蚀)是一种对材料的某些部分进行有选择的去除的工艺。它主要用来刻划图形、表面抛光和成型三维微结构,使被腐蚀物体显露出结构特征和组合特点。腐蚀方法大体分为两种:化学腐蚀和离子体刻蚀。前者用化学腐蚀液,又称湿法腐蚀;后者借助惰性气体,又称干

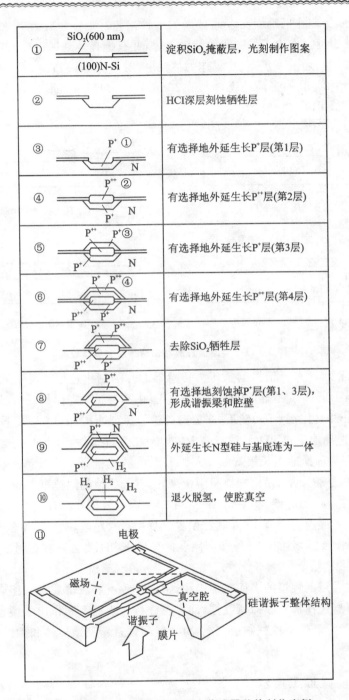

图 3-24　H形硅谐振梁式压力传感器芯片制作实例

法刻蚀。由于湿法操作简便,并可较好地控制结构轮廓,实际中常被采用。湿法腐蚀原理是氧化减薄和反应物的溶解,腐蚀过程中主要考虑边缘轮廓、厚度尺寸及表面质量的控制,还要考虑掩模材料的选择以及腐蚀液的毒性和污染等。

有多种腐蚀液可供选用,对硅的各向同性腐蚀,普遍采用氧化液硝酸(HNO_3)、去除液氢氟酸(HF)及稀释剂水(H_2O)或乙酸(CH_3COOH)混合成腐蚀液,通常称之为 $HF-HNO_3$ 腐蚀系统。腐蚀中通过改变腐蚀液的成分配比、掺杂浓度及温度,可以获得不同的腐蚀速率。

对硅的各向异性腐蚀,常用的腐蚀液有 EDP(乙二胺——Ethylene,联氨——Diamine,邻苯二酚——Pyocatechol)和水,$KOH+H_2O$,$H_2N_4+H_2O$ 以及 $NaOH+H_2O$ 等。腐蚀速率依赖于晶向、掺杂浓度及温度。沿主晶面(100)的腐蚀速率最快,而沿(111)面最慢。各向异性腐蚀主要用于在硅衬底上成型各种各样的微结构,因此用途最广。

湿法腐蚀是基于化学反应。腐蚀时先将被腐蚀材料氧化,然后通过化学反应,使一种或多种氧化物溶解。这种氧化化学反应要求有阳极和阴极,但腐蚀过程中却没有外接电压;而硅表面上的点便是随机分布的、微观化的阳极和阴极。

由于这些微观化电解电池的作用,硅表面便发生氧化反应,从而实现对硅的腐蚀。概括如下:硅表面的阳极反应是

$$Si + 2e^+ \rightarrow Si^{2+} \tag{3-4}$$

式中,e^+ 表示注入硅的空穴。硅得到空穴后,从原来的状态升到较高的氧化态。腐蚀液中的水电离发生的反应为

$$H_2O = (OH)^- + H^+ \tag{3-5}$$

Si^{2+} 与氧化物 $(OH)^-$ 结合,成为

$$Si^{2+} + 2(OH)^- \rightarrow Si(OH)_2 \tag{3-6}$$

即水中分解出的 (OH) 将硅氧化,生成可溶性硅氧化物溶于腐蚀液中,实现了对硅的腐蚀。

(1) 各向同性腐蚀

湿法各向同性腐蚀多用在完成以下的工艺过程:

1) 清除硅表面上的污染物或修复被划伤了的硅表面。

2) 形成单晶硅平膜片。

3) 形成单晶硅或多晶硅薄膜上的图形,以及圆形或椭圆形截面的腔和槽等。

实现上述工艺普遍使用的是 $HF-HNO_3$ 系统。在 $HF-HNO_3$ 腐蚀液系统中,硅表面上的反应过程如式(3-4)、(3-5)及(3-6)所示。随后 $Si(OH)_2$ 放出 H_2,并形成 SiO_2。由于腐蚀液中有 HF,所以 SiO_2 即刻与 HF 反应,形成 H_2O 和可溶性物质 H_2SiF_6,反应式为

$$SiO_2 + 6HF \rightarrow H_2SiF_6 + 2H_2O \tag{3-7}$$

通过搅拌,使可溶性物质 H_2SiF_6 远离硅片。H_2SiF_6 称为可溶性络合物,式(3-7)称为络合物反应式。

由式(3-4)可知,硅的阳极反应需要有空穴,这可由 HNO_3 在微观化阴极处被还原而产生。全反应关系为

$$Si + HNO_3 + 6HF \rightarrow H_2SiF_6 + HNO_2 + H_2O + H_2 \tag{3-8}$$

上述腐蚀液中,用水 (H_2O) 作为稀释剂,与水相比,用乙酸 (CH_3COOH) 作稀释剂会更好些。因为乙酸是弱酸,电离度较小,可在更宽范围内起稀释作用,并保持 HNO_3 的氧化能力,使腐蚀液的氧化能力在使用期内相当稳定。

图 3-25 分别画出了用 H_2O(虚线所示)和 CH_3COOH(实线所示)作为稀释剂的 $HF-HNO_3$ 系统腐蚀硅的等腐蚀线。图中 HF 的质量分数为 49.2%,HNO_3 的质量分数是 69.5%。从这些等腐蚀线中可归纳出如下特性:

1) 在质量分数 $w(HF)$ 和 $w(HNO_3)$ 较大区域(图中的顶角处),有过量的 HF 可溶解反应物 SiO_2,故腐蚀速率由 HNO_3 质量分数的大小所控制。这种配比的腐蚀液,其反应诱发期变

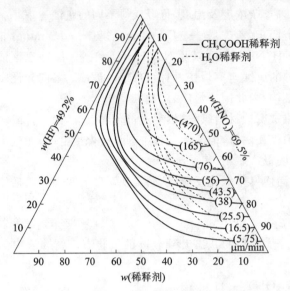

图 3-25 硅的等腐蚀线（HF：HNO_3：稀释剂）

化不定,所以腐蚀反应难以触发,并导致不稳定的硅表面。要过一段时间,才会在硅表面上缓慢地生长出一层 SiO_2。最终腐蚀受氧化-还原反应速率的限制,所以有一定的取向性。

2) 在质量分数 $w(HF)$ 小,而 $w(HNO_3)$ 大的区域（图中右下角处）,腐蚀速率由 SiO_2 形成后被 HF 去除的能力所控制。刚腐蚀的表面上会覆盖相当厚度的 SiO_2 层（3~5 nm）,所以称这类腐蚀液是"自身钝化"的。在该区域内,腐蚀速率主要受络合物扩散而被移去的速率所限制,故对晶体的取向不敏感,是真正的抛光腐蚀。

3) 当 $w(HF):w(HNO_3)=1:1$ 时,起初腐蚀速率对增加稀释剂并不敏感,直到腐蚀液稀释到某临界值时,腐蚀速率才明显地减弱。

由图 3-25 还可看出,硅腐蚀液的成分配比几乎是无限的,而实际上,应根据腐蚀液成分配比对硅的形貌腐蚀的影响和需要,选用不同的配比进行腐蚀。表 3-2 给出几种常用的成分配比。

表 3-2 几种常用的 HF-HNO_3 系统腐蚀液

腐蚀液 (稀释剂)	组成成分 /mL	温度 /℃	腐蚀速率 /($\mu m \cdot min^{-1}$)	腐蚀速率比 (100)/(111)	与掺杂浓度 的关系	掩蔽层的 腐蚀速率 /($nm \cdot min^{-1}$)
HF HNO_3 (H_2O,CH_3COOH)	10 30 80	22	0.7~3.0	1:1	$\leq 10^{17} cm^{-3}$ 时, 腐蚀速率 下降 150 倍	SiO_2 30
	25 50 25	22	40	1:1	与掺杂 浓度无关	Si_3N_4
	9 75 30	22	7.0	1:1	—	SiO_2 70

综上所述,硅能够被腐蚀的基本条件是:硅表面必须有空穴。在 HF-HNO_3 系统中,HNO_3 在化学反应过程中会使硅表面产生空穴,从而使腐蚀得以进行。因此,控制硅表面的空穴就可以控制腐蚀特性。

(2) 各向异性腐蚀

由于单晶硅为各向异性体,表现在化学腐蚀性方面也为各向异性,各向的腐蚀速率不同。在(100)/(111)面的腐蚀速率大约为 400:1,而(110)面的腐蚀速率则介于两者之间。

关于硅的各向异性腐蚀机制的主要解释是:硅在不同晶面上的晶胞密度可能是造成各向异性腐蚀的主要原因,(111)面上的晶胞堆积密度大于(100)面,故(111)面的腐蚀速率比预期的要慢。另一个可能的因素是:使硅表面原子氧化所需要的能量,这与硅表面上未成对的每个原子悬挂键的密度有关。(100)面上每个硅原子有 2 个悬挂键,可以结合 2 个(OH)$^-$;而(111)面上每个硅原子则仅有 1 个悬挂键(见图 3 - 26),故(100)面比(111)面的腐蚀速率快。而相应的背键(与次表面硅原子结合的 Si - Si 键,简称背键)数,(111)面上有 3 个,(100)面上有 2 个。因此,在(111)面上使硅原子氧化需打断 3 个背键,故(111)面的腐蚀速率比预期的更慢。还有,(111)面较(100)面更容易产生自身预钝化效应,这也是导致(111)面腐蚀速率慢上加慢的一个重要原因。

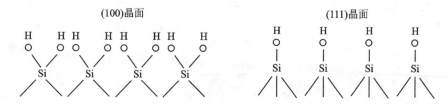

图 3 - 26 硅(100)和(111)晶面上的不同端点

有多种各向异性腐蚀液,由于 KOH + H$_2$O 腐蚀液的毒性小,又易操作,并能腐蚀出良好的表面和轮廓,所以常被采用。与各向同性腐蚀一样,其腐蚀机理就是对硅进行氧化,反应式为

$$KOH + H_2O \rightarrow K^+ + 2(OH)^- + H^+ \tag{3-9}$$

KOH 溶于水后,分解出(OH)$^-$,所以水的作用是为硅的氧化过程提供(OH)$^-$,全反应式为

$$Si + 2(OH)^- + 4H_2O \rightarrow Si(OH)_6 + 2H_2 \tag{3-10}$$

式(3-10)说明,(OH)$^-$ 将硅氧化成可溶性含水的硅氧化物,从而实现了对硅的腐蚀。

在 KOH 水溶液中,可以加适量的异丙醇——(CH$_3$)$_2$CHOH。它为络合剂,其络合反应式为

$$Si(OH)_6^{-2} + 6(CH_3)_2CHOH \rightarrow [Si(OC_3H_7)_6]^{-2} + 6H_2O \tag{3-11}$$

通过络合反应生成可溶性的硅络合物将不断地离开硅的表面,使硅表面的加工质量得到改善。

从上述反应方程可见,(OH)$^-$ 和 H$_2$O 在腐蚀过程中起着重要的分解作用。

在各向异性腐蚀前,先在硅表面上覆盖一层 SiO$_2$ 或 Si$_3$N$_4$,作掩蔽膜;然后刻出窗口,使硅暴露出来;再利用腐蚀液对硅衬底的表面进行纵向腐蚀。对于(100)晶面,若在 SiO$_2$ 掩蔽膜上开出矩形窗口,则可腐蚀出 V 形槽。V 形槽的界面是(111)面,表示在图 3 - 27(a)的右方。若窗口开得足够大,或者腐蚀时间很短,对腐蚀出的腔体形状如图 3 - 27(a)左方所示。(111)界面与(100)表面间的夹角为 54.74°,底平面的宽度为

$$W_b = w_o - 2l \cot 54.74° = w_o - \sqrt{2}l \tag{3-12}$$

式中,w_o 为表面上窗口宽度,l 为腐蚀深度。

对于(110)晶面,在 KOH 腐蚀液中可以腐蚀出垂直的孔腔结构,如图 3 - 27(b)所示。

须指出,KOH + H$_2$O 腐蚀系统对(110)面有很高的腐蚀速率,对(100)、(110)及(111)面的腐蚀速率比大约为 100∶600∶1;所以 KOH + H$_2$O 腐蚀系统特别适用于在(110)晶面腐蚀较

深的垂直孔腔。

表 3-3 给出几种常用的各向异性腐蚀液的配比及腐蚀特性。

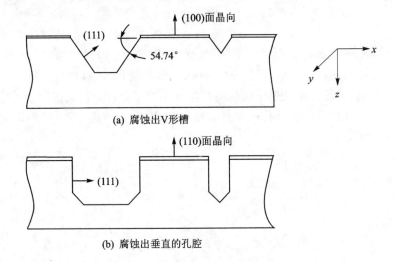

(a) 腐蚀出V形槽

(b) 腐蚀出垂直的孔腔

图 3-27 各向异性腐蚀示例

表 3-3 几种常用的各向异性腐蚀液

腐蚀液 (稀释剂)	组成成分	温度 /℃	腐蚀速率 /($\mu m \cdot min^{-1}$)	腐蚀速率比 (100)/(111)	与掺杂浓度的关系	掩蔽膜的腐蚀速率 /($0.1nm \cdot min^{-1}$)
KOH (H_2O)	44 g 100 ml	85	1.4	400:1	$\geqslant 10^{20}\,cm^{-3}$ 时,硼掺杂腐蚀速率下降约20倍	Si_3N_4 —
	50 g 100 ml	50	1.0	400:1		SiO_2 14
KOH H_2O $(CH_3)_2CHOH$	23.4% 63.3% 13.3%	80	1.0	14:1	—	—
EDP(EPW) 乙二胺+联氨+ 邻苯二酚和水	750 ml 120 g 100 ml	115	0.75	35:1	$\geqslant 7\times 10^{19}\,cm^{-3}$ 时,硼掺杂腐蚀速率下降约50倍	SiO_2 2 Si_3N_4 —
	750 ml 120 g 240 ml	115	1.25	35:1		Au,Cr,Ag,Cu,Ta —
H_2N_4 (H_2O)	100 ml (100 ml)	100	2.0	—	与掺杂浓度无关	SiO_2 Al —
NaOH (H_2O)	10 g (100 ml)	65	0.25~1.0	—	$\geqslant 3\times 10^{20}\,cm^{-3}$ 时,硼掺杂腐蚀速率下降约10倍	Si_3N_4 SiO_2 7

由表3-3可归纳出：

1) 腐蚀速率不仅取决于晶向，还受腐蚀液种类和其成分配比、掺杂浓度及温度等因素的影响。

2) KOH+H_2O腐蚀系统对SiO_2掩蔽膜有一定的腐蚀速率（约1.4 nm/min或更大些）。因此，需要较长时间腐蚀的结构，不宜选用SiO_2作为掩蔽膜，而应采用Si_3N_4。如须选用SiO_2，则应根据KOH+H_2O对硅(100)晶向和SiO_2的腐蚀速率，以及预期的腐蚀深度，确定SiO_2掩蔽膜的最小厚度。

(3) 腐蚀停止技术

1) 掺杂选择腐蚀停止：腐蚀机理只能说明硅被腐蚀的原因，腐蚀速率则依赖于掺杂形式和浓度。对于HF-HNO_3系统，浓掺杂材料的硅衬底，由于游离载流子的利用率较高，故可以保持较快的腐蚀速率。如在$w(HF):w(HNO_3):w(CH_3COOH)$（或$w(H_2O)$）=1:3:8的系统中，当掺杂浓度≥$10^{18}\,cm^{-3}$时，腐蚀速率可以达到1~3 μm/min；而掺杂浓度<$10^{17}\,cm^{-3}$时，则腐蚀基本停止。

对于各向异性腐蚀液KOH和EDP而言，掺杂浓度对腐蚀速率产生相反的作用。这种不同的择优腐蚀的原因，尚缺乏透彻准确的解释。例如，KOH和EDP腐蚀液对硅(100)面的蚀速率，在硼掺杂浓度≤$10^{19}\,cm^{-3}$时，腐蚀速率匀速且较快；在硼掺杂浓度≥$10^{20}\,cm^{-3}$时，KOH腐蚀液对(100)面硅的腐蚀速率骤然下降约5~100倍；而EDP腐蚀液对硅(100)面的腐蚀速率则骤然下降约250倍，直至腐蚀停止。图3-28(a)和(b)分别表明了KOH和EDP腐蚀液对硅(100)面的硼掺杂腐蚀停止性质与腐蚀速率的关系。

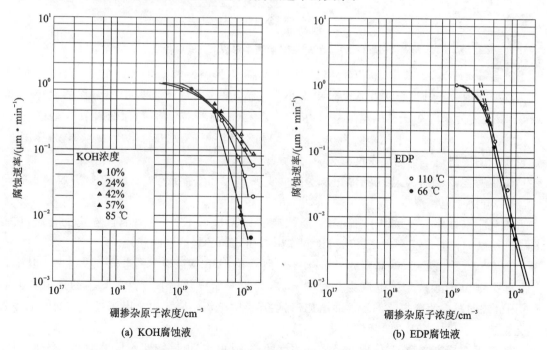

(a) KOH腐蚀液　　(b) EDP腐蚀液

图3-28　KOH和EDP腐蚀液硼掺杂腐蚀停止性质与腐蚀速率的关系

由此可见，只要在单晶硅表面进行浓硼掺杂，就可以使浓掺硼区的腐蚀速率远低于其他非浓硼掺杂区域，使腐蚀自动停止在两者的交界面上，而无须加阳极偏压，这就简化了腐蚀工艺对器皿的要求,是其优点。不过,浓掺硼层(P⁺层)往往具有较大的内应力,因此这项技术不适于制作对应力敏感的微结构,如压力传感器的感压硅膜片。在此情况下,须采用其他腐蚀停止方法。

2) 电化学(阳极)腐蚀停止:用电化学腐蚀硅时,接硅的电极称工作电极,加正电压;另一电极是负电极(常用铂(Pt)),称辅助电极。由于在硅与溶液界面处的硅表面上堆积有空穴,故在外接电压作用下,硅将不断被腐蚀,并生成可溶性硅氧化物离开硅表面。

对于 HF 各向同性腐蚀液,由于浓掺杂的硅衬底,比生长在其上的轻掺杂硅层的电导率高,将更快地被腐蚀掉。这项技术已成功地应用于掺杂结构的腐蚀成型。如图 3-29 所示,在浓掺杂的 N⁺-Si 衬底上,外延一层 N-Si,称其为 N-N⁺ 结构。用 HF 腐蚀液除去在轻掺杂 N-Si 层上的浓掺杂部分,即可形成 N-Si 膜片。

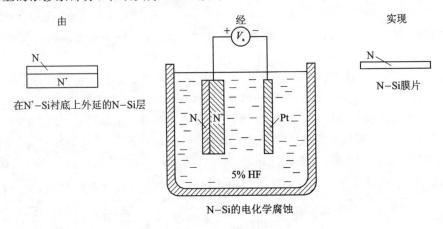

图 3-29 在 5%HF 溶液中形成 N-Si 膜片

硅在 5%HF 溶解液中,电化学腐蚀停止的电流-电压特性如图 3-30 所示。由图可见,电流密度变化取决于硅的型式及其电阻率大小。电流-电压曲线还表明:P 型和浓掺杂 N 型硅(掺杂浓度约为 $3\times10^{18}\,\text{cm}^{-3}$,电阻率约为 $0.01\,\Omega\cdot\text{cm}$)材料易于溶解;而低掺杂 N 型硅(掺杂浓度约为 $2\times10^{16}\,\text{cm}^{-3}$,电阻率约为 $0.3\,\Omega\cdot\text{cm}$)则不易溶解,特别在低电压(如≤10V)作用下。这说明硅的溶解速率与电流密度有关。

综上所述,利用电化学腐蚀停止技术便可实现 P 型和浓掺杂(N⁺-Si)硅材料脱离低掺杂(N-Si)硅溶于电解液中。

电化学腐蚀停止技术用于各向异性腐蚀液(如 KOH 和 EDP)实现腐蚀停止更有效,它也称 PN 结腐蚀停止法。利用该方法可以制作出薄而均匀的轻掺杂硅膜片。

图 3-31 给出了(100)晶面的 P 型硅和 N 型硅在 EDP 腐蚀液中的电流-电压特性,其中有 2 个重要的电压值:一个是电流为 0 时的电势,称为开始电势(V_{OCP})。在 V_{OCP} 的正电势方向(或阳极方向),电流随电势的增加而增加,到达某点时电流陡降。定义电流最大点处的电势为钝化电势(V_{PP}),这是第 2 个重要的电压值。

对于不同导电类型、晶体取向及掺杂浓度的硅,其电流-电压特性均与图 3-31 类似,所以在实际中,只要知道电流-电压曲线上这 2 个重要的特征电压就够了。当施加电压低于 V_{PP} 时,硅被腐蚀;高于 V_{PP} 时,电流陡降为 0,腐蚀停止,氧化层生成,硅表面被钝化。氧化物的生成有赖于硅的氧化作用与硅氧化物的溶解作用之间界面处的相对速率。

由图 3-31 可知，P 型硅的钝化电势比 N 型硅的钝化电势更趋于正电极方向。这个电势差表明了一种具有选择性的腐蚀方法，可以用来只腐蚀 P 型硅，而使 N 型硅不受腐蚀。因此，当在 N 型硅和 P 型硅 2 个钝化电势之间加一个电压时，就可以期望只使 P 型硅腐蚀，而 N 型硅则不受腐蚀。

图 3-32 所示为 3 电极 PN 结腐蚀停止基本配置。它表明的就是依据上述原理腐蚀出 N 型硅膜片的情况。被腐蚀

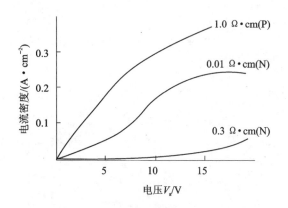

图 3-30 硅电化学腐蚀停止的电流-电压特性

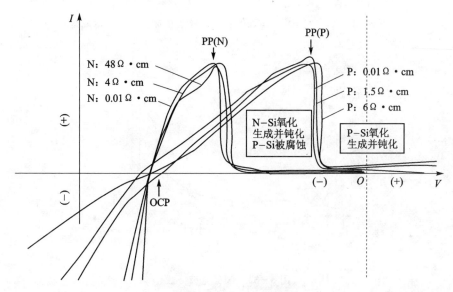

图 3-31 N 型硅和 P 型硅在 EDP 腐蚀液中的 I-V 特性

的 N 外延（或扩散）结构是具有 PN 结的硅片。N 型硅层接正电极，铂接负电极，RE 作为参考电极，P 型硅暴露在 KOH 或 EDP 腐蚀液中。

图 3-33 为以上腐蚀 N 型硅膜片过程中，记录的阳极电流特性。曲线表明：当电流急剧上升至最大值时，腐蚀停止，硅膜片表面被钝化；当电流从最大值瞬间突降到最小值时，硅膜片表面上的氧化层已经形成。

在图 3-32 所示的 3 电极结构中，P 型硅电位是"悬浮"的，这对于漏电流为 0 的理想 PN 结，P 型硅可以"浮"到开路电势而腐蚀；但实际上，材料总是存在漏电流的，漏电流会使 P 型硅在溶液中被钝化，当达到钝化电势时，腐蚀将提前停止在 P 型硅上。为了避免此现象发生，可采用 4 电极结构，见图 3-34。由于 P 型硅上增加了一个电极，就可以将 P 型硅相对于参考电极控制在开路电势上。另外，再给 PN 结加上一个反偏电压，这就可以实现腐蚀停止在 N 型硅层的界面上。

应注意，硅片上不需要腐蚀的区域，都要用氧化层掩蔽保护起来。

各向异性腐蚀在硅的体型加工中应用最为广泛，包括成型各类微传感器、真空微电子器

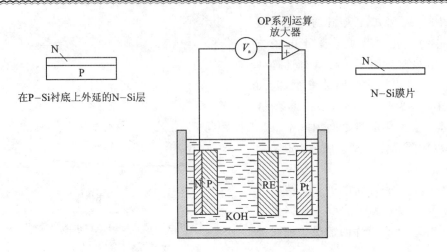

图 3-32 3 电极 PN 结腐蚀停止法形成 N 型硅膜片的基本配置

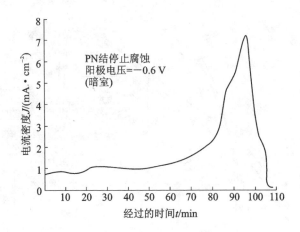

图 3-33 阳极电流特性

件、扫描隧道显微镜及原子力显微镜等中的各种三维微结构。

图 3-35 所示为腐蚀硅片背面三维微结构示例。图中表明,在一个 P 型硅片的表面上有一个外延或扩散的 N 型硅层。硅片背面上不需要腐蚀的区域以及最上面的 N 型硅层均应覆盖有起保护作用的氧化层。当把硅片放入各向异性腐蚀液(如 KOH)中时,按图示加上一定的阳极偏压,基于 PN 结腐蚀停止原理,便可维持 P 型硅背面被腐蚀,一直到 N 型硅表面被钝化,才导致腐蚀停止,硅片背面腐蚀成型,最后形成 N 型硅膜片。

2. 离子刻蚀

上节介绍的化学腐蚀法是依赖于硅的晶体取向和掺杂浓度在腐蚀液中选择腐蚀成型的。但对于侧壁垂直度要求严格的微结构(如台阶结构、等向螺旋槽),化学腐蚀难以达到预期的结果。采用离子刻蚀,包括等离子体刻蚀、反应离子刻蚀(也称反应溅射刻蚀)等干法刻蚀,可以实现所期望的刻蚀准确度。

干法刻蚀是利用某些气体的等离子体反应生成物或溅射对硅及硅的化合物进行轰击实现刻蚀的。刻蚀步骤大致如下:

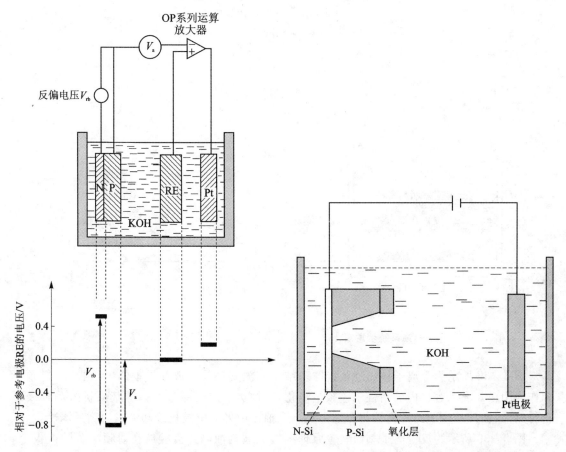

图3-34　4电极PN结腐蚀停止法基本配置　　图3-35　硅片背面腐蚀成型示例

1）刻蚀用的气体在足够强的电场作用下被电离化，产生离子、电子及游离原子（又称游离基）等刻蚀类物质；

2）刻蚀类物质穿过停滞气体层（气体屏蔽层），扩（弥）散在被刻蚀晶片（或薄膜）的表面上，并被表面吸收；

3）随后便产生化学反应刻蚀，如同离子轰击，反应生成的挥发性化合物由真空泵抽出腔外。

图3-36为离子刻蚀系统示意图，由真空室、2个射频电源电极、1个刻蚀气体入口和真空泵组成。当被刻蚀晶片安放在接地的射频电源电极板上，称其为等离子体刻蚀；若晶片直接安放在射频电源电极（阴极）板上，则称其为反应离子刻蚀。

影响刻蚀结果的参数很多（如射频电源电压大小、刻蚀气体种类、气体的流速和压力等），其中气体种类是重要的因素。以往常使用氩气（Ar），现在多使用氟氯烷烃（C、H、Cl、F的化合物），其刻蚀速度比用氩气快若干倍。

例如，采用CF_4惰性气体产生等离子体，有多种分解生成物存在，见图3-37。其中F（氟的游离基，即被激发的氟）有极强的化学活性，可以和处在等离子体中的物质如Si，SiO_2及Si_3N_4等发生如下的反应进行刻蚀：

$$Si + 4F \rightarrow SiF_4 \uparrow$$
$$SiO_2 + 4F \rightarrow SiF_4 \uparrow + O_2 \uparrow$$
$$Si_3N_4 + 12F \rightarrow 3SiF_4 \uparrow + 2N_2 \uparrow$$

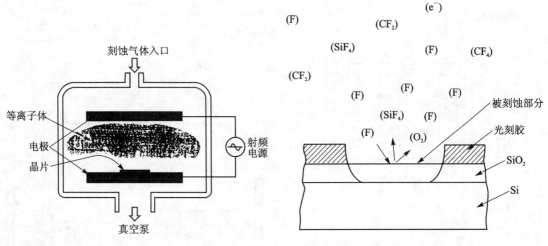

图 3-36　离子刻蚀系统示意图　　　　图 3-37　F 基等离子体刻蚀

图 3-38 所示为等离子体刻蚀装置原理结构。被刻蚀晶片放在接地的电极板上，射频电源作为阴极。充入容器内的惰性气体被电离化，刻蚀类反应物穿过气体屏蔽层扩入晶片表面进行刻蚀，而反应生成的挥发性化合物由真空泵抽出腔外。电极板冷却形式为循环水冷。

图 3-39 所示为反应离子刻蚀装置原理结构。被刻蚀晶片直接放在射频电源阴极板上，射频电源作为阴极电源，使充入的惰性气体离子化。其刻蚀机理为：反应溅射＋等离子体化学反应，既有离子的轰击效应（这里的轰击效应不同于溅射刻蚀中的纯物理过程，它对化学反应产生显著的增强作用），又有活性游离基与被刻蚀晶片的化学反应，因此可以达到较高的刻蚀速率，并且反应离子束流的方向基本上垂直晶片的表面，对侧壁刻蚀很少，故可得到较垂直的侧面轮廓。这是反应离子刻蚀的主要优点。

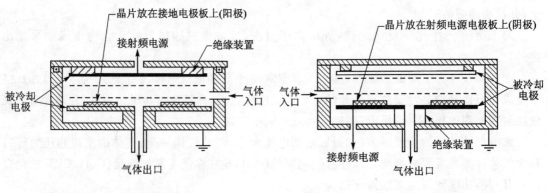

图 3-38　等离子体刻蚀装置　　　　图 3-39　反应离子刻蚀装置

综上所述，等离子体刻蚀可视为刻蚀气体与固体之间的化学反应；反应离子刻蚀可视为基于溅射辅助的化学反应。

最后指出：有多种氟氯烷烃等化学气体可用于离子体刻蚀工艺，但使用时必须对气体混合比例、气体成分和刻蚀条件进行仔细设定，这对获得所期望的刻蚀结果是极端重要的。例如，F 基游离原子刻蚀硅材料，常产生各向同性的刻蚀效果；而 Cl 基等离子体常用来进行各向异性刻蚀。因为在能量低于 500 eV 时，Cl 离子对硅的反应溅射率随着能量的下降而显著降低，所以 Cl 的游离基与硅原子的反应可能性很小（游离基在溅射的辅助下进行化学反应），表明了对侧壁（如槽的侧壁）的刻蚀会很小，故常用它来进行各向异性刻蚀。而 F 基游离子对硅的反应溅射率却几乎不随能量变化，故 F 的游离基与硅起化学反应的可能性及离子辅助刻蚀的可能性都很高，因而常会出现所不希望的钻蚀现象。

表 3-4 列出一些对微传感器常用材料进行离子刻蚀的刻蚀气体，供参考选用。

表 3-4　对所选择的材料进行离子刻蚀的一些刻蚀气体

被刻蚀材料	刻蚀气体
单晶 Si 和多晶 Si	CF_4, CF_4/O_2, CF_3, Cl, SF_6/Cl, Cl_2/H_2, C_2ClF_5/O_2, SF_6/O_2, SiF_4/O_2
SiO_2	CF_4/H_2, C_2F_6, C_3F_8, CHF_3
Si_3N_4	CF_4/O_2, CF_4/H_2, C_2F_6, C_3F_8, SF_6/He
有机材料（如 PSG）	O_2, O_2/CF_4, O_2/CF_6
Al	BCl_3, CCl_4, $SiCl_4$, BCl_3/Cl_2, CCl_4/Cl_2, $SiCl_4/Cl_2$
Au	$C_2Cl_2F_4$, Cl_2

3.3　LIGA 技术和 SLIGA 技术

3.3.1　LIGA 技术

LIGA 是德文 Lithographie, Galvanoformung, Abformung 3 个词，即光刻、电铸、注塑的缩写。LIGA 技术是一种基于 X 射线光刻技术的三维微结构制造工艺。它主要包括：X 光深度同步辐射光刻、电铸制模及注模复制 3 个工艺步骤。用它可以制造出高度为数百乃至 1 000 μm、宽度只有 1 μm、形状精度达亚 μm 级的三维硅微结构，还可以加工各种金属、合金、陶瓷、塑料及聚合物等材料。灵活运用电铸和注塑工艺，可以进行高重复精度的大批量生产，而硅微机械加工技术是无法制造出高深宽比的微结构的。

LIGA 技术的核心工艺是深度同步辐射光刻，只有刻蚀出比较理想的抗蚀剂（如光刻胶）图形，才能保证后续工艺步骤的质量。图 3-40 就是表明用 X 光深度同步辐射光刻高深宽比的形成过程：首先在衬底上淀积聚合物抗蚀剂层，厚度约为 10~1 000 μm；再用同步辐射 X 射线，通过掩模将图形深深地刻在抗蚀剂上；最后用化学腐蚀法刻蚀抗蚀层，制成电铸用抗蚀聚合物初级模版。

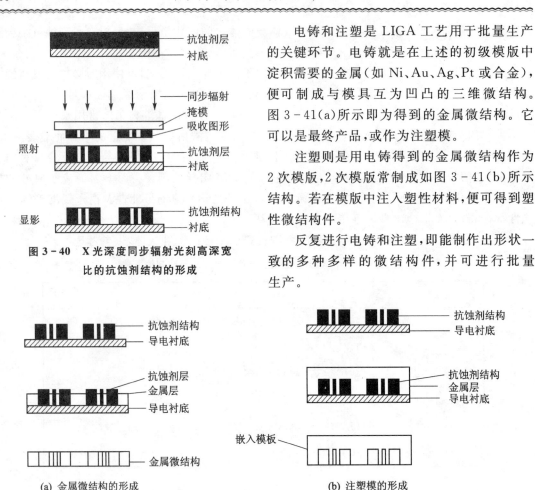

图 3-40 X光深度同步辐射光刻高深宽比的抗蚀剂结构的形成

图 3-41 金属微结构和注塑模的形成

电铸和注塑是 LIGA 工艺用于批量生产的关键环节。电铸就是在上述的初级模版中淀积需要的金属（如 Ni、Au、Ag、Pt 或合金），便可制成与模具互为凹凸的三维微结构。图 3-41(a)所示即为得到的金属微结构。它可以是最终产品，或作为注塑模。

注塑则是用电铸得到的金属微结构作为 2 次模版，2 次模版常制成如图 3-41(b)所示结构。若在模版中注入塑性材料，便可得到塑性微结构件。

反复进行电铸和注塑，即能制作出形状一致的多种多样的微结构件，并可进行批量生产。

3.3.2 SLIGA 技术

LIGA 技术的局限性是，只能制作没有活动件的三维微结构。为了制作含有活动件的三维微结构，把牺牲层技术应用于 LIGA 技术中，两者结合形成一种新的 LIGA 技术，称为 SLIGA 技术。这里 S 代表牺牲层的意思。

SLIGA 技术的基本工艺步骤表明在图 3-42 的示例中。图中：

① 在陶瓷或附有绝缘层的硅衬底上溅射一层 Cr、Ag 组成的薄膜，作为电铸用的金属基底；② 在该金属基底上淀积抗蚀剂层，并进行选择刻蚀，制作出供电铸用的图形基底；③ 溅射和化学腐蚀钛牺牲层，并开出窗口；④ 在牺牲层基底上淀积厚约 $100\sim300\ \mu m$ 的聚合物抗蚀层，再覆盖掩模；⑤ 用深层同步辐射 X 射线光刻技术对抗蚀剂层进行曝光，制成电铸用的模版；⑥ 选用 Ni 作为活动微结构件的材料，在金属基底上以模版为模型进行电铸，便可形成与模版形状互为凹凸的微结构；⑦ 再用化学剂溶解掉抗蚀剂和牺牲层，最终得到可活动的悬臂微结构。

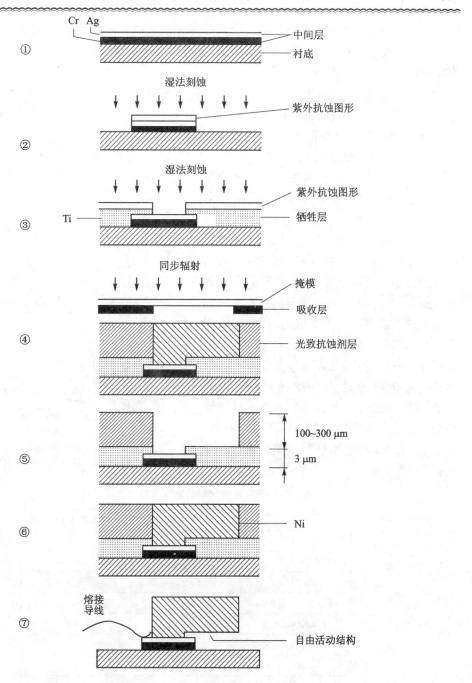

图 3-42 SLIGA 技术制作活动微结构的基本工艺示例

3.4 固相键合技术

3.4.1 技术要求

固相键合是利用各种接合工艺,把若干具有平面结构的零件重叠接合在一起,构成三维微结构。常用的接合方法有多种,如阳极键合、热熔 Si-Si 直接键合、共熔键合及低温玻璃键合等。常用的互连材料有:金属和硅、硅和硅、金属和金属以及玻璃和硅。连接中应满足如下技术要求:

1) 残余热应力尽可能小;
2) 可实现机械解耦,防止外界应力干扰;
3) 足够的机械强度和密封性;
4) 良好的电绝缘性。

这些因素的效应,会反映在微系统的输出中,所以必须考虑周全,精心操作,避免由此降低微系统的性能。

为了避免互连后产生热应力,必须选用膨胀系数相互接近的材料匹配连接,如玻璃和硅的连接。玻璃有多种,但其膨胀系数各异。图 3-43 给出几种玻璃和硅的膨胀特性与温度的关系曲线。由图可见,其中派雷克司(Pyrex)硼硅酸玻璃 7740# 和 1729# 的膨胀系数与硅最接近,故最适宜与硅键合。又因 7740# 玻璃的退火点较低(565℃),而 1729# 的退火点较高(853℃),所以在硅微结构中,硅和玻璃的互连多选用 7740# 玻璃。表 3-5 给出多种常用材料的膨胀系数和弹性模量,供参考。

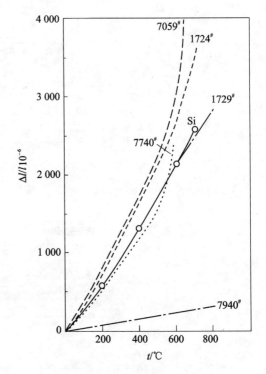

图 3-43 玻璃和硅的膨胀特性

表 3-5 常用材料的膨胀系数和弹性模量

材　料	膨胀系数 $\alpha_1/10^{-6}\mathrm{K}^{-1}$	弹性模量 $E/10^3\mathrm{MPa}$
Si(100)	2.62～2.33	130
Si(110)	2.62～2.33	170
Si(111)	2.62～2.33	190
Pyrex7740# 玻璃	2.85	63
4J29 Kovar 合金	4～5	140
4J36 Invar 合金	1.5～1.8	150
AlN	2.58	340
Al_2O_3(99%)	5.6	400～460
蓝宝石	5.5～7.2	360～460
SiC	3.4	483
SiO_2	0.50～0.55	70
Si_3N_4	0.8～2.8	155～385
金刚石	0.90～1.18	1 035
精密的 PZT	2.0	—

图 3-44 给出几种材料的膨胀特性。

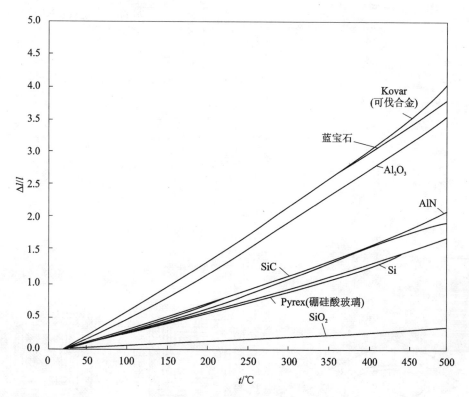

图 3-44 几种材料的膨胀特性

为了减小外界应力的干扰,应采用机械隔离技术。设计合理的结构和尺寸,应使核心器件(如敏感元件)与相连的边缘支座实现能量解耦,即输入到敏感元件的能量不传递到外界,同时也不受外界能量的干扰。有 2 种隔离方案可供选用:一是硬隔离,即把边缘支座设计得具有足够大的刚度,固有频率很高;二是设计固有频率很低的软隔离结构(隔离带)。硬、软隔离示意图表示在图 3-45 上。

对于硬隔离,其能量传递系数 TR 可表示为

$$TR = \frac{1}{(f_h/f_s)^2 - 1} \tag{3-13}$$

对于软隔离

$$TR = \frac{1}{(f_s/f_l)^2 - 1} \tag{3-14}$$

式中,f_h、f_l 及 f_s 分别代表硬边缘支座、软隔离带及硅膜片的固有频率,满足下述条件便能明显地实现机械解耦,隔离从边缘支座引入敏感元件的外界能量干扰。即

$$f_h/f_s \geqslant 10 \,;\, f_s/f_l \geqslant 10$$

图 3-46 示出几种起隔离作用的实际结构。

关于互连接的机械强度和密封性问题:正确运用前面提到的各种连接方法,常温下的机械强度可以达到连接材料自身的强度量值,而且接合面具有良好的密封性能。

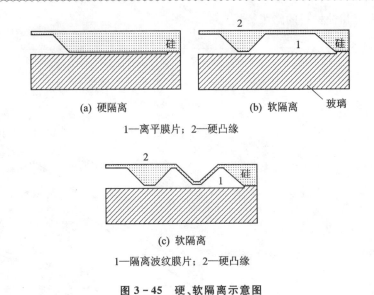

(a) 硬隔离 (b) 软隔离
1—离平膜片；2—硬凸缘

(c) 软隔离
1—隔离波纹膜片；2—硬凸缘

图 3-45 硬、软隔离示意图

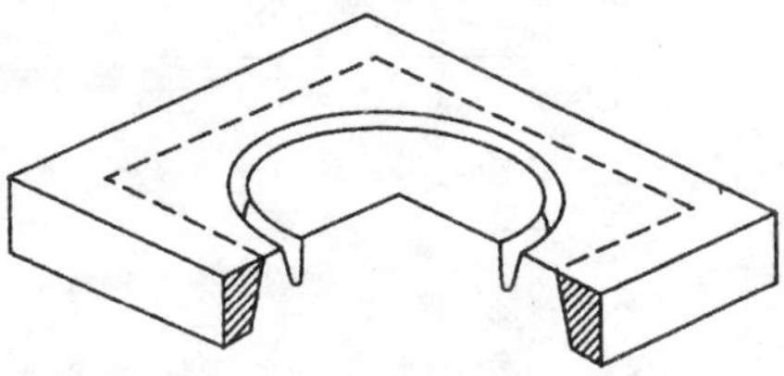

(a) V型隔离槽 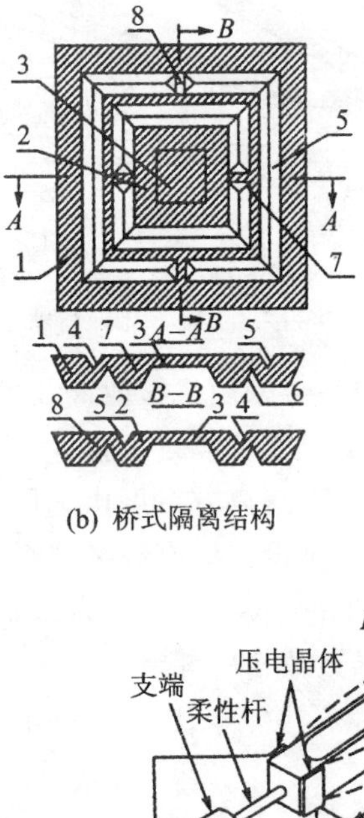   (b) 桥式隔离结构 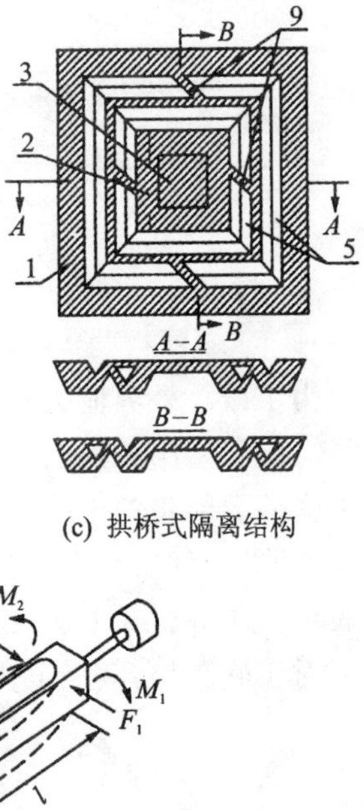   (c) 拱桥式隔离结构

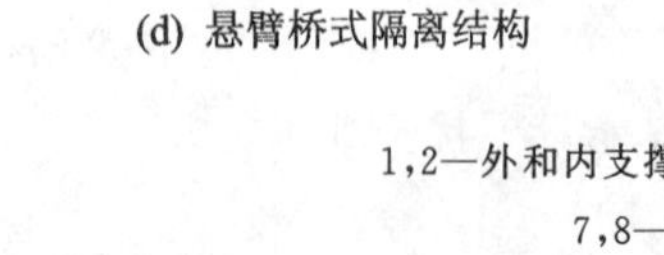

(d) 悬臂桥式隔离结构 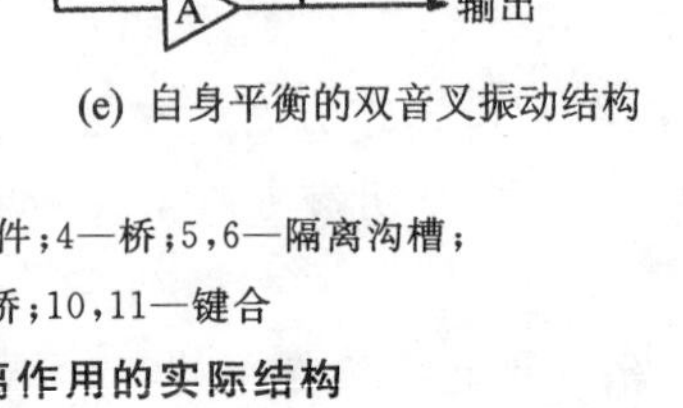   (e) 自身平衡的双音叉振动结构

1,2—外和内支撑环；3—敏感元件；4—桥；5,6—隔离沟槽；
7,8—岛桥；9—连接桥；10,11—键合

图 3-46 几种起隔离作用的实际结构

为实现微结构互连中的电隔离，常在衬底材料表面淀积起绝缘作用的介质膜。为使外界引入到微传感器系统的电干扰降至最小，完善系统的合理布局和屏蔽接地是至关重要的。

3.4.2 键合方法

1. 阳极键合

阳极键合又称静电键合或场助键合。这种键合技术可将硅与玻璃、金属及合金在静电场作用下键合在一起,中间无需任何粘接剂。键合界面具有良好的气密性和长期稳定性。阳极键合技术已被广泛使用。

硅与玻璃的键合可在大气或真空环境下完成,键合温度为180~500℃,接近于玻璃的退火点,但在玻璃的熔点(500~900℃)以下。

硅与玻璃的阳极键合原理如图3-47所示。键合原理中起作用的是玻璃中的钠离子。现详述之:把将要键合的玻璃抛光面与硅片抛光面面对面地接触,玻璃的另一面接负极,整个装置由加热板控制,硅和加热板是阳极。当在板间施加电压(200~1 000 V,视玻璃厚度而定)时,玻璃中的钠(Na^+)离子向负极方向漂移,在紧邻硅片的玻璃表面形成宽度约为几 μm 的耗尽层。由于耗尽层带负电荷,硅片带正电荷,两者之间存在较大的静电吸引力,使其即刻紧密接触。在键合温度(180~500℃)下,紧密接触的玻璃与硅界面上将发生化学反应,形成牢固的化学键,促成玻璃与硅在界面上实现固相键合,键合界面区域变成黑灰色。键合强度可达玻璃或硅自身的强度量值,甚至更高。

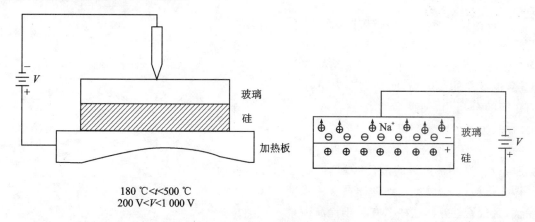

图3-47 硅与玻璃阳极键合原理

硅与玻璃阳极键合过程如图3-48所示。

在阳极键合过程中,加上电压后,即刻有一脉冲电流产生;稍后,电流几乎降为0(见图3-49),表明此时键合已经完成。所以,可通过观察外电路中电流的变化,判断键合是否已经完成。

硅和硅的互连,也能用阳极键合实现,但在两硅片间需加入中间夹层,常用的中间夹层材料为硼硅酸玻璃(7740#)。先把要键合的硅片表面抛光,并在其中一个硅片表面上淀积一层厚2~4 μm 的7740#玻璃膜。阴极就接在覆盖7740#玻璃膜的硅片上,阳极接在另一硅片上。硅-玻璃-硅的3层结构如图3-50所示。这里,玻璃层还起绝缘作用,使电流不能通过接合面。

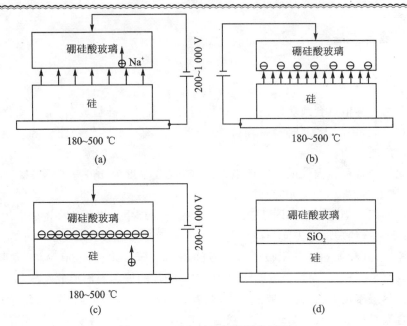

图 3-48 硅与玻璃阳极键合过程

2. Si-Si 直接键合

经过抛光和清洗的 2 块硅片表面,贴合后放入高温(700~1 050℃)炉中,可使贴合面直接融合为一体,中间不需任何粘接剂和夹层,也不需外加电场,而是靠高温下贴合面之间的分子力,使两者直接融合在一起的,称其为 Si-Si 直接键合。

Si-Si 直接键合的优点是:实现材料的膨胀系数、弹性系数等的最佳匹配,得到硅一体化结构;键合强度达到硅体自身的强度量值,且气密性好。这些都有利于提高微系统的长期稳定性和温度稳定性。

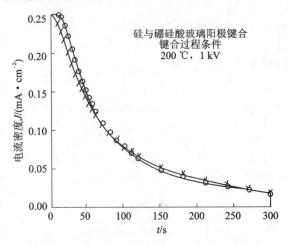

图 3-49 键合过程中电流密度与时间关系

键合工艺过程框如图 3-51 所示,图中的表面处理及清洗过程框图示于图 3-52。

图 3-53 给出了由红外光源(IR)发射出来的光通过硅片透射,经信号接收后,在监视器上显示出来的硅片键合表面的形貌图像。图像中白区表示键合面没有微孔洞,黑区则表示有微孔洞。微孔洞处将导致两键合面出现分离,因此,键合前应对键合面进行孔洞探测,以免造成键合界面的局部缺陷。

图 3-54 所示为 Si-Si 键合的一种变化方式,下面的硅片上淀积一层 SiO_2,清洗亲合化后与上面硅片的洁净下表面贴合好并进行高温处理,使其融合一体化,最后将上面硅片减薄,这样得到的是在 SiO_2 绝缘层上面的硅。把这种结构称作绝缘体上的硅(Silicon-on-Insulator),简称为 SOI 结构。由于这种 SOI 结构是通过键合与上层硅片的背腐蚀形成的,故也称 BESOI。

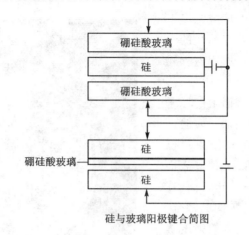

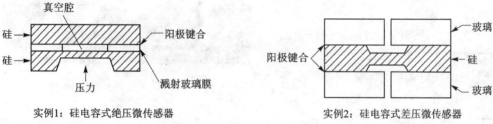

图 3-50 硅与玻璃阳极键合简图及实例

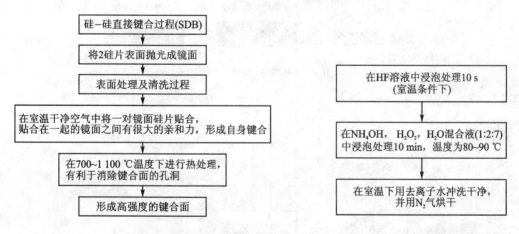

图 3-51 Si-Si 直接键合工艺过程　　　图 3-52 表面处理及清洗过程

　　Si-Si 直接键合需在高温(700~1 050℃)下进行。1 050℃接近硅的熔点,在此高温下键合,可以获得高的键合强度,但会导致如掺杂轮廓拓宽、热应力、内部产生缺陷和污染等问题。而在较低温度(700~800℃)下键合,则需要对键合面更加严格的清洗,键合强度也会稍许降低,但不会破坏硅晶片的固有性质,这是最重要的。要求性能完善的硅谐振梁,就适宜在较低温度下制成。

3. 表面活化 Si-Si 直接键合

　　在高温下进行 Si-Si 直接键合,其一是高温过程难以控制;其二是容易使制作的功能器件失效。因此,寻求在较低温度或常温下实现 Si-Si 直接键合就成人们关注的一项工艺。这项工艺的关键是,选用何种物质对被键合的晶片表面进行活化处理。惰性气体(如氩气 Ar)与硅表面上的原子不发生反应,但却能激活硅表面。实验证明,在真空环境下,采用 Ar 离子束对已预处理过的硅表面进行腐蚀,并使其表面清洁化,经过这样处理的一对硅表面,在室温、真空条件下,便能实现牢固的键合。其键合强度与高温下直接键合的强度等同。键合的步骤为:

1) 先对要键合的一对硅片进行表面处理和清洗(见图 3-52);

2) 把清洗好的硅片置入图 3-55 所示的设备中,真空腔内的残留气体压力不得大于 2×10^{-6} Pa;

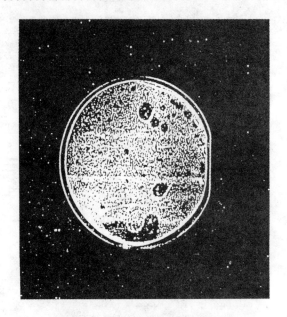

图 3-53 一个硅片表面的 IR 图像

图 3-54 SOI 结构

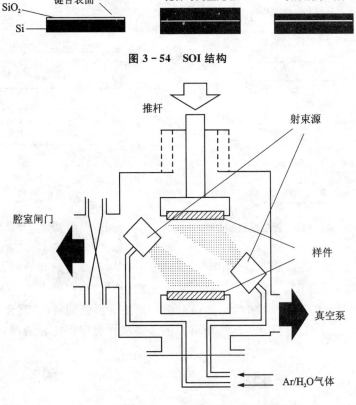

图 3-55 表面活化 Si-Si 直接键合真空设备简图

3) Ar 气源对硅表面腐蚀期间的工作电压为 1.2 kV,Ar 等离子电流为 20 mA,Ar 离子束的入射角为 45°,射向硅表面的 Ar 压力约为 0.1 Pa,腐蚀时间约为 1 min,腐蚀深度约为 4 nm;

4) 经 Ar 腐蚀、去污及清洁后的一对硅片表面在外加约 1 MPa 压力的作用下,即可在室温条件下实现牢固的 Si-Si 直接键合。Ar 腐蚀及键合的全过程都在真空条件下完成。

4. 玻璃封接键合

用于封接的玻璃多为粉状,称为玻璃料。它们由多种不同特性的金属氧化物组成,不同比例的组成成分,膨胀系数不同。这样的玻璃料是由玻璃厂家专门制成的,一般有 2 种基本形态:非晶态玻璃釉和晶态玻璃釉。前者为热塑性材料,后者为热固性材料。若在它们中添加有机粘合剂,便形成糊状体,且易用丝网印制法形成所需要的封接图案,称其为封接玻璃或钎料玻璃。

被封接表面不允许有机物存在,为洁净表面,把纯度高、含钠低及超精细的玻璃粉悬浮在匀质的酒精溶液中,并设法采用丝网印制、喷镀、淀积或挤压等技术,将其置于一对被键合的界面间实现封接。封接温度为 415~650℃,同时施加压力 7~700 kPa。封接后的表面气密性好,并有较高的机械强度。

图 3-56 为玻璃封接的一种工艺示意图。

图 3-57 为玻璃封接装置示意图。它要求在富氧条件下实现封接。

图 3-58 为玻璃封接的一个实例。

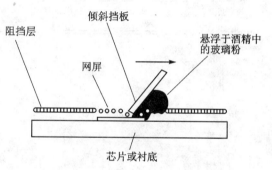

图 3-56 玻璃封接工艺示意图

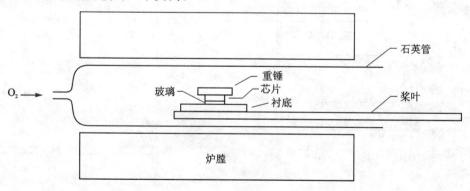

图 3-57 玻璃封接装置示意图

5. 金属共熔键合

金属共熔键合,是指在被键合的一对表面间夹上一层金属材料膜,形成 3 层结构,然后在适当的温度和压力下实现熔接。共熔键合常用的

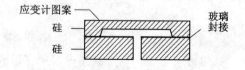

图 3-58 玻璃封接的实例(压阻式差压传感器)

材料是:金-硅和铝-硅等。图 3-59 给出了金-硅共熔键合的 4 种接合方式。

金-硅共熔的温度为 360~400℃,而铝-硅共熔的温度接近 600℃。图 3-60 所示为金-硅

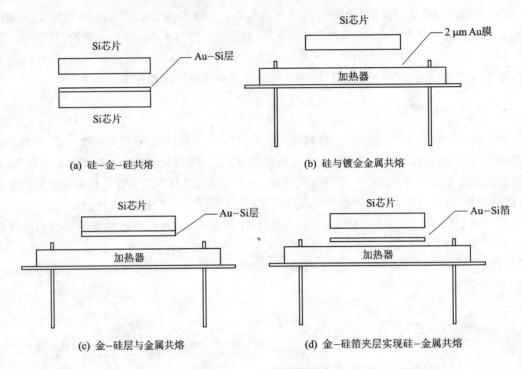

图 3-59 金-硅共熔键合

和铝-硅的相平衡图,可见金-硅共熔的温度为 370℃,而铝-硅共熔的温度为 577℃。

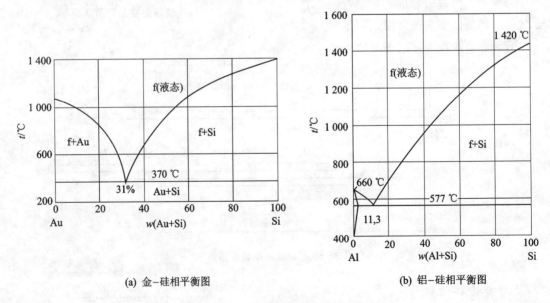

图 3-60 金-硅和铝-硅相平衡图

共熔键合法在微结构制作中多用在硅和金属部件间的接合,如硅衬底背面与金属(如 Fe-Ni-Co 合金)底座的接合。接合前,应对被键合的表面进行清洗(如超声冲洗)处理,以去掉表面的氧化物。

3.5 特种加工技术

微纳系统结构的真空封装,微传感器芯片与微电子器件之间的连接,以及与底座之间的连接,还有外壳的密封等工艺中,硅材料多需与其他材料如金属、玻璃、陶瓷、高分子聚合物等实现层间连接。这就需要一些特种加工工艺,特种加工方法种类较多,上述组件的层间连接应用较多的是激光加工技术和电子束加工技术。它们是一种高能量束流的加工技术,即用加工物质的束流能量集中、密度大,可用于打孔、焊接、切割、刻蚀、微调等诸多方面,是层间连接的重要手段。

3.5.1 激光加工技术

1. 激光打孔

激光打孔是激光加工的主要用途之一。在打孔加工中,应尽量减少因热传导消耗的能量,使照射的能量束流有效地用于切削材料,因此脉冲振荡的激光束很适合于小孔的加工。打孔常用的激光器工作物质为掺铬红宝石($Cr^{+3}:Al_2O_3$)、掺钕钇铝石榴石($Nd^{+3}:YAG$)和二氧化碳气(CO_2),打孔的最小直径约为 $2~\mu m$。

例如,图 3-61 所示的集成式硅电容压力微传感器的封装,就是借助激光打孔将玻璃与硅衬底密封连接成一整体结构的。

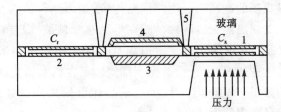

1—压力敏感电容器 C_x;2—参考电容器 C_r;3—测量电路;
4—金属屏蔽盒;5—保证密封作用的激光钻孔

图 3-61 传感器封装剖视图

2. 激光微调

进行激光微调必须将脉冲照射的点加工重叠成线加工。激光微调常用于薄膜电阻(0.1~0.6 μm)和厚膜电阻(20~50 μm)的微调、电容的微调、谐振元件的频率微调以及混合集成电路的微调等。激光微调的优点是加工点小,不损伤电阻底版,可靠性和重复性高,精度可达0.01%~0.02%。

3. 激光焊接

激光焊接过程中,激光束能量集中、密度大,焊接处温度达到材料的熔点。由于脉冲振荡激光的加热范围狭窄,特别适合微型器件的焊接,并且加热和冷却速度快,因而热变形和热影响区极小,焊缝质量优良。

对于集成电路的引线焊接,通常采用红宝石激光的光点焊接。用连续激光束可以对厚板

(<50 mm)边缘处进行焊接。

此外,由于激光焊接是熔融式,故也可用于过去不可能实现的高熔点材料及易氧化材料的焊接。

3.5.2 电子束加工技术

电子束加工和激光束加工一样,也具有突出的优点,其应用范围几乎也与激光加工一样。这里不再多述,仅对电子束焊接略加简述。电子束可以焊接金属、非金属材料,特别在不同金属之间和高熔点金属方面的焊接更具优越性。可焊接的非金属有:玻璃、陶瓷、硅和金刚石等。

电子束焊接与激光焊接不同之处是:电子束焊接要在真空环境中进行,真空度可达 $10^{-5} \sim 10^{-6}$ Torr(1 Torr=133.3Pa),特别适合需要实现真空腔封接的各种微型器件。

在焊接过程中,由于电子束流直径小,聚焦的电子束流能够深而窄地穿透焊缝,加热集中,焊接速度较快,但焊缝的热影响区较激光焊接的大。一些不允许有热变形或热应力的零件而又要求真空封接时,采用时应有适当措施。

3.6 纳米结构(器件)制造工艺方法简述

3.6.1 引 言

本章前述的工艺方法,主要针对微米尺度上的 MEMS 结构和器件。对于 NEMS 结构和器件则难适用。必须寻找新的途径和方法。依照传统,纳米结构通常指的是由半导体、金属、陶瓷和其他固体材料人工制成的无机结构。而在生物医学领域,即使最复杂的生物也是由微小细胞组成。而细胞又是由纳米大小的物质构造而成的,这为有机纳米结构。

纳米结构制造的极佳方式,当今还没有完全确定。正在探索和发现中。把器件做小,并非易事。像微电子技术的发展,先是晶体管,然后是晶体管做成的微处理器、存储芯片和控制器——带来了一大批信息处理装置。

微电子器件依赖的技术,通常在 100 nm 的直径上建造各种结构,这相当于在一根头发丝直径的千分之一的尺寸上实现纳米结构的制造,且制造难度随着结构直径的缩小而加大。可以通过改进的传统光刻法来制造小于 100 nm 的结构,但这样做非常困难,且代价昂贵。欲制造只有一个或几个原子的纳米结构,无论从科学挑战还是从实用的角度都有极大的吸引力。如生物学家可以把这纳米级的粒子用作微型传感器去研究细胞的情况。

3.6.2 纳米结构新工艺技术探讨

1. 电子束光刻法

由于传统光刻法的难度随着结构直径的缩小而加大。一种很有希望的制造技术就是电子束光刻法。它是一种利用电子束流携带能量对衬底表面薄膜进行改性的技术。通常用于在硅衬底表面光刻胶上直接写下只有几纳米宽的图形。也可以制作光学和 X 射线光刻中的掩模。但是,现有的电子束装置价格昂贵,且对大规模生产并不适用。由于制作每个结构都需要电子束。这一过程就像是抄写一份手稿,每次只能写一行。所以,电子束光刻法显然不是最佳制作方式。

2. X射线光刻法

这种方法是用波长在0.1~10 nm更高能量的X射线光子或波长在10~70 nm的远紫外光子进行蚀刻。但也不能制作出便宜的纳米结构。无助于让纳米技术为更大范围的科学家和工程师服务。

3. 软蚀刻技术

这是一种微接触印刷术或称纳米压印技术。是利用图形印章和衬底的物理接触工作的。印章没有使用光和电子等物理学上的工具，而是使用一种弹性材料——聚二甲基硅氧烷（PPMS，Polydimethlsiloxane），随后将制备完善的图形印章，通过印、压工艺直接将印章压在目标材料上，形成纳米结构。

软蚀刻技术可以利用多种材料制作纳米结构，包括生物研究所需的复杂的有机分子。这种技术还可以在平坦或弯曲的表面上印制各种模式。但对制作复杂的纳米电子元件所需的结构却并不理想。

4. 原子级分辨率技术

以上讨论的蚀刻技术，并不能获得原子级分辨率。而探针式扫描显微镜，包括扫描隧道显微镜(STMs)和原子力显微镜(AFMs)。这些装置不仅可以帮助科学家观察原子世界，还可以用来制造纳米结构，并实现原子级分辨率。例如，原子力显微镜的顶端（探针尖）就可以用来在物质表面上移动纳米粒子，并将其按某种模式摆放，或在一个表面上擦划。

还有一种探针式扫描制造法称作"蘸水笔蚀刻"，其工作原理很像鹅毛笔。它可以把多种不同的分子用作"墨水"，为纳米级刻写带来很大的灵活性。可将这种技术用于精确的电路设计修改中。

5. 自组装技术

上述各种形式的光刻法，都是"自上而下"的方法，即从较大规模的模式开始，然后缩小横向距离，接着再刻出纳米结构。在制造像微芯片一类在功能上更依赖模式而非尺寸的微电子装置时需要使用这种方法。但是没有任何一种自上而下的方法是理想的。它们都不能方便、廉价、迅速地制造出任何材料的纳米结构。于是，研究人员开始对"自下而上"的方法越来越感兴趣。这种方法是从操纵原子或分子开始，依靠原子间的亲合力，有序地组装成纳米结构。从而使其形成具有一种性能的器件，这一制作过程称为自组装（Self Assembly）。它体现出自下而上制造方法的内涵（见第2章2.13节纳米材料）。该方法可以便宜地制作出最小纳米结构，直径在2~10 nm。

图3-62所示应用光刻蚀法和自组装法制作的桥式微型结构的工艺实例。图(a)为借助牺牲层技术用蚀刻法制作的多晶硅微型桥；图(b)为由自组装纳米结构生长形成的碳纳米管微型桥。二者对比可见，用纳米结构自组装工艺既可简化蚀刻法的复杂工艺过程和步骤（参见3.2.1节），又能降低制作成本。并可使微机电系统进一步小型化。

不仅如此，自组装的纳米结构，还能作为敏感量子效应新原理的器件使用。因此，若把纳米结构植入(融入)微机电系统中,不仅可开发出微机电系统新功能,纳米结构还能把非直观的量子世界(微观世界)与现实世界(宏观世界)连接起来,浮现在人们面前。成为人们在现实世界中为新技术开发提供一条有效的途径。

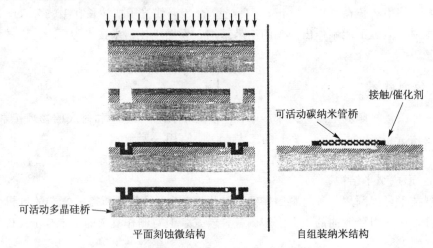

图3-62 平面刻蚀法与自组装法对比

思 考 题

3.1 结合自停止腐蚀技术,论述掺杂机理及效应。

3.2 举例说明湿法刻蚀与干法刻蚀技术的特点和应用。

3.3 概述硅熔融各种键合方法及退火处理温度的作用。450℃、800℃、1 000℃、20℃各适合哪种键合方法?

3.4 试用表面微加工技术设计并编制题图3-1所示的多晶硅谐振梁制造流程和封装步骤,给出各步骤对应图解。

3.5 试用静电键合等技术设计并编制题图3-2所示的场发射尖锥的制造流程(步骤)。

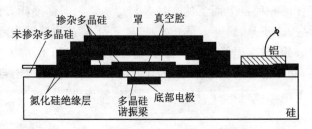

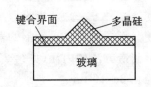

题图3-1 多晶硅谐振梁的剖面结构 　　　　题图3-2 场发射尖锥的剖面结构

3.6 说明"自组装"法制备纳米结构、纳米材料的工作机理。

第4章 微机械执行器

4.1 概　述

微执行器是组成微机电系统的要素之一。

微执行器多种多样,都是由许多精细微元件在无尘车间、于显微镜下细致组装而成的,是一种活动可控的微机械装置。由于这些微机械装置的核心零部件之间的相对活动间隙非常微小,因此,它们之间的组装位置不能有丝毫误差。

例如,计算机硬盘装置中,高速运转的磁盘与磁阻、磁头的间隙只有大约 $0.02\ \mu m$;因此,必须精密组装。

微执行器的实现和应用,必将对正在发展的许多微工程,包括微型飞机、微型卫星、微型机器人、过程测量仪表、微量药剂控制系统、生物化学反应系统、微动力控制系统和显微控制系统等的实用化,起到推动和保证作用。

微执行器可通过各种适合于小范围的力来驱动,如电磁力用于大型执行器最为普遍,但不适于微执行器。许多由微加工制造的微执行器,都是利用其他的驱动原理,如静电力、压电力、电热力、双层效应热激励等方式。因此,微执行器工作过程中必须尽可能降低功耗。为此,在微执行器的结构设计中,多采用像弹性支承、悬浮技术等,以避免接触摩擦、磨损的影响。

在种类繁多的微执行器中,占有主导地位的是微电机、微泵和微阀以及微驱动器等。本章将对这些新兴技术的特点、作用原理、设计制造以及应用前景加以研讨。

4.2　微电机

微电机是微执行器研究中的重要课题。

根据微电机的运动方式,可分为旋转微电机和直线微电机。由于微结构和微尺寸效应,微电机的驱动方式不像传统电机那样采用电磁力驱动,而是采用静电力或压电力驱动,因而其更具有吸引力。

4.2.1　静电力驱动变电容式微电机

1. 步进微电机

图 4-1 所示为静电力驱动变电容式微电机的剖视图,主要由转子和定子组成。转子和定子常用厚度为 $1.0\sim1.5\ \mu m$ 的多晶硅片制成。转子直径多为 $60\sim120\ \mu m$,转子的静电极数一般为 4 个或 8 个;定子的静电极数为 6,12 或 24 个。具体应根据电机旋转状态设定。转子和定子电极之间的空隙为 $1\sim2\ \mu m$,或稍大些。静电场加在转子和定子之间。

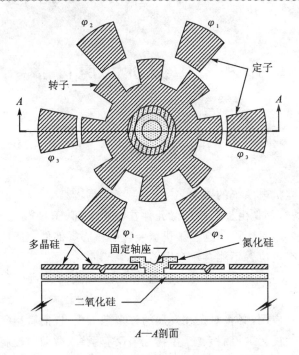

图 4-1 变电容式微电机剖视图

目前,微电机的设计是在若干假设的基础上进行的。因为在微尺寸下的一些基本参数、物理现象及机械性质尚待进一步研究验证。关于图 4-1 所示的微电机的设计,应考虑如下主要因素:
- 能产生较大的驱动转矩,这关系到合理电压的选取;
- 尽可能减小摩擦;
- 精细的角度分辨率。

变电容式微电机的作用原理是基于转子电极和定子电极间变化电容产生的蓄电能

$$W = \frac{1}{2}CV^2 \tag{4-1}$$

式中,V 为加在转子和定子之间的偏置电压。对于如此微小尺寸的装置,偏置电压 V 通常在 $10\sim100$ V 之间酌情选用。C 为驱动电极间的变电容。由此可得相对于转角 θ 的转矩

$$T(\theta) = \frac{1}{2}\frac{\partial C(\theta)}{\partial \theta}V^2 \tag{4-2}$$

对于施加 100 V 偏置电压的微电机,每一对电极输出的转矩值大约仅有几个 pN·m。为了确保转子启动运转,转矩 $T(\theta)$ 必须克服摩擦力矩。

转子电极数为 8,定子电极数为 6 的微电机,转矩与转角位置的关系如图 4-2 所示。

由图可知,欲使转子启动,应把转子电极和定子电极的相对位置调整到能产生最大转矩的位置上。

为确保转子相对定子的步进转动时序,在前一对电极产生步进后,相邻的下一对电极的相对位置必须在转矩最大位置上,才能使转子继续启动;因此,转子的电极数和定子的电极数不是随意的。若转子电极数选取 4 个或 8 个,则定子电极数应为 6 个、12 个或 24 个。此外,还须设计外部驱动电路,以保证偏置电压的施加时序。当然,也可用手动开关电压驱动。

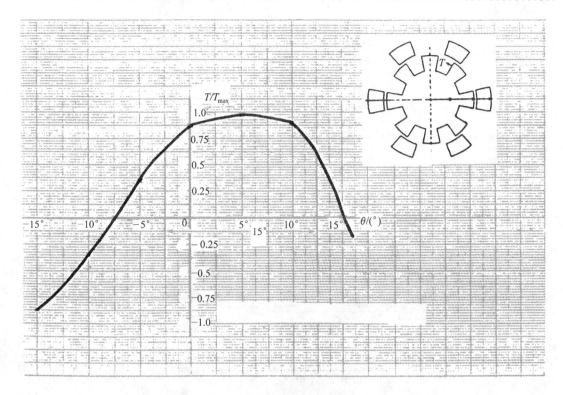

图 4-2　转矩与转角位置关系

微电机的转动步幅是定子电极数 n_s 和转子电极数 n_r 的函数，步幅

$$\varphi = 2\pi\left(\frac{1}{n_s} - \frac{1}{n_r}\right) \quad (\text{rad}) \tag{4-3}$$

对于图 4-1 所示的转子电极数为 8，定子电极数为 6 的微电机，由式(4-3)可得，步幅 φ 为 15°，即旋转 1 周须走 24 步。这种电机常称为步进微电机。

为了降低微机械电机工作中的摩擦和表面吸附力的影响，针对图 4-1 所示的步进电机，在设计和制造时采取了如下措施：

● 相对运动的接触表面，采用 2 种不同材料相匹配。实践已经证明，Si_3N_4 和多晶硅接触间的摩擦系数，远小于 2 层多晶硅材料相接触之间的摩擦系数。

● 为了减小因间隙太小而产生的转子表面和衬底表面间的吸附力，在结构原理上采用了微小球面接触支撑和悬浮力的方法。

图 4-3 所示为图 4-1 沿 AA 线视图的局部放大部分。

解决吸附效应的方法之一是，在转子的底平面上设计一半球形衬垫，与 Si_3N_4 衬底形成小球面接触，以支撑转子与 Si_3N_4 衬底不因吸附而接触。

方法之二是，将转子平面设计得比定子平面略低些(如低 0.5 μm)，这样，静电场力将产生一垂直于衬底的分力，该分力将力图使转子悬浮。

计算表明，100 V 的偏置电压可以产生约 290 nN 的力，这个力足以使转子悬浮，因为转子重量只有约 0.04 nN。

关于图 4-1 所示的微机械电机的制造，可利用本书第 3 章介绍的表面微加工技术来完成，其工艺步骤如图 4-4 所示。

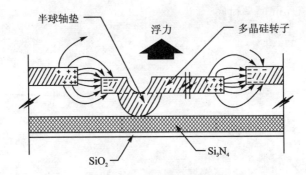

图 4-3　克服摩擦和表面吸附力的局部结构

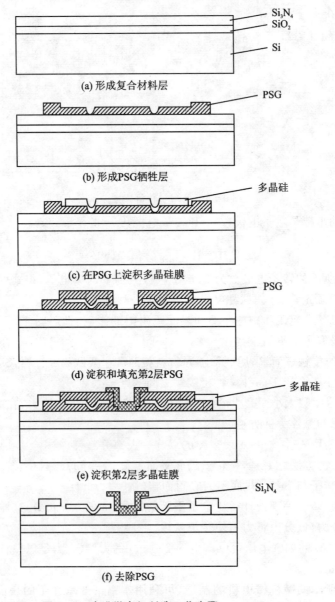

图 4-4　步进微电机制造工艺步骤

图(a)：在厚约 300 μm 的硅衬底上，生长一层 300～500 nm 的 SiO_2 膜；再在 SiO_2 膜上淀积（如 LPCVD 法）一层厚约 1 μm 的 Si_3N_4 膜。该复合材料层起电隔离作用。

图(b)：在 Si_3N_4 膜的适当部位，淀积一层厚约 1 μm 的磷硅玻璃（PSG），并用干法刻蚀（如反应离子刻蚀）形成图案。这里 PSG 层起牺牲层作用。

图(c)：在 PSG 上淀积一层厚约 1.5 μm 的多晶硅膜，并用干法刻蚀成型转子结构。

图(d)：在转子表面再淀积和填充第 2 层 PSG，同时刻蚀出中心轴位置的窗口。

图(e)：在第 1 层 PSG 的外环表面上及 Si_3N_4 膜外边环处淀积第 2 层多晶硅膜，并用干法刻蚀出定子结构，定子与转子间的间隙约 2 μm；再在中部位填充 Si_3N_4，并刻蚀出带轮毂的固定轴。

图(f)：用氢氟酸溶液（HF）去除全部 PSG，余下的多晶硅结构层和氮化硅结构便组成图 4-1 所示的步进微电机。

2. 同步微电机

连续运转的变电容式同步微电机（同步器）如图 4-5 所示。图 4-5(a)为顶视图，图 4-5(b)为沿 A—A 的剖视图。定子电极常选 12 个，转子电极为 4 个。该微电机设计时采用了 3 层多晶硅结构，目的是尽可能减小作用在转子上的摩擦力。

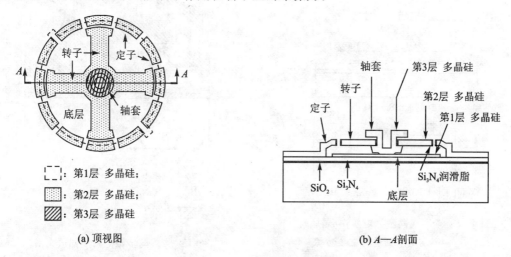

(a) 顶视图　　　　　　　　　　(b) A—A 剖面

图 4-5　变电容式同步微电机

第 1 层多晶硅淀积在复合材料（SiO_2＋Si_3N_4）层上，厚约 300 nm，起屏蔽转子与衬底的静电力的作用，以减小作用在转子上的吸引力，使转子能悬浮支撑在带轮毂的轴颈上。

用淀积在磷硅玻璃（PSG）牺牲层上的第 2 层多晶硅（包括边缘部分）制作定子和转子，且定子和转子共面，以使指向衬底的静电分力尽可能小。第 3 层多晶硅用来制作带轮毂的固定轴。

在转子和轴颈之间、转子和定子之间均制有 Si_3N_4 衬垫，以减小摩擦。

同步微电机的制造方法与图 4-1 所示的步进微电机类同；但制造过程稍简单些，制造步骤如图 4-6 所示。

图 4-6(a)：在复合膜（SiO_2＋Si_3N_4）上淀积一层厚约 300 nm 的多晶硅膜，作为电机的基础平面。

图(b)：在多晶硅层上覆盖一层厚约 2.2 μm 的 PSG 膜，作为牺牲层，并在其上淀积第 2 层多晶硅膜,厚约 1.5 μm;再在第 2 层多晶硅上生长一层厚约 0.1 μm 的 SiO_2,起保护多晶硅的作用。

图(c):在 SiO_2 层上再淀积一层厚约 340 nm 的 Si_3N_4 膜,并用干法刻蚀出大、小窗口。

图(d):刻蚀出 Si_3N_4 衬垫、转子及定子。

图(e):淀积一层 PSG 膜,并刻蚀出带轮毂的轴颈;最后用氢氟酸溶液去除所有的 PSG 层,余下的多晶硅层和氮化硅结构便组成同步微电机。

图 4-7 为同步微电机的局部放大图。

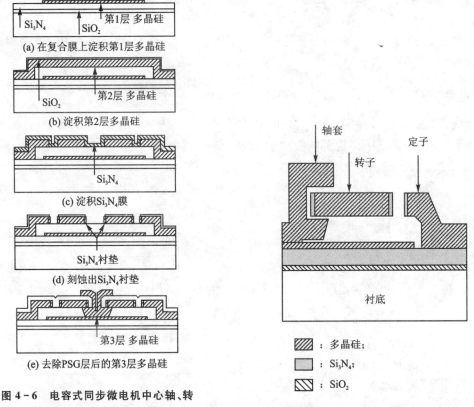

图 4-6 电容式同步微电机中心轴、转子及定子制造的主要步骤

图 4-7 同步微电机局部放大图

转子和定子同心运转的微机械电机,当前存在的主要问题是:摩擦力、吸附力及纳米单位精度加工的轴承;所以,难以达到高速运转。这 3 个问题是目前制约其发展和实用的关键。为解决这 3 个问题,手段之一是,对结构做改进设计,发展类似行星齿轮减速器形式的静电驱动谐波式微电机。

4.2.2 静电驱动谐波式微电机

静电驱动谐波式微电机的原理结构如图 4-8 所示。

其中定子由彼此分开且电绝缘的 4 节或 8 节同心圆弧段形成的圆柱套构成,圆柱套可长可短。转子被套在定子内圆柱孔内,转子半径小于定子孔半径,且转子与定子孔不同心,转子轴心为 O_r,定子孔心为 O_s,偏心距为 $O_sO_r = H$。由于偏心距的存在,转子在电场力的作用下,自转的同时,还沿定子内圆周公转。为了确保转子与定子间的电绝缘,常在转子表面覆盖一层绝缘层。

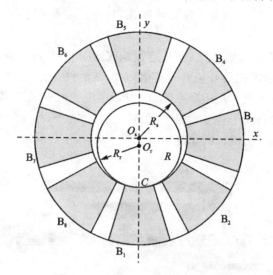

图 4-8 谐波微电机平面结构简图

谐波微电机的工作原理是:设初始位置,转子与定子在 B_1 节上接触;当电压施加在转子和定子 B_2 节之间时,电动势(静电力)将迫使转子以滚动运转方式沿定子内圆周运行到 B_2 节上接触;依次,电压施加在转子和定子 B_3 节之间,转子将从 B_2 向 B_3 滚动,并接触在 B_3 上。依次类推,电压施加到 B_4,B_5,…,B_8,B_1,…,周而复始,便可维持转子连续运转,同时转子轴心还绕定子孔心转动。

根据相对运动原理,可求得转子与定子中心之间的转动关系为:
$$\omega_r/\omega_H = (R_s - R_r)/R_r$$
从而得到转子输出角频率(电循环次数)
$$\omega_r = \omega_H \left(\frac{R_s - R_r}{R_r} \right) \tag{4-4}$$
式中,ω_r 为转子自转的角频率;ω_H 为偏心距 H 的角频率,即转子轴心的角频率。由式(4-4)可知,转子角频率 ω_r 的值取决于定子半径 R_s 和转子半径 R_r 之差,差值越小,ω_r 比 ω_H 越小。

综上所述,谐波微电机的特点是:
● 转子与定子间为滚动摩擦,有利于降低磨损。为了避免转子与定子间可能产生的滑转,常在转子和定子圆周表面均布微小凹槽(类似齿条),使转子和定子间的相对运动好像一对齿轮传动,不出现滑转。
● 功耗低,工作可靠。
● 不存在彼此间因空隙过小而产生的吸附效应。
但是,这种微电机的制造比较复杂。

4.2.3 电悬浮微电机

前面 2 节讨论的微电机,因有接触摩擦存在,工作中很大一部分电能消耗在克服摩擦上。下面介绍一种电悬浮微电机,将明显降低乃至消除摩擦力的影响,更有益于改善微电机的动态性能。

电悬浮是一种电场力悬浮支承。在电悬浮支承下的转子，能绕某一轴在悬浮平衡的位置上运转；但这样的自由悬浮平衡，如果没有外加控制，通常是不稳定的，稍有扰动，转子就会偏离平衡而失去稳定。

使转子自动稳定一般有 2 种方法：一是连续地或间隔一定时间直接敏感转子位置的变化，通过闭环系统以足够的速度控制电场力的变化，制约转子位置的偏离，但直接敏感转子位置的微小变化是比较困难的；二是不用闭环系统，而是采用由交流电源频率比驱动的谐振电路，通过调整谐振电路参数，实现转子位置的自动稳定。这种方法更适用于电悬浮微电机的设计。

图 4-9 所示为电悬浮微电机的原理结构。

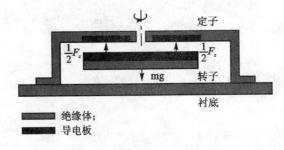

图 4-9 电悬浮微电机的原理结构

转子在垂直方向（z 方向）应有一平衡位置，但不稳定。若在导电板（极板）上施加一直流电压，在电场力作用下，转子将即刻靠向定子平面。作用在极板上的这个电场力可表示为：

$$F = -\nabla U \tag{4-5}$$

式中，U 是转子和定子极板间电场的电势能。这个电势能可用极板间有效电容 C 和电容器极板间电压 V_C 来表示：

$$U = \frac{1}{2} C V_C^2 \tag{4-6}$$

力图将转子沿 z 方向拉向定子的分力

$$F_z = -\frac{\partial}{\partial z} U = -\frac{1}{2} \frac{\partial C}{\partial z} V_C^2 \tag{4-7}$$

平板有效电容 C 可表示为

$$C = \frac{\varepsilon A}{d} \tag{4-8}$$

式中，ε，A 及 d 分别代表极板间介质的介电常数、平板有效面积及板间距。

当满足下列方程

$$\frac{1}{2} \frac{\varepsilon A}{d_0^2} V_C^2 - mg = 0 \tag{4-9}$$

即在 z 方向力的代数和为 0 时，转子才处于自身的平衡位置。d_0 表示从定子到转子平衡位置的距离。

图 4-9 所示系统无调节环节，稍有扰动转子就会失去平衡。要使转子能自动稳定在平衡位置上，应将图 4-9 改接成如图 4-10 所示的 L,R,C 串联谐振电路系统。利用交流电源（ω_s, V_s）驱动的 LC 谐振电路，通过电容调节便能使转子自动稳定在平衡位置上。

图 4-10 所示系统可用下列方程描述：

第 4 章 微机械执行器

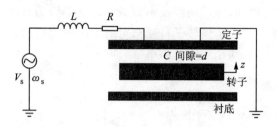

图 4-10 电悬浮微电机电路系统

$$\left. \begin{array}{c} L\dfrac{\mathrm{d}^2 Q}{\mathrm{d}t^2} + R\dfrac{\mathrm{d}Q}{\mathrm{d}t} + \dfrac{Q}{C} = V_s \sin \omega_s t \\ V_C = \dfrac{Q}{C} \end{array} \right\} \quad (4-10)$$

式中，V_C 为电容器的端电压，Q 为电荷。

对于稳态电压而言，可视电容 C 近似为常数，在此条件下，方程(4-10)的解为：

$$V_C = \dfrac{V_s}{[(LC\omega_s^2 - 1)^2 + (RC\omega_s)^2]^{1/2}} \sin(\omega_s t + \varphi) \quad (4-11)$$

这就是在正弦电压激励下，谐振电路的电压响应。式中 φ 是电源电压和电容器极板电压之间的相位移。施加在电容器上的有效电压为

$$\widetilde{V}_C = \dfrac{\widetilde{V}_s}{[(LC\omega_s^2 - 1)^2 + (RC\omega_s)^2]^{1/2}} \quad (4-12)$$

该电压是平板电容的函数，而电容则是极板间距的函数。若将式(4-12)改写为

$$\dfrac{\widetilde{V}_C}{\widetilde{V}_s} = \dfrac{1}{[(LC\omega_s^2 - 1)^2 + (RC\omega_s)^2]^{1/2}} \quad (4-13)$$

便得到有效电压比随频率比的变化关系。由式(4-13)可知，当电源频率 ω_s 等于 LC 电路的固有频率 $\left(即 \omega_s = \dfrac{1}{\sqrt{LC}}\right)$ 时，电路将产生谐振，谐振曲线如图 4-11 所示。该曲线表明了电容器极板间的电压变化与极板间距的函数关系。

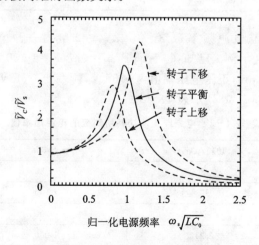

图 4-11 电悬浮微电机系统谐振特性

由图 4-11 分析可知，假若电源频率 ω_s 大于 LC 电路的固有频率 ω_{or}，有效电压 $\widetilde{V}_C$ 便随着

电容器极板间距的增加而增加,随着间距减小而减小。这是因为极板间距增加,电容减小;间距减小,电容增加。于是便产生了使转子自动稳定的力。由此可得到转子保持稳定平衡的条件:LC 电路的固有频率 ω_{or} 必须小于电源频率 ω_s,即

$$\bar{\omega}_0 = \frac{\omega_{or}}{\omega_s} < 1 \tag{4-14}$$

此条件就是电悬浮微电机设计的理论依据。

从悬浮力的观点说,则有

$$\frac{\varepsilon A}{2(d_0-z)^2} \frac{\tilde{V}_s^2}{[(LC\omega_s^2-1)^2+(RC\omega_s)^2]^{1/2}} - mg = 0 \tag{4-15}$$

与方程(4-9)相比,方程(4-15)中有电容调节环节;所以,即使有外界扰动,电路系统也能通过电容变化自动调节满足式(4-15)的条件,使转子在平衡位置上保持自动稳定。

下面讨论悬浮电路的尺寸。因为该电路使用了外电感,而电悬浮微电机是微机械装置,要求电感元件做得尽可能小,最好能并入到微电机的衬底上。对于稳定悬浮所需的电感值应由下式确定

$$L = \frac{1}{(\omega_s \bar{\omega}_0)^2 C_0} \tag{4-16}$$

转子平衡时的板间电容 C_0 通常很小,对于线性微执行器,一般为几个 pF 量级;因此对于很小的电感值而言,电源频率必须很高。

表 4-1 例举的电感值可供参考。

表 4-1 电悬浮微电机所用的电感值

ω_s/MHz	L/μH	参考值
20	129	$C_0 = 1$ pF
100	5.17	
200	1.29	$\bar{\omega}_0 = 0.7$
1 000	0.517	

电悬浮支承的功耗与电源频率 ω_s 有关。表 4-2 给出一种单定子 3 相微电机(见图 4-10)电悬浮支承的功耗示例。已知:$C_0=1$ pF,$\bar{\omega}_0=0.7$,$R=1\ 300\ \Omega$,电容极板厚 $\delta=1\ \mu m$,转子与定子的间隙 $d=1\ \mu m$,正弦电压幅值为 0.55 V,$V_C=\pm 0.55$ V。在此条件下,电悬浮支承的功耗所对应的电源频率 ω_s 列于表 4-2 中。

表 4-2 电悬浮支承功耗所对应的电源频率值

功耗/μW	ω_s/MHz
3.3	20
82.1	100
330	200
8 210	1 000

4.3 微泵和微阀

4.3.1 微流量控制系统

微泵和微阀是微流量控制系统的关键执行器件,微流量传感器是检测器件。这"3 大件"是微流量控制系统的主要组成部分。常规的分离式流量控制系统,由于管路中存在流量静止区,导致灵敏度低、响应慢,难以对微流量实现精确控制。利用硅微机械加工技术,将微泵、微阀及微流量传感器制作在一块硅体上,构成集成式微流量控制系统。从阀门到容腔几乎不存在流量静止区,体现出灵敏度高、响应快(响应时间低于 2 ms)的特点,因而对微流量(如分子量级)能实现精确的控制。这也是 MEMS 器件对微小流量计量和控制的一大贡献。

微流量控制系统在微量化学反应分析系统、生物医疗微量药剂控制系统及太空微型推进系统等领域都有重要的应用。

图 4-12 为一种集成式微量药剂计量系统,主要由电热式质量流量传感器、压电制动器及硅微阀组成。用硅微细加工技术把它们集成制作在硅和硼硅酸玻璃的组合体上。

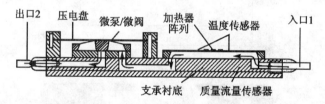

图 4-12 一种微量药剂计量系统

基于电热原理测量的质量流量传感器,借助流量调制分布在传感器膜片上的恒温加热器阵列的热功率或温度分布,实现对微流量的测量。流量率以微升每分(μL/min)计量。至于温度场的分布,可由装在加热器阵列的始、末 2 端气流处的温度传感器进行检测。

压电制动器和硅阀组成微型泵。硅微阀门是柔性硅膜片的硬中心凸台,凸台面对准硼硅酸玻璃板上的阀座。硅膜片周边与硼硅酸玻璃封接,中间形成泵室。在外加电压(方波、锯齿波、正弦波等)作用下,压电盘驱动硅膜片(阀门)运动,阀门打开。阀门与阀座之间仅有几 μm 的变间隙,借以控制泵室的微流体输出量。

微型泵的阀门在断电时处于常闭状态,加电工作时处于常开状态。

4.3.2 微型泵

对于微流量和小流量系统,微型泵和微阀是其核心部件。文献中报道的微型泵有多种形式,现在被看好的主要是膜片制(驱)动式微型泵。制动膜片(阀)运动的能源多采用压电层、记忆合金膜及热制动等方式。微型泵分为有阀微泵和无阀微泵 2 大类。

1. 有阀微型泵

(1) 阀座、阀门及制动器

有阀微泵主要由制动器、阀门及阀座组成。阀座和阀门是泵的基础,与泵室连通,控制泵室流量的入口和出口。阀座制作在硅或玻璃衬底(阀体)上;阀门多利用柔性体悬挂的硬中心凸台面,在泵中与阀座配对对准,如图 4-13 所示。图 4-13(a)所示为带硬中心的柔性硅平膜片式;图 4-13(b)为带硬中心的柔性硅波纹膜片式;图 4-13(c)为柔性硅梁悬挂式;图(d)为双稳态膜片式。这些微阀结构在泵中对流量流出和流入起着单向活门的作用,有类似晶体二极管的整流特性(图 4-14)。

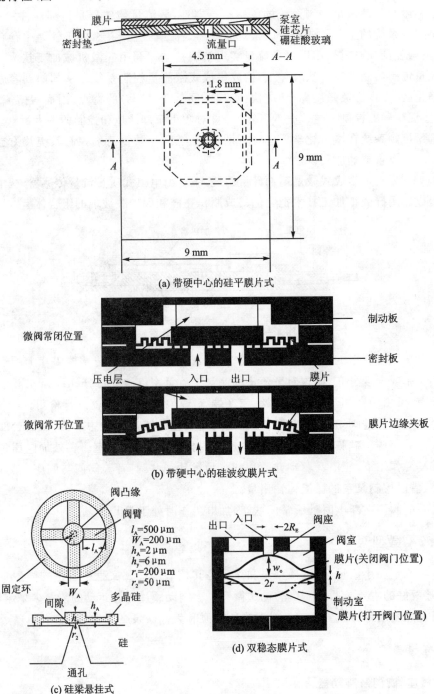

图 4-13 几种微阀结构

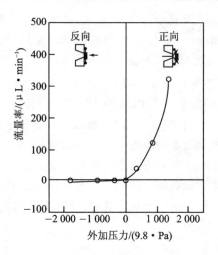

图 4-14 微阀特性

通过调整硅膜片或硅梁的参数和尺寸,可以制造出一系列适合各种应用场合的阀门。

微阀结构设计的关键要素是,当阀门常闭时,在不同外界环境下,均要达到极低的流量泄漏率;为此,阀座和阀门的接触平面要非常平坦,在预紧力作用下能达到挤压密封。

但是相互接触的平面要研得近乎绝对平坦是很难的,最佳途径是在阀座平面上制作出稍高于平面的凸形环,使阀门与阀座保持环面接触。这种致密的窄环结构的密封性能,远优于 2 平面间的接触密封。

为了增强阀座和阀门的耐磨性,还应在其接触表面上淀积一层耐磨性能好的材料,如氮化硅(Si_3N_4)或金刚石膜。

表 4-3 给出了太空微型飞行器上推进系统中微阀的一组性能参数,借以可对微阀的性能要求有个量的概念。

表 4-3 微阀的一组性能数据

泄漏率	<0.3 cm³/h(氦气检漏)
制动速度	<10 m/s
入口压力	0~30 kPa
冲 击	10 kHz 下,3 000 g_n
振 动	3 min 内,均方根值为 31.5 g_n
温 度	−120~+200 ℃
辐 射	500 Gy/a
颗 粒	1.0 μm

上述阀座和阀门是硬接触密封,即密封接触表面的材料具有极高的弹性模量,在接触密封时不变形。为了防止泄漏,接触表面需要极端平坦、光滑,同时制动器还必须给予足够大的制动力,足以把任何微小颗粒阻挡在密封面之外。

从防止泄漏方面考虑,采用软材料制作阀座更有利。当阀门关闭时,阀座将产生轻微变形,借此可以补偿难以对付的、导致泄漏的任何缺陷。

传统的压力流量控制阀,一般采用电磁线圈或马达,以电磁力制动;然而对于一个微型单晶硅膜片阀门来说,由于电磁结构复杂且效率低,电磁线圈或马达不宜在微小尺寸结构中应用。正如 4.2 节所述,在这种场合,压电制动、电热制动以及热-气制动则更有吸引力。

压电制动器,多采用压电层(如 100 μm 厚)在外加电压下产生制动力,以驱动硅膜片运动。压电材料多采用本书第 2 章介绍的 PZT(锆钛酸铅 $PbZrO_3 - PbTiO_3$)。它的弹性模量为 63 000 MPa,能提供的应变(ε)为 0.001;因此,可能产生的最大应力 $\sigma = E\varepsilon = 63$ MPa。若压电膜的直径为 10 mm,则相当于约有 5 000 N 的力通过阀门分布作用在阀座的环面上。

压电层产生的力值,取决于施加的外电压。实际设计中,应视系统需要确定外加电压,以提供合适的阀门力。须指出,压电制动方式产生的制动力比起电-热和热-气方式产生的制动力都要大许多(乃至几个数量级),更能可靠地保证低泄漏率。特别是在环境温度变化大的场合,采用压电制动更有优势。究竟采用哪种方式,应视具体应用场合而定。

(2) 微型泵

① 压电制动膜片式微型泵

压电制动膜片式微型泵已在图 4-13 上示出,并作了简要描述,这里不再赘述。

② 双金属膜片热制动式微型泵

图 4-15 所示为一种双金属膜片热制动式微型泵。双金属膜片是由 2 种热膨胀系数不同的材料(不局限为金属)熔接而成,利用受热的双金属变形与温度的函数关系控制阀门开或关。这就是双金属热制动的基本原理。

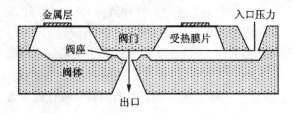

图 4-15 双金属膜片制动的微泵原理结构

图 4-15 中,阀门是硅膜片硬中心凸台底面,阀座位于对应的硅衬底(阀体)上。制动器由圆形硅膜片和环形金属铝层熔焊在一起的双金属层组成。硅膜片上有扩散电阻,作为加热器,受热的双金属环面温度升高。由于硅和铝的热膨胀系数相差很大(硅:2.6×10^{-6}/K,铝:23×10^{-6}/K),从而产生不平衡的应力,导致双金属膜片产生弯曲变形,并发出有效的力,驱使阀门动作。通过改变电阻的热能源,便可控制双金属组件的温度变化,进而改变阀门与阀座环之间的空隙,调节流过阀门的流量。

总之,受热双金属膜片上的相关合应力决定阀门膜片的位移和运动方向。由于图 4-15 所示的双金属膜片是一种复合材料组件,金属铝层覆盖在硅膜片无硬中心处的部分环面上,且边界条件复杂,所以其变形(位移)和应力难以从理论解析模型计算得到符合实际的预期结果。应用有限元法可以改进理论分析结果,但也不完美。因此,实际设计和制造中,多在理论定性分析的基础上,最终采用实验方法确定尺寸。

有多种材料可供选用,以组成双金属组件,但在设计和制造双金属热制动微泵方面,硅膜片和铝金属层的配对最具优越性。它们热膨胀系数差别大,更主要的是便于用硅微加工技术在同一芯片上集成制作若干个阀门。

图 4-16 是采用硅各向异性腐蚀技术制作的双金属膜片。该膜片的半径为 2.5 mm,膜片

厚为 8 μm，铝层厚为 5 μm，硬中心半径为 1.25 mm。在膜片外缘采用一种较薄的二氧化硅层，形成近似简支固定的边界条件。

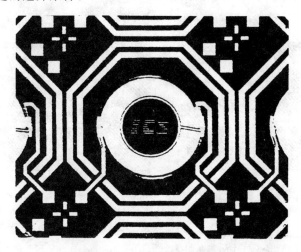

图 4-16 双金属膜片图像

须指出，一般认为热制动结构的速度慢；但在微结构中，由于微尺寸效应，热惯性则明显减小，阀门系统的响应时间会大大改善，因而使热制动成为优选的一种方式。

虽然阀门膜片是一种热元件，其变形是膜片温度的函数，只要设计得合理，可以使阀门在很宽的温度范围（如 $-20 \sim +85$ ℃）内工作。

综上所述，通过改变双金属膜片制动结构的参数，包括膜片外径、硬中心直径、硅膜片和金属层的厚度、金属层在膜片上的覆盖面积以及边界条件等，便能改变阀门的特性，以适用于不同的流量和压力范围。

③ 记忆合金制动式微型泵

记忆合金制动式微型泵如图 4-17 所示。它为一种利用记忆合金的形状记忆效应的独特性质制成的微泵。主要由容腔（泵室）和 2 个阀门组成。容腔体积的变化由 TiNi 记忆合金膜片的热弹性相变驱动和控制。热弹性相变取决于相变温度。TiNi 合金的相变温度约为 60～75 ℃。在此温度以上，TiNi 合金组织为奥氏体相（高温状态）；此温度以下，TiNi 合金组织由奥氏体相转变为马氏体相（低温状态）。在交变温度作用下，合金内部发生的热弹性相变为严格的周而复始，材料形状变化也为严格的周而复始，应力-应变曲线上无残余变形而呈现出超弹性，即完全弹性，并能产生较大的应变和内能；因此，由 TiNi 合金膜片驱动的泵室在每一循环的变化量不仅是完全重复的，而且可实现较大的行程和发出较大的力。这些特点正是设计泵的性能所需要的。

图 4-17(a)给出的微型泵由 2 个 TiNi 合金膜片制动器组成，中间经硅垫块将它们键合在一起，构成复合制动器。键合后的 2 个 TiNi 合金膜片处于弯曲预紧状态。图中状态 1 时，上膜片受热为奥氏体相，下膜片受冷为马氏体相。在复合制动下泵室被压缩，出口阀门打开，入口阀门关闭，流体从出口阀排放。状态 2 时，情况正相反，上膜片受冷却，转为马氏体相，而下膜片受热，转为奥氏体相，膜片反向制动，泵室膨胀，入口阀门打开，出口阀门关闭，流体从入口被吸入泵室，完成一个泵循环。在连续交变温度作用下，迫使复合制动器循环往复地连续动作，控制流体的流量率。

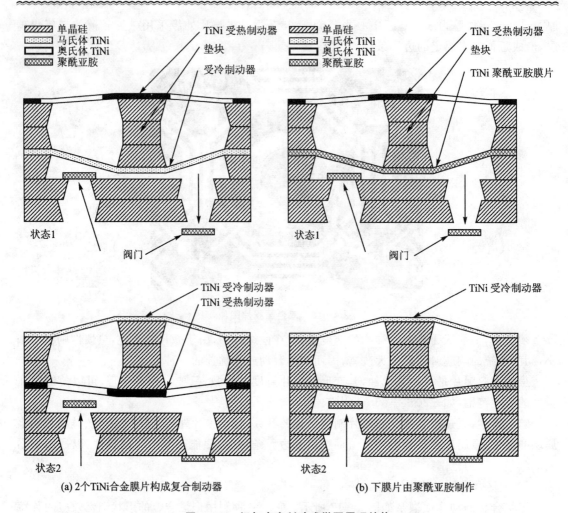

图 4-17 记忆合金制动式微泵原理结构

在图 4-17(b) 中, 把与流体接触的下膜片改由聚酰亚胺材料制作, 目的是将流体的热效应和化学反应与 TiNi 合金膜片隔开。聚酰亚胺材料具有和 TiNi 马氏体类同的柔韧性, 并与硅材料具有很好的贴附性。一般情况下, $100\ \mu m$ 厚的聚酰亚胺膜片, 在预变形情况下可发出足够大的力, 促使马氏体 TiNi 合金膜片产生变形。

图 4-18 表示出 TiNi 合金膜片制造的工艺过程。图 4-18(a) 所示, 在硅晶片(100)上覆盖一层氧化物作为掩膜, 并在硅晶片背面刻出掩膜窗口;图 4-18(b) 所示, 用 KOH 液对硅晶片背面暴露的局部进行腐蚀;图 4-18(c) 所示, 去掉硅晶片正面的氧化层, 并在射频-磁控溅射仪上溅射厚为 $3\ \mu m$ 的 TiNi 薄膜;图 4-18(d) 所示, 再用 EDP 腐蚀液去掉贴附在 TiNi 膜下表面的硅层, 便形成 TiNi 膜片, 这里用 EDP 腐蚀液, 是因为它不像 KOH 那么活泼, 故不会损伤 TiNi 膜片表面;图 4-18(e) 所示, 去掉硅背面余下的氧化物, 即构成带硬中心的 TiNi 膜片, 并在图上标出一组有代表性的尺寸。

周边固支的聚酰亚胺阀门结构示于图 4-19。

它的制造过程为：先在硅晶片上淀积一层铝，然后用 EDP 移去铝层下面的硅；再在铝膜表面上旋铸一层聚酰亚胺掩膜，并用紫外光通过暗场掩膜曝光，制出阀门图案；再去掉不需要的材料，便形成阀门结构；然后对聚酰亚胺进行烘干处理，并用干法刻蚀掉铝膜衬底，最后得到单向阀门。其显微图像如图 4-20 所示。

与压电制动的膜片微泵相比，记忆合金制动的膜片微泵能实现较大的行程和较高的工作效率；其最大的缺点是需要热源。

(4) 热-气制动式微型泵

图 4-13(d)给出的有阀泵是一种热-气制动式微型泵。由制动室、阀室、膜片、阀门、阀座及加热器(图中未示出)组成。微泵的各部分尺寸很小，示例如下：阀室半径 1.5 mm，膜片厚度 25 μm，阀座与膜片中间定位间的距离 100 μm，进气口半径 100 μm，阀座厚度 20 μm。

这种微泵依靠气制动室内交变受热的气体(空气)形成压差，迫使膜片阀门处于开或关

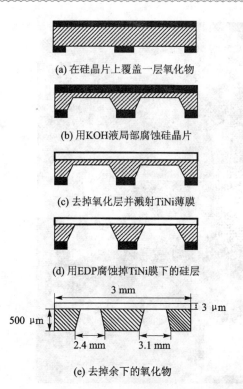

图 4-18 TiNi 合金膜片的制造过程

2个稳定位置上，类同压力开关，控制流体的流量率。

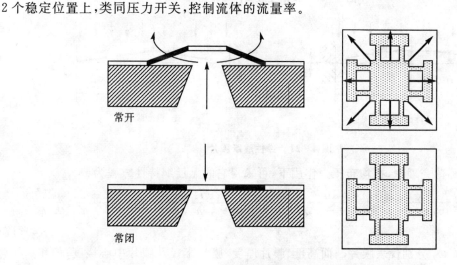

图 4-19 聚酰亚胺阀门原理结构

膜片阀门常采用双稳态膜片。双稳态膜片是基于弹性跳跃膜片的概念设计的。跳跃膜片的结构特征如图 4-21 所示。它具有微小倾度的球形或锥形圆顶，在某种力(尤其是沿凸面作用的分布压力)的作用下，满足一定条件时，会突然改变本身的挠度性质，从一个稳定位置跳跃到另一个稳定位置。这种并不引起膜片破坏的失稳现象称为弹性跳跃。

用双稳态膜片制作微阀门是近年来跳跃膜片在微机电系统中的新应用。现以周边固支的球形跳跃膜片为例分析计算，参见图 4-21(a)。

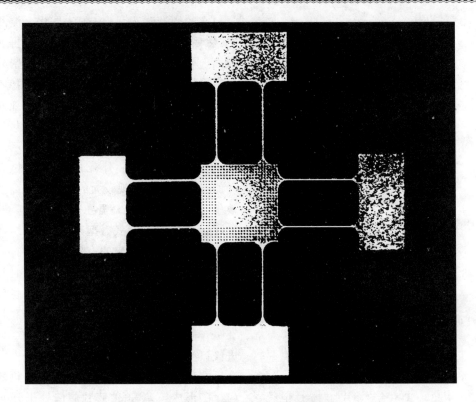

图 4-21 聚酰亚胺阀门显微图像

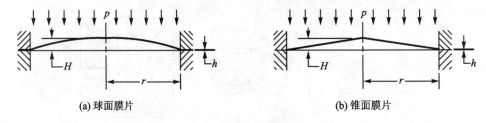

(a) 球面膜片　　　　　　　　(b) 锥面膜片

图 4-21　弹性跳跃膜片

基于轴对称薄壳理论，在均布压力作用下，可求得它的无量纲特性方程为：

$$\frac{pr^4}{Eh^4} = \left(\frac{8}{15}\frac{7-2\nu}{1-\nu}\frac{H^2}{h^2} + \frac{16}{3(1-\nu^2)}\right)\left(\frac{w_0}{h}\right) - 2\frac{3-\nu}{1-\nu}\frac{H}{h}\left(\frac{w_0}{h}\right)^2 + \frac{2}{21}\frac{23-9\nu}{1-\nu}\left(\frac{w_0}{h}\right)^3 \quad (4-17)$$

式中，H,h,r 及 w_0 分别代表膜片凸面高度、膜片厚度、膜片半径及膜片中心挠度；E 和 ν 分别代表膜片材料的弹性模量和泊松比。

当取 $\nu=0.17$ 时，则得

$$\frac{pr^4}{Eh^4} = \left(4.25\frac{H^2}{h^2} + 5.9\right)\frac{w_0}{h} - 6.82\frac{H}{h}\left(\frac{w_0}{h}\right)^2 + 2.46\left(\frac{w_0}{h}\right)^3 \quad (4-18)$$

膜片的凸面高度比 $\left(\dfrac{H}{h}\right)$ 是衡量膜片跳跃与不跳跃的重要参数。这可从式(4-18)建立起的 $\dfrac{pr^4}{Eh^4}$ 与相对挠度 $\dfrac{w_0}{h}$ 之间的关系进行分析。

图 4-22 就是根据式(4-18)对应不同凸面高度比 $\dfrac{H}{h}$ 绘制的。

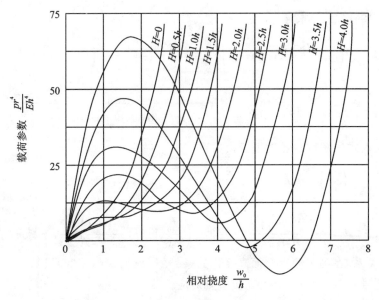

图 4-22　不同高度比 $\dfrac{H}{h}$ 的跳跃膜片特性

当 $\dfrac{H}{h}=0$ 时,为没有凸起的平膜片,在压力作用下,特性曲线呈现单调性,不具有跳跃性质;随着高度比 $\dfrac{H}{h}$ 的增加,首先引起膜片原始刚度增加;当 $\dfrac{H}{h}$ 接近 1.5 时,在膜片的特性曲线上出现载荷不变而挠度继续增加的一段,说明在这种状态下膜片是不稳定的,膜片处于 0 刚度状态;随着高度比 $\dfrac{H}{h}$ 的继续增加,特性曲线弯曲得愈显著。

例如,当 $\dfrac{H}{h}=3.5$ 时,膜片挠度先随载荷增加而增加,直到最高点(极值点);之后,载荷下降,挠度反而继续增加,并出现了特性曲线与横坐标相交的情况,直到载荷达到另一极值点(最低点);然后挠度又转向随载荷的增加而增加。由压力最高点到压力最低点这一段,挠度曲线具有负导数,说明膜片处于负刚度状态。

由此示例可以看出,满足一定凸面高度比的膜片具有 3 种平衡状态。其中 2 种处于 2 极值点的平衡状态是稳定的;而第 3 种,即中间的一种,则是不稳定的,导致膜片本身从一个稳定位置突然跳跃到另一个稳定位置,成为双稳定膜片。这种双稳定膜片的特性,对于制作压力阀门是非常有用的。

对于用做微泵阀门的跳跃膜片来说,上述 2 极值点的压力值,是由泵室体积变化产生的,并带动微膜片从一个稳定位置转换到另一个稳定位置,继而驱动微阀门打开或闭合。可见,在设计微阀门时,应先确定来自泵室的压力差值。可先用计算方法求解,再用实验方法验证。

为了计算方便,首先把特性方程(4-17)改写成一般形式:

$$\frac{pr^4}{Eh^4}=\left(A_1\frac{H^2}{h^2}+A_0\frac{1}{1-\nu^2}\right)\left(\frac{w_0}{h}\right)-A_2\frac{H}{h}\left(\frac{w_0}{h}\right)^2+A_3\left(\frac{w_0}{h}\right)^3 \qquad (4-19)$$

式中，$A_0 = \frac{16}{3}$；$A_1 = \frac{8}{15}\frac{7-2\nu}{1-\nu}$；$A_2 = 2\frac{3-\nu}{1-\nu}$；$A_3 = \frac{2}{21}\frac{23-9\nu}{1-\nu}$。在极值点，方程的 1 阶导数应为 0；为此，将式(4-19)对$(\frac{w_0}{h})$求导，并使所得导数等于 0。即

$$\left(A_1 \frac{H^2}{h^2} + A_0 \frac{1}{1-\nu^2}\right) - 2A_2 \frac{H}{h}\left(\frac{w_0}{h}\right) + 3A_3 \left(\frac{w_0}{h}\right)^2 = 0 \quad (4-20)$$

由此可得：

$$\left(\frac{w_0}{h}\right) = \frac{1}{3A_3}\left[A_2 \frac{H}{h} \pm \sqrt{\frac{H^2}{h^2}(A_2^2 - 3A_1 A_3) - A_0 A_3 \frac{3}{1-\nu^2}}\right] \quad (4-21)$$

将式(4-21)代入式(4-17)，经整理变换后得：

$$\left(\frac{pr^4}{Eh^4}\right)_{cr} = k_1 \frac{H}{h}\left(k_2 \frac{H^2}{h^2} + \frac{1}{1-\nu^2}\right) \pm k_3 \left(k_4 \frac{H^2}{h^2} - \frac{1}{1-\nu^2}\right)^{\frac{3}{2}} \quad (4-22)$$

式中，$k_1 = \frac{1}{3}\frac{A_0 A_2}{A_3}$；$k_2 = \frac{A_1 A_3 - \frac{2}{9}A_2^2}{A_0 A_3}$；$k_3 = 2A_3\left(\frac{A_0}{3A_3}\right)$；$k_4 = \frac{\frac{A_2^2}{3} - A_1 A_3}{A_0 A_3}$；下标 cr 表示临界值。

利用上述关系，在确定膜片凸面高度比的条件下，根据式(4-22)可算出 2 个压力值。式(4-22)中的正号对应泵室高压力值；负号则对应低压力值。

再从膜片特性方程研究膜片具有跳跃本能的参数$\frac{H}{h}$；为此，必须使方程(4-20)的判别式大于等于 0，即

$$4A_2^2 \frac{H^2}{h^2} - 4 \times 3A_3\left(A_1 \frac{H^2}{h^2} + A_0 \frac{1}{1-\nu^2}\right) \geqslant 0 \quad (4-23)$$

由此得到

$$\frac{H}{h} \geqslant \sqrt{\frac{3A_0 A_3}{(1-\nu^2)(A_2^2 - 3A_1 A_3)}} \quad (4-24)$$

确定膜片跳跃与不跳跃的参数$\frac{H}{h}$的临界值为：

$$\left(\frac{H}{h}\right)_{cr} = \sqrt{\frac{3A_0 A_3}{(1-\nu^2)(A_2^2 - 3A_1 A_3)}} \quad (4-25)$$

代入 A_0, A_1, A_2 及 A_3，并取 $\nu = 0.17$，得

$$\left(\frac{H}{h}\right)_{cr} = \sqrt{\frac{40(23-9\nu)}{(1+\nu)[105(3-\nu)^2 - 4(7-2\nu)(23-9\nu)]}} \approx 1.6$$

这表明，对于周边固支的硅微膜片阀门来说，当$\frac{H}{h} \approx 1.6$时，微膜片处于临界跳跃状态。

根据上述诸方程，在确定了泵室压差的条件下，便能合理地设计双稳态微膜片阀门。

2. 无阀微型泵

(1) 作用原理

图 4-23 所示为一种压电层制动的膜片无阀微泵的原理结构。它本身无活动阀门，而是采用对流体流动具有独特性质的一对扩散管/喷管代替了活动阀门。扩散管为一发散管，其横截面积在流体流动方向上是逐渐扩大的通道。扩散管的反方向称为喷管，是收敛管，其横截面

积在流体流动方向上是逐渐缩小的通道。它们是无阀微泵的核心部分。

与有阀微泵相比,无阀微泵可避免因阀门磨损、疲劳及压降而降低工作寿命和可靠性,同时也适合在高频下工作。

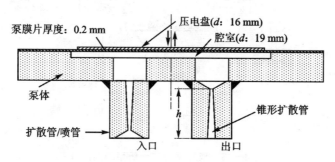

图 4-23 无阀微泵的原理结构

图 4-24 表明了无阀微泵的作用原理。它是基于扩散管和喷管的整流特性设计的。即在同样流速下,扩散管对流体的节流作用小于喷管对流体的节流作用。微泵一个循环包括"供给模式"和"泵激模式"。在供模状态,膜片向上弯曲,泵室体积增大(见图 4-24(a)),此时入口充当扩散管,出口充当喷管,导致从入口流进泵室的流量 q_i 大于从出口流进泵室的流量 q_o。在泵模状态,膜片向下弯曲(见图 4-24(b)),泵室体积缩小,此时出口充当扩散管,入口充当喷管,导致从出口流出的流量 q_o 大于从入口流出的流量 q_i。微泵经过一个工作循环,必有一定的净流量靠泵室的振动膜片制动,从入口到达出口输出。这就是无阀微泵的作用原理。

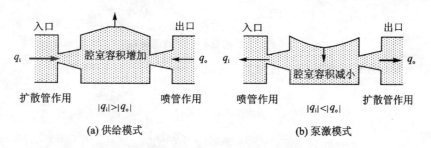

(a) 供给模式　　　　　　　　　　(b) 泵激模式

图 4-24 无阀微泵的作用原理

这种单腔室的膜片无阀泵,工作过程容易产生周期性脉动流。为了减轻这种效应和改善泵的性能,常设计成推挽工作模式的双腔室并联无阀泵(见图 4-25)。实验结果表明,该方案不仅减轻了流量的脉动性,同时也提高了泵的工作效率。

(2) 泵的理论分析

现以单腔室无阀泵为对象进行理论分析。众所周知,实际流体都有粘性;因而,在管路流动中,必有因粘性而造成的能量损失,通常用压力损失系数 ξ 表示。通过扩散管和喷管的压力降分别表示为

$$\Delta p_d = \frac{\rho v_d^2}{2} \xi_d \qquad (4-26)$$

$$\Delta p_n = \frac{\rho v_n^2}{2} \xi_n \qquad (4-27)$$

式中各符号注明在图 4-26 上。

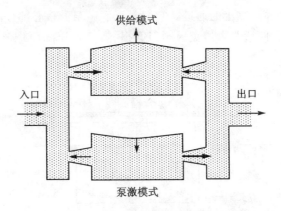

图 4-25 双腔室并联无阀泵作用原理

其中 ρ 为流体密度;v_d 和 v_n 分别为扩散管和喷管最窄截面处流体的速度(这里假设为常数);ξ_d 和 ξ_n 分别为扩散管和喷管的压力损失系数。对于几何尺寸一定的扩散管和喷管而言,ξ 几乎为常数。

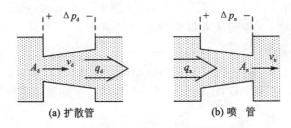

图 4-26 扩散管和喷管截面简图

通过扩散管和喷管的体积流量可分别表示为

$$q_{V,d} = A_d v_d \tag{4-28}$$

$$q_{V,n} = A_n v_n \tag{4-29}$$

式中,A_d,A_n 分别代表扩散管和喷管最窄部位的截面积。将式(4-26),(4-27)分别代入式(4-28)和(4-29),可得

$$q_{V,d} = A_d \left(\frac{2}{\rho}\right)^{\frac{1}{2}} \left(\frac{\Delta p_d}{\xi_d}\right)^{\frac{1}{2}} \tag{4-30}$$

$$q_{V,n} = A_n \left(\frac{2}{\rho}\right)^{\frac{1}{2}} \left(\frac{\Delta p_n}{\xi_n}\right)^{\frac{1}{2}} \tag{4-31}$$

在采用同样的扩散管和喷管的条件下,它们入口和出口处的压力 p_i 和 p_o 与容腔内的压力 p_c 相比,可以忽略不计。这样,在扩散管和喷管方向的体积流量可分别表示为

$$q_{V,d} = \frac{C}{(\xi_d)^{\frac{1}{2}}} \tag{4-32}$$

$$q_{V,n} = \frac{C}{(\xi_n)^{\frac{1}{2}}} \tag{4-33}$$

式中

$$C = A(2p_c/\rho)^{\frac{1}{2}}, (A = A_d = A_n)$$

假设压力容腔的体积变化规律为

$$V_c = V_x \sin \omega t = V_x \sin 2\pi f t \tag{4-34}$$

式中,V_x 为体积变化幅度;f 为泵室膜片的谐振频率(一般设计在几百 Hz)。于是净体积流量可表示为

$$q_{V,i} - q_{V,o} = \frac{dV_c}{dt} = V_x \omega \cos \omega t \tag{4-35}$$

式中,$q_{V,i}$ 是通过入口流进容腔的体积流量,$q_{V,o}$ 是通过出口从容腔流出的体积流量。

在供模状态,即泵的容腔体积增加时,有 $\frac{dV_c}{dt} > 0$,从扩散管和喷管送入容腔的净流量分别为

$$q_{V,i} = q_{V,d} = \frac{C}{(\xi_d)^{1/2}} \tag{4-36}$$

$$q_{V,o} = -q_{V,n} = -\frac{C}{(\xi_n)^{1/2}} \tag{4-37}$$

从而得到容腔净流量为

$$q_{V,i} - q_{V,o} = C\left(\frac{1}{(\xi_d)^{\frac{1}{2}}} + \frac{1}{(\xi_n)^{\frac{1}{2}}}\right) = V_x \omega \cos \omega t \tag{4-38}$$

$$C = \frac{V_x \omega \cos \omega t}{\frac{1}{(\xi_d)^{\frac{1}{2}}} + \frac{1}{(\xi_n)^{\frac{1}{2}}}} \tag{4-39}$$

供模状态出口流量为

$$q_{V,s} = -q_{V,n} = -\frac{C}{(\xi_n)^{\frac{1}{2}}} \tag{4-40}$$

将式(4-39)代入式(4-40)得

$$q_{V,s} = \frac{-V_x \omega \cos \omega t}{1 + \left(\frac{\xi_n}{\xi_d}\right)^{\frac{1}{2}}} \tag{4-41}$$

对于泵模状态,容腔体积减小,$\frac{dV_c}{dt} < 0$,这时从扩散管和喷管给出的净流量分别为

$$q_{V,i} = -q_{V,n} = -\frac{C}{(\xi_n)^{\frac{1}{2}}} \tag{4-42}$$

$$q_{V,o} = q_{V,d} = \frac{C}{(\xi_d)^{\frac{1}{2}}} \tag{4-43}$$

同供模状态类似计算,得到泵模状态排出的出口流量为

$$q_{V,p} = -\frac{V_x \omega \cos \omega t}{1 + \left(\frac{\xi_d}{\xi_n}\right)^{\frac{1}{2}}} \tag{4-44}$$

(1) 泵的容积

对于一个泵循环,总的泵容积为

$$V_{\text{tot}} = \int_{-\frac{T}{4}}^{\frac{T}{4}} q_{V,s} + \int_{\frac{T}{4}}^{\frac{3T}{4}} q_{V,p}$$

将式(4-41),(4-44)代入上式,最后求得总的泵容积

$$V_{\text{tot}} = 2V_x \left[\frac{(\xi_{\text{nd}})^{\frac{1}{2}} - 1}{(\xi_{\text{nd}})^{\frac{1}{2}} + 1} \right] \tag{4-45}$$

式中,$\xi_{\text{nd}} = \xi_n / \xi_d$。

(2) 泵的效率

$$\eta_p = \frac{V_{\text{tot}}}{2V_x} = \frac{(\xi_{\text{nd}})^{\frac{1}{2}} - 1}{(\xi_{\text{nd}})^{\frac{1}{2}} + 1} \tag{4-46}$$

式中,$2V_x$ 为泵完成一个循环的总容积。

(3) 扩散管/喷管的理论分析

由上节论述的无阀微泵理论可知,泵的性能主要取决于流量沿喷管方向流动的压力损失系数 ξ_n 与沿扩散管方向流动的压力损失系数 ξ_d 之比。为使泵有较高的效率,比值 ξ_n / ξ_d 应该大于 1,即沿喷管方向流动的压力损失系数 ξ_n 应比沿扩散管方向流动的压力损失系数 ξ_d 大。

实际流体流经管道的压力降(压力损失)主要取决于管道的几何形状和尺寸。管道的几何形状一般分 2 种类型:圆形横截面的圆锥管和矩形(或方形)横截面的锥形管。采用哪种形式主要取决于加工条件。

由传统(宏观)流体力学大量的实验结果得知,流经不同几何形状和尺寸的管道,在同样流速下,压力损失不同;不同的流动状态,压力损失也不同。以往,扩散管/喷管的设计多考虑在高速流动状态下的应用,如涡轮机、压缩机及喷射管等的应用。这些场合的设计,已有公布的压力损失系数可供参照。

对于膜片驱动的无阀微泵,流体的流动状态具有很强的脉动流的性质。它有别于稳态流,也有别于高速流和紊流。脉动流的压力损失系数迄今未见有实验数据公布;因此,用于无阀微泵上的扩散管和喷管的设计,只能在参考已公布的其他流态压力损失系数的实验数据基础上,用试凑方法进行。表 4-4 给出 4 种基本变化截面的压力损失系数的经验数据。前 2 种为连续渐变的扩散口和突然变化的扩散口;后 2 种则相反,分别为连续渐变的收敛口和突然变化的收敛口。扩散角分别为 70°和 5°。流量的流动方向示于表 4-4 中。

流体在大扩散角($\theta=70°$)的扩散管流动时,流量的压强梯度变化大,导致流体在近壁面处出现粘滞、倒流现象,在近壁面附近产生回流区域,如图 4-27(a)所示。在回流区域,流体处于紊流状态,能量转换率高,使大部分原始动能散失掉,而不再转化为势能,致使压力损失系数增大。

小扩散角($\theta=5°$)的扩散管,流体流动较为稳定,能量转换率较缓和,流体在近壁面处不会出现脱流现象;所以能量损失较小,压力恢复性能较强,相关的压力损失系数较小。

对于突变的扩散口,流体相当于从自由喷口流进较大的容器,流体全部动能转换为流体静压,所以相关的压力损失系数等于 1。

表 4-4 不同变化截面的压力损失系数

扩散口		收敛口	
突变截面	渐变截面	突变截面	渐变截面
$\theta=70°$, $\xi_{11}\approx 1\sim 1.2$	尖角 $\xi_{21}=1$	$\theta=70°$, $\xi_{31}\approx 0.1$	尖角 $\xi_{41}\approx 0.4$
$\theta=5°$, $\xi_{12}\approx 0.15\sim 0.3$	圆角 $\xi_{22}=\xi_{21}$	$\theta=5°$, $\xi_{32}<0.02$	圆角 $\xi_{42}=0.05$

反之,对于收敛口的喷管来说,流体的流动情况较为简单,如图 4-27(b)所示。流速提高,压力降低,几乎所有势能都转换为动能,在近壁面处没有脱流现象,只有少量能量耗散于管壁的摩擦。

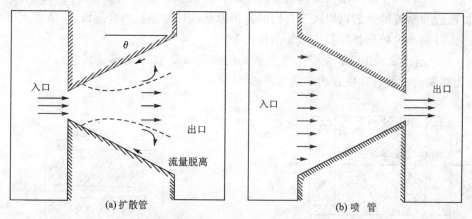

(a) 扩散管　　　　　　(b) 喷管

图 4-27　大扩散角扩散口和喷口方向的流速原理

综上所述可得结论如下:
● 大扩散角的扩散管,流量在较短距离内降低很快;而小扩散角的细长扩散管,流量在较长距离内只产生很小的能量损失。
● 能量损失最小的扩散角约为 5°～12°。当扩散角远小于 5°时,逐渐增加的壁面摩擦损失会降低压力的恢复能力;扩散角太大,约 60°左右,能量损失最大。
● 考虑到管壁处的摩擦损失,对于粘性较大的流体,扩散管的最佳角度应大于粘性较小的流体需要的角度值。
● 收敛型喷管的流体流动情况较为简单,不存在脱流损失,主要是壁面摩擦。

基于以上结论,流体管道的几何形状应考虑设计成复合型模式,见图 4-28。该模式共含有 3 个流量区:入口区为略带圆角的收敛口,出口区为突变的扩散口,中间部分为扩散管,但扩散角应选在 5°～12°之间。这样合理设计的复合结构管,可使压力损失达到最小。

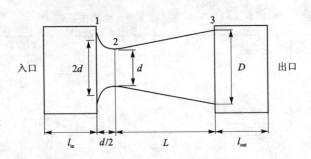

图 4-28 扩散管元件的几何形状

图 4-29 给出圆截面锥形扩散管和喷管的设计方案。图 4-29(a)为具有 3 个流量区的扩散管方向。其入口区和出口区的结构是参照表 4-4 给出的数据确定的,压力损失小。中间的扩散管区,扩散角应选在 5°~12°之间,压力损失主要是管壁处的摩擦。这样的扩散管结构,在稳流状态下,其压力损失系数 ξ_d 约为 0.2~1。

在喷管方向(图 4-29(b)),突变的入口区和中间喷管区的压力损失远小于扩散型出口区的压力损失。这里出口区域的压力损失系数 ξ_n 约大于(或等于)1。

从上面的简化分析得知,喷管/扩散管的增益 $\xi_{nd}=\xi_n/\xi_d\approx 1/\xi_d$,约为 1~5。设计成这种结构的扩散管和喷管,才能体现出无阀微泵的效应。这说明扩散管和喷管的性能决定了泵的性能,而扩散管和喷管的性能则取决于它们的几何形状和尺寸参数的合理设计,诸如入口和出口的直径、入口和出口的形状以及扩散管的长度等。

图 4-30 给出 2 种形式扩散管和喷管的几何形状和尺寸,以供参考。它们与用于图 4-23 所示的无阀泵的扩散管和喷管的形式相同。

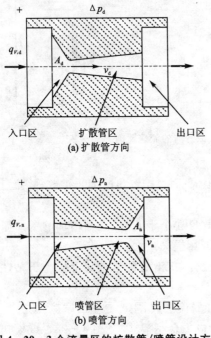

图 4-29 3 个流量区的扩散管/喷管设计方案

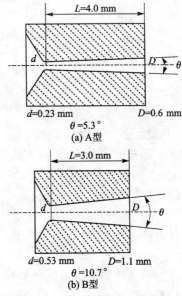

图 4-30 2 种圆截面锥形扩散管和喷管的几何形状和尺寸

须指出,微流量系统是微机电系统当前研究的热点之一。现阶段的研究,大多在微流量控制元部件的加工工艺实现上,而对微空间流体运动的建模,仍沿用传统流体力学的一般理论,虽能说明一些问题,但有局限性。因为结构尺寸的微小化,可使微空间流体运动特性与传统流体理论的描述产生偏差;故有必要对微空间流体运动的规律和建模进行深入的研究,为微流量系统的设计提供可靠的理论依据。

4.4 梳状微谐振器

4.4.1 梳状微谐振器的结构和工作原理

在 MEMS 中,梳状微谐振器是微执行器常用的一种结构。在电压控制下,用以实现电—机转换,或位移—力转换。

图 4-31 所示为静电驱动梳状微谐振器的原理结构。

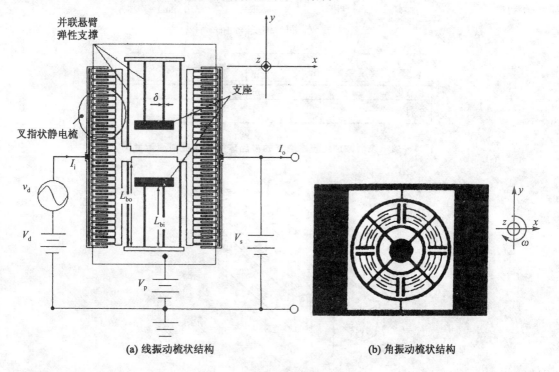

(a) 线振动梳状结构　　　　　　(b) 角振动梳状结构

图 4-31　梳状微谐振器原理结构

其中图(a)为线振动梳状结构,图(b)为角振动梳状结构。激励微结构振动的方式有多种,针对梳状结构而言,梳状齿部分直接构成平板电容器,所以采用静电激励、电容检测方式最为方便。从这个角度讲,梳状微谐振器也常称为静电梳或电容梳微谐振器。

电容梳微谐振器的优点:
- 整体为全硅结构;
- 非接触式激励和检测,易获得高灵敏度。

梳状微谐振器在微传感器、微机电滤波器以及执行微位移控制等方面被广泛应用。

现以图4-31(a)为例,对其组成和工作原理做进一步分析。该谐振梳结构由上、下2层组成,上层为梳状结构,下层为硅衬底。上层的左、右2侧对称配置可活动的梳齿结构,平行对插入固定梳齿的齿间。齿与齿之间的空隙一般设计在2 μm以内,齿的厚度也约为2 μm。这样,齿与齿之间就形成了平板电容器。

整个活动梳在并联悬臂弹性梁支撑下悬空。2内弹性梁一端与导向桁架相连,另一端连接在固定支座上;而2外弹性梁一端也与导向桁架相连,另一端连接在活动梳的中心质量块上。一般情况下,内、外弹性梁的长度不相等,但宽度和厚度则取相同值。由于弹性梁设计得细而长,故该弹性支撑系统具有很大的柔韧性。可动的导向桁架,便于弹性梁内残余应变的释放。

在下层硅衬底的上表面,淀积厚约500 nm的SiO_2层,SiO_2层上面再淀积约100 nm厚的Si_3N_4层,形成性能稳定的绝缘层。上层活动梳与下层硅衬底之间留有很窄的空隙,约2 μm。整个谐振梳结构采用表面微机械加工技术制作。制作工艺必须精密,以免活动梳平面因工艺误差或吸附现象而导致与硅衬底表面粘连(参见图4-32)。

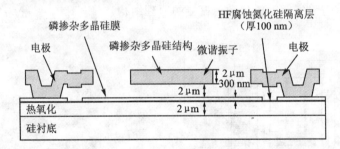

图4-32 表面微加工技术制作的多晶硅微谐振梳剖面示意图

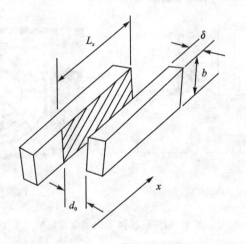

图4-33 梳齿尺寸示意图

图4-31中以V_{dc}代表施加在电极上的直流偏压,V_{ac}为交流电压幅值,即信号电压。悬挂在弹性支撑上的活动梳,在驱动电压$V(t)=V_{dc}+V_{ac}\cos \omega t$的作用下,将沿$x$方向产生像织布梭一样的往复振动。当驱动电压的频率与活动梳结构系统的固有频率一致时,活动梳系统便发生谐振动。在活动梳振动的同时,梳齿间交叠部分的面积发生变化(见图4-33),导致齿间的电容变化$\left(\dfrac{\partial C}{\partial x}\right)$。

$\dfrac{\partial C}{\partial x}$ 可表示为

$$\frac{\partial C}{\partial x} = \frac{\varepsilon_i \varepsilon_0}{d_0} \frac{\partial A}{\partial x} \tag{4-47}$$

式中，
$$\frac{\partial A}{\partial x} = n\,b\,\frac{\partial L_x}{\partial x} = n\,b \tag{4-48}$$

所以，
$$\frac{\partial C}{\partial x} = \frac{\varepsilon_0\,n\,b}{d_0}\varepsilon_i = 常数 \tag{4-49}$$

其中 $\varepsilon_i, \varepsilon_0, d_0, b, A$ 及 n 分别代表介质介电常数、真空介电常数（$\varepsilon_0 = 8.85 \times 10^{-12}$ F/m）、齿间距、齿宽、梳齿交叠部分的总面积及梳齿数，L_x 为活动梳齿沿 x 方向的重叠长度。

由式(4-49)可知，采用静电驱动方式，即使在大位移情况下，梳状谐振器也能保持线性的电—机转换功能。活动梳沿 x 方向受到的静电力如下式表示：

$$F_d = \frac{1}{2}V(t)^2\frac{\partial C}{\partial x} = \frac{1}{2}V(t)^2\frac{\varepsilon_0\,n\,b}{d_0}\varepsilon_i \tag{4-50}$$

4.4.2 谐振梳弹性系统的固有频率

图 4-34 表示出活动梳弹性结构振动系统。为了避免求解系统的振动微分方程组，可按能量法求出系统的最低固有频率。这里采用瑞利（Rayleigh）法计算。

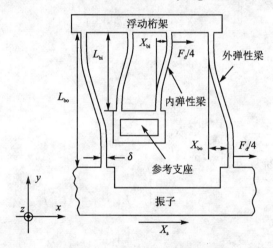

图 4-34 活动梳弹性结构系统

瑞利法可表述为：系统在一个振动循环内的最大动能等于其最大势能。即

$$E_{k,\max} = E_{p,\max} \tag{4-51}$$

由图 4-34，系统的最大动能可表示为

$$\begin{aligned}E_{k,\max} &= E_{k,c} + E_{k,bi} + E_{k,bo} + E_{k,t} \\ &= \frac{1}{2}\left[v_c^2 m_c + v_t^2 m_t + \int v_{bi}^2\,dm_{bi} + \int v_{bo}^2\,dm_{bo}\right]\end{aligned} \tag{4-52}$$

式中，m 和 v 分别表示系统中各部分的质量和最大速度；下标 c, bi, bo 及 t 分别代表活动梳、内并联弹性梁、外并联弹性梁及弹性梁的支撑桁架。

由于活动梳的线速度 $v_c = \omega_0 X_c$，于是它的动能 $E_{k,c}$ 可写为

$$E_{k,c} = \frac{1}{2}(\omega_0 X_c)^2 m_c \tag{4-53}$$

计算内、外弹性梁的动能,需先确定梁在弯曲振动中的速度。这些速度取决于梁的挠度方程 $x_{bi} = f(y)$ 和 $x_{bo} = \varphi(y_1)$。挠度方程又与梁的刚度有关。利用以上关系,最终可找出速度与活动梳位移 X_c 的函数。论证如下:

如图 4-34,在 2 端滑动固支的边界条件下,基于材料力学,弯曲变形梁的刚度可以表示为:

$$k = \frac{12EI}{L^3} \tag{4-54}$$

式中,E,I,L 分别代表梁的弹性模量、弯曲惯性矩及长度。$I = \frac{b\delta^3}{12}$,b 和 δ 分别代表梁的宽度和厚度。针对图 4-34,内、外弯曲梁的刚度关系可以写成

$$\frac{k_{bo}}{k_{bi}} = \left(\frac{L_{bi}}{L_{bo}}\right)^3 \tag{4-55}$$

设作用在梳状弹性系统的静电力 F_d 由上、下 4 根梁均布承担,则刚度比又可写为

$$\frac{k_{bo}}{k_{bi}} = \frac{X_{bi}}{X_{bo}} \tag{4-56}$$

合并式(4-55)和(4-56)可得

$$\frac{X_{bi}}{X_{bo}} = \left(\frac{L_{bi}}{L_{bo}}\right)^3 = \frac{1}{\beta^3} \tag{4-57}$$

式中,$\beta = L_{bo}/L_{bi}$。

参考图 4-34,可求得

$$X_c = X_{bi} + X_{bo}$$
$$X_{bi} = \frac{X_c}{1+\beta^3} \tag{4-58}$$

由材料力学可求得梁的挠度方程

$$x_{bi}(y) = \frac{X_c}{1+\beta^3}\left[3\left(\frac{y}{L_{bi}}\right)^2 - 2\left(\frac{y}{L_{bi}}\right)^3\right] \tag{4-59}$$

$$x_{bo}(y_1) = X_c\left\{1 - \frac{\beta^3}{1+\beta^3}\left[3\left(\frac{y_1}{L_{bo}}\right)^2 - 2\left(\frac{y_1}{L_{bo}}\right)^3\right]\right\} \tag{4-60}$$

取 x,y 坐标,原点在支座;取 x_1,y_1 坐标,原点在与梳上外梁端点对应的固定处;因此,内、外弹性梁的动能可分别表示为

$$E_{k,bi} = \frac{1}{2}\int_0^{L_{bi}} [\omega_0 x_{bi}(y)]^2 \frac{m_{bi}}{L_{bi}} dy \tag{4-61}$$

$$E_{k,bo} = \frac{1}{2}\int_0^{L_{bo}} [\omega_0 x_{bo}(y_1)]^2 \frac{m_{bo}}{L_{bo}} dy_1 \tag{4-62}$$

考虑桁架的速度为 $\omega_0 X_{bi}$,由式(4-58),它的动能可以写成

$$E_{k,t} = \frac{1}{2}(\omega_0 X_c)^2 \frac{1}{(1+\beta^3)^2} m_t \tag{4-63}$$

再进行必要的积分,可求得总的最大动能

$$E_{k,\max} = \frac{1}{2}(\omega_0 X_c)^2 \left\{ m_c + \frac{m_t}{(1+\beta^3)^2} + \frac{13}{35(1+\beta^3)^2}m_{bi} + \right.$$

$$\left. \left[\frac{1}{1+\beta^3} + \frac{13\beta^6}{35(1+\beta^3)^2}\right]m_{bo} \right\} \quad (4-64)$$

由此可知，上式中大括号内的项数和为转化到活动梳上的等效质量 m_{eq}，即

$$m_{eq} = m_c + \frac{1}{(1+\beta^3)^2}m_t + \frac{13}{35(1+\beta^3)^2}m_{bi} + \left[\frac{1}{1+\beta^3} + \frac{13\beta^6}{35(1+\beta^3)^2}\right]m_{bo} \quad (4-65)$$

再求系统的最大势能。需先求出转化到活动梳处的等效刚度；因此，可把内弹性梁在静电驱动力作用下的挠度方程重新改写

$$x_{bi}(y) = \frac{F_d}{48EI}(3L_{bi}y^2 - 2y^3) \quad (4-66)$$

在 $y=L_{bi}$ 的条件下，联解式(4-59)和(4-66)，便可求得转化到活动梳处的等效刚度

$$k_{eq} = \frac{F_d}{X_c} = \frac{4Eb}{1+\beta^3}\left(\frac{\delta}{L_{bi}}\right)^3 \quad (4-67)$$

由此，求得系统的最大势能为

$$E_{p,\max} = \frac{1}{2}k_{eq}X_c^2 = \frac{2EbX_c^2}{1+\beta^3}\left(\frac{\delta}{L_{bi}}\right)^3 \quad (4-68)$$

根据 $E_{k,\max}=E_{p,\max}$，最终求得微谐振梳弹性系统的最低固有频率

$$\omega_0 = \sqrt{\frac{k_{eq}}{m_{eq}}} = \left[\frac{4Eb\left(\frac{\delta}{L_{bi}}\right)^3}{(1+\beta^3)m_{eq}}\right]^{\frac{1}{2}} \quad (4-69)$$

由式(4-69)计算的固有频率是在不考虑阻尼情况下得到的，是个理想值；而实际系统的谐振频率总是与固有频率略有差异的。差异取决于系统的阻尼，亦即机械品质因数 Q 值。用于微传感器、微机电滤波器中的微谐振梳，必须是弱阻尼系统，即具有很高的 Q 值；因此，微谐振梳必须在真空环境下工作，此时，Q 值可高达数万。

用上述方法同样可以分析计算图 4-31(b)所示的角振动微谐振梳。

思 考 题

4.1 题图 4-1(a)所示为静电驱动简谐电机原理简图。外环定子周边上简谐均布电极，转子套在定子内，转子表面上淀积一层导电金膜。题图 4-1(b)所示为定子腔上一个电极，电极宽度为 b，长度为 l。题图 4-1(c)上给出转子半径 R_r，定子半径 R_s，电极中心角 θ，电极对应的弧度角 θ_E，定子上绝缘层厚度为 t，转子和定子中心距为 2δ，转子和定子间的距离设为 d。试分析、计算：

(1) 转子和电极间的静电储能；
(2) 电机的输出力矩 M；

(3) 画出输出力矩 M 和轴转角 φ 之间的函数关系曲线。

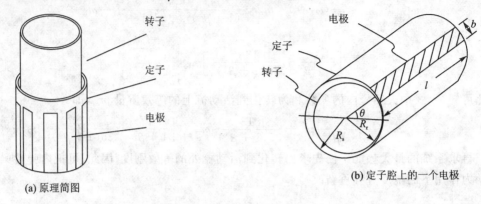

(a) 原理简图　　　　　　　　　　　(b) 定子腔上的一个电极

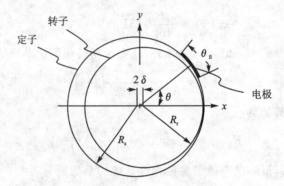

(c) 给出物理量的转子、定子及电极

题图 4-1　静电驱动筒谐电机原理简图

4.2　在微机械执行器中,大多采用静电驱动力,而不采用静磁驱动力。为什么？试分析论证之(500 字以上)。

4.3　题图 4-2 所示为悬臂梁式微执行器,由 Si-Al 双层组件接合而成。设双层长度 l 相等,Al 材的热膨胀系数、导热系数、弹性模量及厚度分别为 α_1, λ_1, E_1 及 δ_1；硅材的热膨胀系数、导热系数、弹性模量及厚度分别为 α_2, λ_2, E_2 及 δ_2。在温度为 T_0 时,双层梁未发生挠曲；当温度升高至 $T=T_0+\Delta T$ 时,由于双层材料的热膨胀系数不同(Al：23×10^{-6}/K,Si：2.6×10^{-6}/K),双层梁在热制动下,将发生热挠曲 ρ(假设热量在梁内均匀分布)。导出梁挠曲半径 R 的表达式。

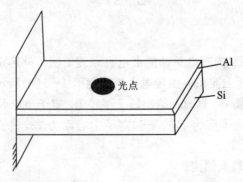

题图 4-2　Si-Al 双层组件悬臂梁结构

4.4 题图4-3所示为单腔室无阀微泵的泵模状态原理简图。试用瑞利(Rayleigh)法导出泵室膜片的谐振频率 f_0。

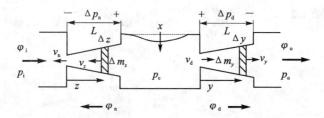

题图4-3 单腔室无阀微泵的泵模状态原理简图

4.5 分析导出图4-31(a)所示的梳状谐振微结构的等效电路图(按离散参数系统分析)。

第 5 章 微机械硅电容式传感器

5.1 概 述

微传感器是微机电系统的另一关键组成因素。其敏感机理与常规传感器一样,只是其敏感元件的尺寸微小,一般是 μm 级。传感器的整体尺寸也在几 mm 以下。由微机械加工技术制作而成。

常规传感器主要选用金属材料制作,而微传感器则优先选用硅材料制作。如今,传感器已经从金属材料为主的常规传感器时代进入到以硅材料为主的微传感器时代。

硅传感器的开发源于 20 世纪 50 年代,但硅微传感器,还是 20 世纪 80 年代中期以后,随着微机械加工技术的逐步成熟才迅速发展起来。经过多年的努力开发,制成诸如检测压力、加速度、角速率、流量、温度、磁场、湿度、成像、气体成分、pH 值、离子和分子浓度以及生物酶等多种多样的硅微型传感器。

目前,发展较为成熟并形成产品应用的主要有微型压力传感器、加速度传感器和陀螺仪等,它们的体积只有常规传感器的几十分之一,乃至 1‰;质量从常规的 kg 级降到几十 g 乃至几 g;功耗降到 mV 乃至 μW 的水平。

微传感器的实用化,对许多技术领域中的测控系统变革已产生了深远影响。尤其在航空航天、遥感、生物医学以及工业自动等方面的应用更具明显优势。特别值得指出,包括载人飞船、航天飞机在内的各种飞行器,常需用几百乃至几千只传感器,以对各种参数进行监测和监控。用微传感器取代常规传感器,不仅能低价进入太空,而且对减轻质量、减少能源消耗、增加航程和全球监视及侦察都具有重大益处。

基于各种敏感机理的微传感器种类繁多。以电容检测原理的硅电容式传感器是本书重点讨论内容之一。因为电容检测与其他检测方法(如硅电阻传感器)相比,失调更小、功耗更低、分辨率的检测水平更高,可达 12×10^{-21} F。因此,用于检测压力、加速度和角速率(陀螺仪)的微传感器(或统称为 MEMS 传感器)多基于电容检测。

自身为数字输出,并便于和计算机控制系统配套的微传感器当今倍受重视,以机械谐振技术为敏感机理的各种硅谐振式传感器就是数字输出传感器的一个重要组成部分。自然成为本书另一个重点研讨的内容。

微传感器的敏感元件是构建在微米尺度上。现今随着纳机电系统(NEMS)制造技术的发展和应用,传感器中的敏感元件正在转向和实现纳米尺度,称为纳米传感器。纳米传感器的检测原理,多基于量子效应(或称纳米尺度效应),如电子隧道效应、约瑟夫逊(Josephson)超导效应等。所以纳米传感器具有更高的灵敏度和稳定性。本书也将予以介绍。

5.2 集成式硅电容压力传感器

5.2.1 原理结构

以金属或陶瓷元件为活动极板的常规型电容式传感器,早在许多工业领域广泛应用。利用电容量随被测参数的变化可以检测许多物理量,如压力、加速度、振动、湿度和生物医学参数等。

如今,随着微机械加工和集成电路技术的发展和应用,以硅膜片为活动极板的的硅电容式传感器得到迅速发展和应用。其检测原理基于平板电容器。既可以纵向平板结构,如图5-1(a)所示,也可以采用侧壁电容结构,如图5-1(b)所示。侧壁电容结构通常形成叉指状,又称"梳齿状"。采用这种布局可以增大电容值。

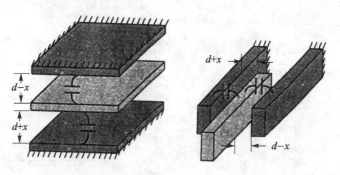

图5-1 平板电容器结构示意图

图5-2是基于差动原理设计的集成式硅电容压力传感器的剖面结构。核心部件是一个对压力敏感的电容器 C_x 和用来与 C_x 作比较的固定参考电容器 C_r。C_x 设置在感压膜片上,C_r 设置在压力敏感区之外。专用集成电路也制作在同一硅片周边处,形成单片集成。基于对传感器的灵敏度和工艺等因素的考虑,感压硅膜片多选用方形结构,用化学腐蚀法制作在硅芯片上。硅芯片上、下两侧用静电键合技术分别与硼硅酸玻璃固接在一起,形成了有一定间隙的空气(或真空)电容器 C_x 和 C_r。

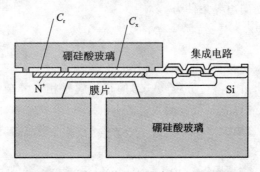

图5-2 差动结构集成式硅电容压力传感器剖面简图

当方形硅膜片感受压力 p 作用变形时,致使 C_x 的电容变化,变化量可用下式表示。

$$C_x(p) = \iint_A \frac{\varepsilon_r \mathrm{d}x\mathrm{d}y}{d - W(p,x,y)} = \frac{\varepsilon_r}{d}\iint_A \frac{\mathrm{d}x\mathrm{d}y}{\left[1 - \dfrac{w(p,x,y)}{d}\right]} \quad (5-1)$$

式中，A、d、ε_r 和 $w(p,x,y)$ 分别代表极板面积、极板间距离、相对介电常数和膜片在压力作用下的挠度（位移）。

5.2.2 方膜片的小挠度近似计算

小挠度理论是在膜片沿厚度方向中央存在不受拉伸的中性面的假设条件下才成立。

图5-3为承受均布压力 p 的周边固支方膜片，忽略硅膜片各向异性的影响，表述膜片弯曲变形的偏微分方程为

$$\frac{Eh^3}{12(1-v^2)}\nabla^4 w = p \quad (5-2)$$

式中，$\nabla^4 = \dfrac{\partial^4}{\partial x^4} + 2\dfrac{\partial^4}{\partial x^2 \partial y^2} + \dfrac{\partial^4}{\partial y^4}$；$E$、$v$、$h$ 分别代表膜片材料的弹性模量、泊松比和膜片厚度，w 代表膜片挠度。令 $D = \dfrac{Eh^3}{12(1-v^2)}$，称为膜片的弯曲刚度。

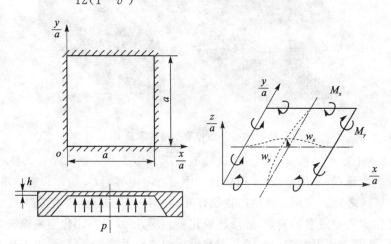

图5-3 周边固支方膜片简图

求解方程（5-2）的固支边界条件为

$$\left.\begin{array}{l} w_{x=0,1} = 0, w_{y=0,1} = 0 \\ \left.\dfrac{\partial w}{\partial x}\right|_{x=0,1} = 0, \left.\dfrac{\partial w}{\partial y}\right|_{y=0,1} = 0 \end{array}\right\}$$

在满足上述边界条件下求解偏微分方程（5-2）的解析解是相当复杂的，往往不能直接求得通解。而常用逆解法，即预先设置某挠度函数（如三角函数、多项式等）为其解，然后将其代入偏微分方程（5-2），并在膜片边缘 $x=0, x=a$ 和 $y=0, y=a$ 上满足边界条件。

针对上述情况，现把这个解取为下列形式

$$w(x,y) = w_1(x,y) + w_2(x,y) \quad (5-3)$$

挠度 $w_1(x,y)$ 和 $w_2(x,y)$ 均取三角级数形式，$w_1(x,y)$ 表示承受均布压力时周边简支方膜片产生的挠度，$w_2(x,y)$ 表示沿 x、y 边缘分布的弯矩 M_x、M_y 产生的挠度。二者叠加所得即为周边固支方膜片在均布压力作用下，沿 Z 轴方向产生的挠度 $w(x,y)$。详解过程从略。

按式(5-3)最终可求得方膜片上各点的挠度分布 $w(x,y)$ 如图5-4所示。挠度最大点在 $x=y=\dfrac{a}{2}$ 处，即方膜片的中心。其计算值为

$$w_{\max}(x,y) = 0.015\,1\,\frac{pa^4}{Eh^3}(1-v^2) \tag{5-4}$$

注意，只有在 $w \ll h$ 时（即 $w_{\max}/h$ 很小），式(5-4)的压力——挠度线性关系才成立。当 $w > 0.2\,h$ 时，膜片处于大挠度状态，此时，中性面的基本假设不再成立，必须考虑膜片因拉伸产生的薄膜力。而描述膜片大挠度行为，应依据非线性偏微分方程求解。因为关系复杂，在此不作深究。

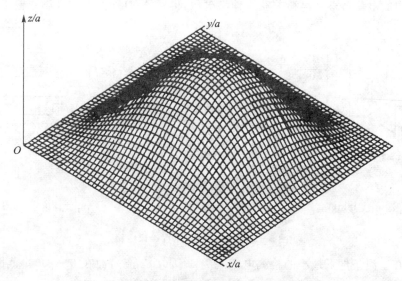

图5-4 方膜片挠度分布示意图

集成式硅电容压力传感器的感压膜片，经常选用的面积尺寸多为 2 mm×2 mm 或更小，如 400 μm×400 μm。膜片厚度视测压量程来定。常按小挠度理论设计。例如，0～100 kPa量程，膜片的面积尺寸为 2 mm×2 mm，膜片厚度的设计尺寸约为 20 μm，电容极板间隙约为 4 μm。

由微尺寸构成电容器的敏感电容，其静态值仅有 pF(10^{-12} F)量级。通常小于 100 pF，而实际需要检测的电容变化量就更微小，在 $(10^{-14} \sim 10^{-18})$F，乃至 10^{-21} F。测量如此微小的电容值，测量放大电路必须具有很高的灵敏度（或分辨率）和低漂移。显然，采用分立设置的电容器和测量电路则无实际意义。因为电路引线和连线的杂散电容就可能有几十 pF。这就是把硅电容式压力传感器设计为集成式的理由。

选择差动结构的理由是：测量电路对输入的杂散电容和环境温度变化均不敏感。因为这些信号被作为共模信号而被抑制了。

5.2.3 检测电路

1. 开关电容-电压检测电路

电容检测电路有多种，一般由电阻器、电容器和运算放大器等组成。但这种组合的灵敏度、稳定性以及器件参数的精度都不够高，难以适合微弱电容信号的检测，这就促使人们开发

出以MOS开关电容网络和运算放大器等器件组成的开关-电容检测电路。它用开关电容网络代替了电阻器，导致电路可达很高灵敏度和很低的漂移，又便于集成，是当前最适合微弱电容信号检测的一种变换电路。

5.2.4 硅电容式集成压力传感器的接口电路

图5-5(a)所示为用于集成式硅电容压力传感器的一种MOS开关-电容电路。它由差动积分器、逐次逼近循环运行的A/D变换器、MOS开关和电容器等基本器件组成。图中电容器C_x和C_r就是压力传感器的敏感电容和参考电容。因压力作用，使电容C_x发生变化，通过开关电容电路中的电荷转移从电荷差获得输出电压，再经A/D变换为二进制数输出。

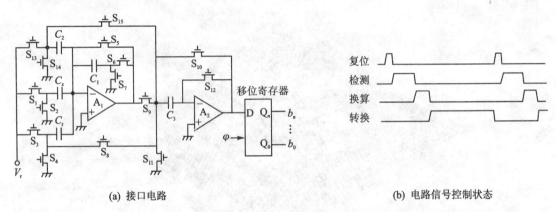

(a) 接口电路　　　　　　　　　(b) 电路信号控制状态

图5-5　MOS开关-电容接口电路

该电路在室温条件下最小的检测电容约为$1\,\text{fF}(10^{-15}\,\text{F})$，而在$0\sim100\,^{\circ}\text{C}$范围内，无温度补偿情况下约为$10\sim15\,\text{fF}(1\text{fF}=10^{-15}\,\text{F})$。它是一种高灵敏度、高稳定性和低功耗的检测放大电路。

该电路的运行过程分为"复位"、"检测"、"换算"和"转换"4个状态，如图5-5(b)所示。现详述如下。

(1) 复位状态

电路在工作之前先复位。在复位状态下，接通全部接地开关以及S_5和S_{12}，如图5-5(a)所示，使所有电容器放电和移位寄存器清零。

(2) 检测状态

检测状态下的电路部分表示在图5-6(a)上。压敏电容器C_x、参考电容器C_r及运算放大器A_1组成差动积分器，其作用受不重叠时间t_d的2相时钟脉冲φ和$\bar{\varphi}$所控制，时序表示在图5-6(b)上。当$\varphi=1$时，C_x通过开关S_1和S_5充电，直至达到参考电压V_r，此时C_r则对地放电。随之$\bar{\varphi}=1$时，存在C_x中的电荷传送到反馈电容器C_1上，而C_r则通过开关S_3充电，直至达到电压V_r。由于电荷C_xV_r和C_rV_r皆通过电容器C_1，但流向相反，所以电容器C_1上的净电荷为$(C_x-C_r)V_r$。该过程重复m次，直到运放A_1上产生V_o的输出电压为

$$V_o = \frac{m(C_x-C_r)V_r}{C_1} = \frac{m\Delta C V_r}{C_1} \tag{5-5}$$

式中，$\Delta C=C_x-C_r$。在上述过程中，运算放大器A_2不起作用。

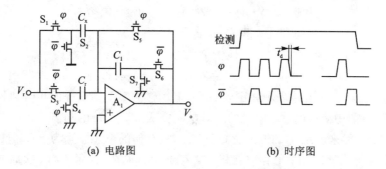

(a) 电路图　　　　　　　(b) 时序图

图 5-6　检测状态下的电路

(3) 换算状态

上述过程中检测到的电容差 ΔC 是相对电容 C_1 的,而 C_1 又不是恒定值,因此应设法使其与参考电容 C_r 比较。实现该过程的电路如图 5-7(a)所示。其中运算放大器 A_1 连接电容器 C_1 和 C_r,组成同相放大器;而运算放大器 A_2 则起采样/保持电路的作用。每一开关的通/断均由不重叠的 4 相时钟脉冲控制,时序表示在图 5-7(b)上。

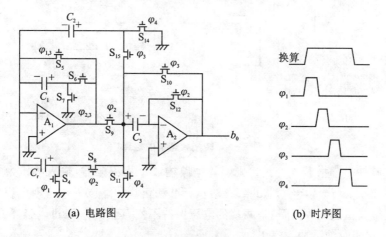

(a) 电路图　　　　　　　(b) 时序图

图 5-7　换算状态下的电路

用时钟信号可使各相运算一致。这些时钟信号由靠近各相的对应开关的控制端示出(见图 5-7(a))。图中 $\varphi_{1,3}$ 表示 $\varphi_1+\varphi_3$。当时钟脉冲 $\varphi_1=1$ 时,电容 C_r 对地放电;其次,当 $\varphi_2=1$ 时,C_r 则转为由电容 C_1 对其充电。于是,运算放大器 A_1 产生的电压为

$$V_s = \frac{m\Delta C V_r}{C_r} \tag{5-6}$$

V_s 被电容器 C_3 采样并储存,其极性示于图 5-7(a)中。当 $\varphi_3=1$ 时,运放 A_2 起保持电路的作用,并通过开关 S_{10}、S_{15}、S_5 给电容器 C_2 充电,直至其大小达到 V_s。当 $\varphi_4=1$ 时,C_2 转为给 C_1 充电,同时运放 A_2 作为比较器检验 C_3 中电压 V_s 的极性。若为正,则符号位 $b_0=1$;否则 $b_0=0$。电容器 C_1、C_2 及 C_3 上的电压分别为 γV_s、0、V_s,其中 $\gamma=C_2/C_1$。该状态的过程完成后,电路将进入转换状态。

(4) 转换状态

在转换状态中,电路将把以 C_r 为定标的电容差值转换为由迭代运算得到的 n 位二进制数 b。

$$V(i) = 2V(i-1) + (-1)^{b_{i-1}} V_r \tag{5-7}$$

$$b_i = \begin{cases} 1 & \text{若 } V(i) > 0 \quad (i=1,2,\cdots,n) \\ 0 & \text{其他情况} \end{cases} \tag{5-8}$$

式中,$V(0)=V_s$,且 b_1 和 b_n 分别为 b 的最高有效位和最低有效位。

执行式(5-7)算法的电路表示在图5-8(a)上。它由5个不重叠的相时钟脉冲所控制,时序见图5-8(b)。图中 A_1、C_1、C_2 组成的运算电路完成式(5-7)的功能;而 A_2 作为采样/保持和比较器,按式(5-8)来确定 b_i 的值。设 C_1、C_2、C_3 中存储的电压分别为 $\gamma V(i-1)$、0、$V(i-1)$,且由第 $i-1$ 次运算周期的 b_{i-1} 值存放在移位寄存器中。那么,其后的第 i 次周期,产生的电压 $V(i)$ 和 b_i 值应按以下步骤确定。

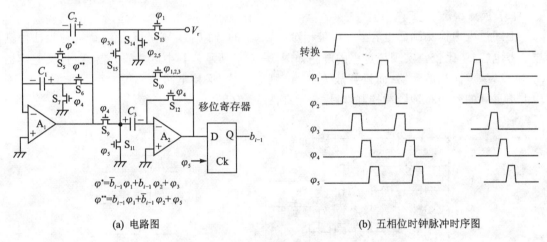

(a) 电路图 (b) 五相位时钟脉冲时序图

图 5-8 转换状态下的电路

在相时钟脉冲 φ_1 时:若 $b_{i-1}=1$,则运算电路构成反相积分器,输入电压为 V_r,电容器 C_1 两端的电压变成 $\gamma[V(i-1)-V_r]$,式(5-8)执行减法运算。若 $b_{i-1}=0$,则电容器 C_2 通过 S_{13} 和 S_5 充电,直至其值达到 V_r,而 C_1 两端的电压保持不变,运放 A_2 通过电容器 C_3 将电压保持在 $V(i-1)$,直到相时钟脉冲 $\varphi_4=1$。

在相脉冲 φ_2 时:若 $b_{i-1}=0$,则运算电路构成同相积分器,输入电压 V_r 在相 φ_1 终结前已存储在电容器 C_2 中,此时电容器 C_1 两端的电压成为 $\gamma[V(i-1)+V_r]$,式(5-7)执行加法运算。若 $b_{i-1}=1$,则 C_2 通过 S_5 对地放电,电容器 C_1 两端的电压保持不变。

在相脉冲 φ_3 时:起保持电路作用的运放 A_2 通过 S_{15} 和 S_5 对电容器 C_2 充电,直至其值达到 $V(i-1)$。

在相脉冲 φ_4 时:运算电路形成同相积分器,其输入电压为 C_1 两端的电压。电容器 C_2 两端的电压变成由式(5-7)给出的 $V(i)$,并且是运放 A_1 的输出电压。该电压也被采样进电容器 C_3。

在相脉冲 φ_5 时:作为同相放大器,运算电路把电容器 C_2 在相 φ_4 存储的电压反向转移到电容器 C_1 上。此时,电容器 C_1、C_2、C_3 两端的电压分别为 $\gamma(V_i)$、0、$V(i)$,运放 A_2 起比较器的作用,借以检验存储在电容器 C_3 上的电压 $V(i)$ 的极性,以此决定 b_i 的值。至此,完成了一个运行周期。

重复 n 次这样的转换周期,直至以参考电容 C_r 为定标的电容差值 ΔC 被变换成具有辅助

符号 b_0 的 n 位数,即

$$\frac{m\Delta C}{C_r} = (-1)^{b_0}(b_1 2^{-1} + b_2 2^{-2} + \cdots + b_n 2^{-n}) \tag{5-9}$$

下面估算整个接口电路(除 C_x 和 C_r)可能达到的分辨率。

由图 5-5(a)不难看出,运算放大器的偏置电压和各节点与地之间的寄生电容不会影响接口电路的工作状态,而 A/D 的转换过程也与电容比 γ 无关。因此,主要误差源为时钟信号通过的 MOS 开关电容的源、漏极的通道和有一定开环增益的运算放大器。事实上,图 5-5(a)中的所有开关都含有时钟通道,但只有与运算放大器的反相输入端连接的开关才会造成明显的影响。令开关 S_5 和 S_{12} 从开状态到闭状态时,反相输入端引入的电荷为 Q_f,设 G 为运放 A_1 和 A_2 的开环增益,则运放 A_1 在换算状态的输出电压可求得为

$$V'_s = \frac{\alpha(\Delta CV_r + Q_f)\frac{1-\alpha^m}{1-\alpha} + Q_f}{C_r\left[1 + \frac{(C_t - C_r)}{GC_r}\right]} = \frac{m\Delta C}{C_r} \cdot \frac{V_r}{1 + 2G^{-1}} + (m+1)\frac{Q_f}{C_r} \tag{5-10}$$

式中

$$\alpha = \frac{1 + (1/G)}{1 + (C_t/GC_1)} \tag{5-11}$$

C_t 是检测状态中与运放 A_1 的反相输入端相连接的总电容,$C_t = C_r + C_x + C_1$。

式(5-10)中的第 1 项表明,运放增益的减少等效于参考电压 V_r 和 $1+2G^{-1}$ 之比值;第 2 项则为检测和换算两种状态下时钟通道电荷的作用结果,这可令 $V_r = 0$ 时单独测出。现定义最小可测得的电容差值和参考电容 C_r 之比为分辨率。该电容差值的极限取决于 A/D 转换的精度。

考虑到有限开环增益 G 和通道上的电荷量 Q_f,能够导出在"转换"状态中执行转换算法的迭代方程为

$$V'(i) = \frac{2V'(i-1)}{1 + 2G^{-1}} + (-1)^{b_{i-1}}\alpha \frac{V_r}{1 + 2G^{-1}} + (2 + \bar{b}_{i-1})\frac{Q_f}{C_1} \tag{5-12}$$

式中字母右上角的"'"代表误差量。式(5-12)表明,定标的参考电压显然包括在"检测"和"换算"状态中对运放增益衰减的补偿。对式(5-12)执行 n 次计算,则 A/D 转换过程中产生的第 1 次误差电压值为

$$\Delta V = \Delta V_G + \Delta V_f = 2^n[(1-2G^{-1})^n - 1]V(0) + \sum_{i=0}^{n-1}(-1)^{b_i}2^i[(1-2G^{-1})^i \cdot$$

$$(1-G^{-1}) - 1]V_r + \left(2^{n+1} + \sum_{i=1}^{n}\bar{b}_{i-1}2^{n-i}\right)\frac{Q_f}{C_1} \tag{5-13}$$

式中,ΔV_G 和 ΔV_f 分别为有限增益 G 和通道电荷 Q_f 引起的误差电压。当 $V(0) = V_r$,并假设所有的 $b_i = 0$,则误差电压变为最大,即

$$(\Delta V)_{max} = 2^n\left(3G^{-1} + 4\frac{Q_f}{C_1 V_r}\right)V_r \tag{5-14}$$

因为 A/D 转换可以精确到它的最低位以下,故该误差电压必须比参考电压 V_r 更小。假设 $G = 80$ dB,电荷的信号噪比 $C_1V_r/Q_f = 2 \times 10^4$,则 A/D 转换精度必须达到 11 位。这样,可以检测到的最小电容差值为

$$\frac{|\Delta C|_{min}}{C_r} > \frac{1}{2^{11}m} \tag{5-15}$$

式中,m 为重复次数。若 m 增加,可使分辨率提高,但会增加循环中电压 V'_s 的相对误差。将式(5-10)展为泰勒级数,便能发现 V'_s 的相对误差可表示为 $(m-1)G^{-1}/2$。为了将该误差保持在 11 位的最低位的 1/2 以内,m 必须小于 6。那么这种 IC 形式的接口电路的分辨率可达到 13～14 位。

综上可知,与微型电容传感器接口的开关电容检测电路,是一种在时钟脉冲信号控制下,利用电容器充、放电效应实现电荷转移获得输出电压的数据采集工作系统。它的工作不受运算放大器的偏置电压和杂散电容的影响。用这种电路可构成低功耗的放大器和振荡器等多种高分辨率和低漂移的检测电路。不仅适合设计成敏感电容输出的集成式硅电容压力传感器的接口电路使用,也适合设计成敏感微电容输出的集成式惯性传感器(微加速度计+微陀螺仪)的接口电路使用。

2. 开关电容-频率检测电路

许多低功耗的振荡电路,大多也可设计成集成式硅电容传感器的接口电路。图 5-9 所示为采用 C-f(电容-频率)变换方法测量微电容的原理图,电路由开关-电容和 Schmitt 触发器构成。图中 C_x 为压力传感器的压敏电容器,C_x 的变化决定了电路振荡频率的变化,频率的变化对应着被测压力值。C_r 为固定的参考电容,不受被测压力的影响。但和 C_x 一样,要受到温度漂移和长期稳定性漂移等的影响。敏感电容和参考电容的信号输出电压用 V_c 表示(见图 5-9)。

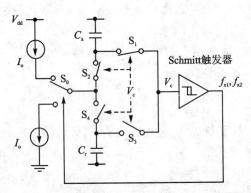

图 5-9 基于 Schmitt 触发器的 C-f 变换电路原理图

该电路的工作过程为:当开关 S_0 接通上面的电流源时,开关 S_1 和 S_2 接通,给电容器 C_x 充电,当输出电压 V_c 升到一定值后,Schmitt 触发器翻转,开关 S_0 接通下面的电流源,C_x 开始放电。当电压 V_c 降到一定值后,Schmitt 触发器再度翻转,重新给 C_x 充电,如此循环往复。Schmitt 触发器触发的频率代表了 C_x 电容量的大小,亦即反映了被测压力值。同理,当 S_1、S_2 断开,S_3、S_4 接通时,测量的是 C_r 电容量的大小。两种状态下触发的输出频率 f_x 和 f_r 的差值代表了被测压力的大小。采用差频输出的测量方式的最大优点是可以消除因温度和长期稳定性等的漂移对电容值的影响,保持检测电路对温度等非敏感量的稳定性。

输出的差频 Δf 可用下式表达:

$$\Delta f = f_x - f_r = \frac{I_o}{2(C_x - C_r)V_h} = \frac{I_o}{2\Delta C V_h} \tag{5-16}$$

可见,Δf 正比于充电(或放电)电流 I_o,反比于电容差值 ΔC 和 Schmitt 触发器的滞后电压 V_h。

设计电路时应周密地确定电流 I_0 和电压 V_h。

综上可见,这种 C-f 转换方法也是利用电容器的充电、放电效应进行测量的。C-f 接口变换电路可将电容输出的电压直接变换为频率信号输出。无需 A/D 变换,只用简单的数字电路就能变成微处理器易于接受的数字信号。

图 5-10 所示为一种 C-f 接口变换电路,其中电流源由耗尽型 NMOS 管和增强型 MOS 管构成;V_{dd} 为电源电压。

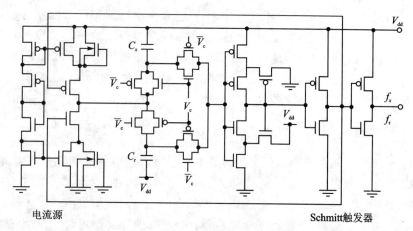

图 5-10 基于 Schmitt 触发器的 C~f 接口变换电路

由于集成式硅电容压力传感器的灵敏度高,重复性和长期稳定性好,在生物、医疗、航空航天、工业过程检测、汽车工业以及流体控制等领域有着广泛的应用前景,并特别适于低压量程的测量,如声压(0.1 Pa)级信号。图 5-11 给出了集成式硅电容压力传感器可以测量压力的范围($10^{-1} \sim 10^6$ Pa)及其相应的应用领域。

为了提高压敏电容的灵敏度,常把硅膜片设计成带硬心的结构形式,以保证 C_x 的变化量处处相等(见图 5-12)。

值得指出,由于硅电容器两极板间的间隙很小,导致硅电容传感器的动态范围窄,它可通过反馈措施保持活动极板始终处于初始的零位,而拓宽动态范围。

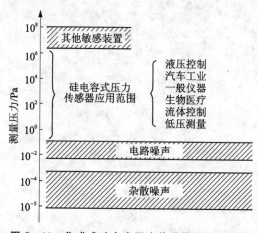

图 5-11 集成式硅电容压力传感器的测压范围

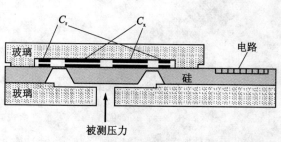

图 5-12 带硬心硅电容式压力传感器

5.3 力平衡式硅电容加速度传感器

硅电容式加速度微传感器和硅电容式压力微传感器一样,与硅压阻式相比,具有高的灵敏度、分辨率、精度和稳定性,以及低的温度系数和高的抗过载能力。这些高性能在力平衡式(也称伺服式)的硅电容加速度微传感器上表现尤为突出。

力平衡式是基于力的负反馈闭环原理设计的,它有一个反馈回路。因此在这类硅电容加速度微传感器中,对加速度敏感的质量始终被保持在非常接近0位移的位置。它是通过能感受偏离0位的位移,并产生一个与此位移成正比且总是阻止敏感质量偏离0位的反馈力来实现。从而确保了传感器在工作范围内,系统参数自始至终均为常数,系统处于线性状态。与工作在开环系统的传感器相比,传感器具有优良的线性度和精度,动态特性好,使用频率范围宽。

5.3.1 摆式结构脉宽调制静电力平衡式加速度传感器

图 5-13 所示为一种由脉冲宽度调制的静电力平衡式硅电容加速度传感器的原理结构。图中敏感加速度的硅电容传感器部分,是采用玻璃-硅-玻璃结构,由体型微加工技术制作和组装而成的摆式结构,见图 5-13(a)。作为电容器活动极板的敏感质量吊挂在 2 根硅悬臂梁上,并夹在 2 个固定电极之间,形成差动平板电容器。当有加速度 a 作用时,活动电极将产生偏离 0 位(即中间位置)的位移,引起差动电容变化,变化量 ΔC 由 CMOS 开关-电容电路检测,放大输出,传给脉宽调制器,调制器产生的 2 个脉宽调制信号 V_E 和 $\bar{V}_E$ 再反馈到电容器的活动电极和两个固定电极上。通过改变脉宽信号的脉冲宽度即可控制作用在活动极板上的静电力,该力与活动极板的偏离位移成正比,且总是阻止活动极板偏离 0 位置,这就构成了脉宽调制的静电伺服系统,如图 5-13(b)所示。该系统能在测量的加速度范围内,使活动极板精确地保持在 0 偏移的中间位置上。

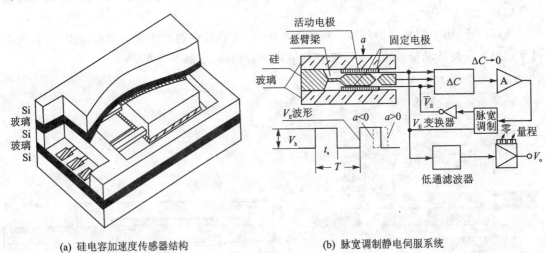

(a) 硅电容加速度传感器结构　　　　(b) 脉宽调制静电伺服系统

图 5-13　0 位平衡式硅电容加速度微传感器

采用这种脉宽调制静电伺服技术,脉冲宽度与被测加速度成正比,经过低通滤波器去噪后的脉宽信号 V_E 即为传感器的输出电压 V_o,实现了通过脉宽来测量加速度。

图 5-14 所示为脉宽调制的静电伺服系统框图。该系统由机械、电子和静电力等部分组成。其传递函数可写为

$$\frac{D(s)}{ma(s)} = \frac{G}{ms^2 + \zeta s + k + (G\varepsilon A_0 V_h^2/2d^2)} \quad (5-17)$$

式中,D 为脉冲宽度调制信号 V_E 的占空比;m 是活动电极和悬臂梁的质量;ζ 是压膜阻尼系数;k 是悬臂梁弹簧常数;V_h 是脉宽调制信号电压幅度,G 代表电路部分的增益,s 代表拉氏因子,A_0、ε 及 d 分别代表极板有效面积、空气介电常数及固定极板与活动极板间的距离。

占空比 D 定义为

$$D = t_a/T \quad (5-18)$$

式中,t_a 和 T 分别代表脉宽调制信号 V_E 的宽度和周期。当增益 G 很大时,在低频范围内下列不等式成立:

$$ms^2 + \zeta s + k \ll \frac{G\varepsilon A_0 V_h^2}{2d^2} \quad (5-19)$$

在此情况下,方程(5-17)变换为

$$D(s) = \frac{2md^2}{\varepsilon A_0 V_h^2} a(s) \quad (5-20)$$

由上式可见,脉宽调制信号 V_E 的占空比 D 精确地与施加在传感器上的加速度成正比。

图 5-15 给出这种脉宽调制静电伺服式硅电容加速度传感器的静态输出特性。

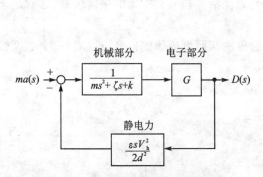

图 5-14 脉宽调制静电伺服系统框图

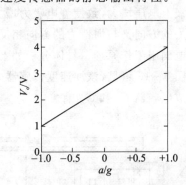

图 5-15 脉宽调制静电伺服式硅电容加速度微传感器静态输出特性

由于采用脉宽调制静电伺服技术,保持活动极板在任何加速度下始终处于初始的 0 位平衡位置,故活动电极和固定电极间的间隙可以制作得很小而电容变化量 ΔC 很大,使传感器具有很高灵敏度和工作可靠性。它能够测量低频、微弱的加速度,测量范围为 $0 \sim \pm 1g$,分辨率可达 μg 乃至亚 μg,频响范围(带宽)为 $0 \sim 100$ Hz,在整个测量范围内非线性误差小于 $\pm 0.1\%$,横向灵敏度小于 $\pm 0.5\%$。当脉宽调制信号 V_E 的电压幅度为 5 V(即 $V_h=5$ V)时,传感器的灵敏度为 1 040 mV/g。

由于这种伺服式加速度传感器具有很高的灵敏度、分辨率、精度以及稳定性,因此是惯性制导、导航以及航天飞机上残余加速度($10^{-6} \sim 10^{-1} g$)测量的优选技术方案之一。

5.3.2 梳齿结构静电力平衡式加速度传感器

图 5-16 所示为一种梳齿结构静电力平衡式硅电容加速度传感器,由面微制造技术制成,也能满足惯性导航级精度的需求。梳齿结构由固定梳(固定极板)与活动梳(活动极板)组成。活动梳齿插入固定梳齿间,两者组成差动式平板电容器。活动梳两端悬挂在固支的弹性支承上。

图 5-17(a)为图 5-16 的简化几何模型,图 5-17(b)为其等效电路。各部分的几何尺寸符号分别表示在图上,并且在 1、2 固定电极上施加等幅反相偏置电压 V_s。当有加速度 a 作用时,活动梳受惯性力作用,产生偏离平衡位置的位移 x,导致敏感电容器一侧极板的间隙增加,电容减小;另一侧极板的间隙减小,电容增大,电容变化量 ΔC 就成为控制信号,在控制电压作用下,间隙

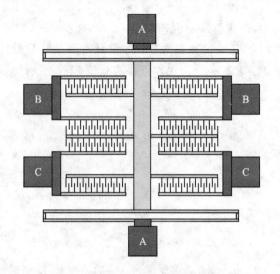

图 5-16 梳齿结构硅电容加速度微传感器

大的电极上电压增大,致使静电吸力增大,间隙小的电极上电压减小,致使静电吸力减小。而静电合力的方向又与惯性力的方向相反,故静电合力使活动梳回到初始的平衡位置,这就是梳齿式静电伺服工作原理。具体分析如下。

由图 5-16 可见,该加速度传感器由活动梳电极和其两侧的固定梳电极组成,三个电极板一起形成电容器 C_1 和 C_2,有

$$C_1 = C_0 + \Delta C + C_{0P}$$

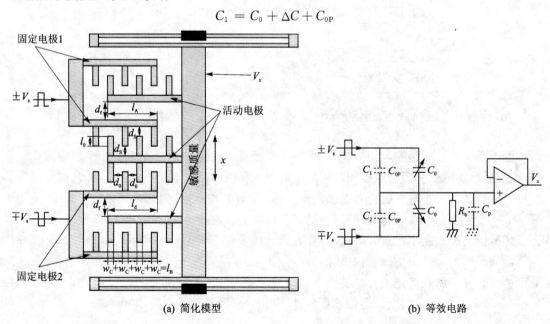

(a) 简化模型   (b) 等效电路

图 5-17 梳齿结构硅电容加速度微传感器的简化模型及其等效电路

$$C_2 = C_0 - \Delta C + C_{0P} \tag{5-21}$$

式中，C_0、ΔC 和 C_{0P} 分别是敏感电容、由于位移 x 引起的敏感电容变化量及固定电极和活动电极间的杂散电容。

敏感电容

$$C_0 = \varepsilon t \left[\frac{N_t l_0}{d_0} + \frac{l_A}{d_f} + \frac{l_B}{d_s} \right] \tag{5-22}$$

式中，ε、t、N_t 和 l_0 分别代表空气的介电常数、梳齿厚度、梳齿重叠数和梳齿重叠的长度；d_0、d_s、d_f、l_A 和 l_B 代表的尺寸注明在图 5-17(a) 上。

由式(5-22)可得敏感电容的变化量为

$$\Delta C = \varepsilon t l_0 \left[\frac{N_t}{d_0} - \frac{l_A}{d_f^2} + \frac{l_B}{d_s^2} \right] \frac{x}{l_0} \tag{5-23}$$

因位移 x 引起的控制电压(输出电压)V_x 为

$$V_x = \frac{2\Delta C}{C_1 + C_2 + C_P} V_s = \gamma \frac{x}{l_0} V_s \tag{5-24}$$

式中，

$$\gamma = \frac{2\varepsilon t l_0}{C_1 + C_2 + C_P} \left[\frac{N_t}{d_0} - \frac{l_A}{d_f^2} + \frac{l_B}{d_s^2} \right] \tag{5-25}$$

C_P——前置放大器入口和接地信号之间的杂散电容。

由式(5-24)可见，控制电压 V_x 与施加在固定电极上的偏置电压 V_s 成正比，并反馈给活动电极且与两固定电极形成静电合力，以平衡由加速度产生的惯性力，使活动电极回到初始的平衡位置。同样控制电压 V_x 正比于被检测的加速度 a。

在图 5-17 中，静电力 F_1 是活动电极和固定电极 1 之间的静电力，F_2 是活动电极与固定电极 2 之间的静电力。它们分别可写成

$$F_1 = \frac{1}{2} \frac{\mathrm{d}}{\mathrm{d}x} [C_1 (V_s - V_x)^2]$$
$$F_2 = \frac{1}{2} \frac{\mathrm{d}}{\mathrm{d}x} [C_2 (V_s + V_x)^2] \tag{5-26}$$

静电合力

$$F = F_1 + F_2 = \frac{2\varepsilon t V_s^2}{l_0^2} \left[-\frac{N_t l_0 (2-\gamma)}{d_0} \gamma + \frac{d_f (l_0 + d_f \gamma)^2}{(d_f^2 - x^2)^2} l_A + \right.$$
$$\left. \frac{d_s (l_0 - d_s \gamma)^2}{(d_s^2 - x^2)^2} l_B \right] x + \frac{2 C_{0P} V_s^2}{l_0^2} \gamma^2 x \tag{5-27}$$

由式(5-27)可得电刚度(电弹簧)为

$$k_e = -\frac{\mathrm{d}F}{\mathrm{d}x} = \frac{2\varepsilon t V_s^2}{l_0^2} \left\{ \frac{N_t l_0}{d_0} (2-\gamma)\gamma - \frac{l_A}{d_f} \left(\frac{l_0}{d_f} + \gamma \right)^2 \left[1 + 3\left(\frac{x}{d_f} \right)^2 \right] - \right.$$
$$\left. \frac{l_B}{d_s} \left(\frac{l_0}{d_s} - \gamma \right)^2 \left[1 + 3\left(\frac{x}{d_s} \right)^2 \right] \right\} - \frac{2 C_{0P} V_s^2}{l_0^2} \gamma^2 \tag{5-28}$$

式(5-28)表明，梳齿结构硅电容加速度传感器产生的电刚度与加速度产生的惯性力方向相反，在加速度闭环系统中起平衡惯性力的效应，两者平衡时系统达到稳态。

图 5-18 为该加速度闭环系统控制框图。它由机械部分、电子部分和静电力部分组成。其中各代表符号的含意同前。

图 5-16 所示的梳齿结构静电伺服式硅电容加速度传感器，可利用反应离子刻蚀法在

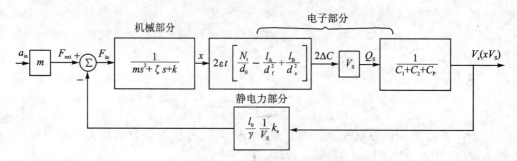

图 5-18 加速度闭环系统控制框图

SOI 晶片上制作而成。表 5-1 给出该型加速度传感器各部分的结构尺寸参数,供参考。

综上所述,0 位平衡(自平衡)式硅电容加速度计是一种精度高、灵敏度高、惯导级微重力测量装置。这种高灵敏度的装置,易受来自检测电路元器件的噪声和来自敏感质量因周围空气热扰动形成的机械噪声的影响。分析计算表明,对低加速度(微弱加速度)的测量,欲得到大于噪声的加速度响应,加速度计的敏感质量需要低的谐振频率和高的品质因数。详细分析请参见本章 5.4 节。

表 5-1 梳齿结构硅电容式加速度传感器设计参数

参数名称	数 值
梳齿厚度 $t/\mu m$	33 ± 3
弹性支承宽度 $w_s/\mu m$	3.7 ± 0.1
弹性支承长度 $l_s/\mu m$	580
梳齿重叠长度 $l_0/\mu m$	2.4 ± 0.1
梳齿间隙 $d_0/\mu m$	1.8 ± 0.1
梳与齿间隙 $d_s/\mu m$	5.6 ± 0.1
梳与梳间隙 $d_f/\mu m$	$10.6+0.1$
机械刚度 $k/N \cdot m^{-1}$	0.88 ± 0.1
惯性敏感质量 $m/\mu g$	42 ± 3.8
敏感电容 C_0/pF	2.4 ± 0.1
轮廓尺寸/(mm×mm)	2.0×2.2

5.4 电子隧道效应加速度传感器

5.4.1 电子隧道效应

如图 5-19 所示的势垒,势能 $U=U_0$ 的区域有一定宽度。总能量 $E<U_0$,原来在 $x<0$ 区域的粒子,经典力学(牛顿力学)认为,它是不可能越过 $U=U_0$ 的高势垒。但是量子力学指出,即使在这种情况下,粒子的波函数 $\psi(x)$ 在势垒外侧也有一定的值,这表明原来在 $x<0$ 区域的粒子能够穿过势垒出现在势垒外侧。这种现象被称为隧道效应(Thunnel effect)。"隧道"可

理解为纳米级隐形"沟道"。是量子效应的一种。基于量子效应开发的传感器或装置,稳定性更好,灵敏度更高。

现以扫描隧道显微镜(见1.4节)为例来说明电子隧道效应。

以一枚金属(如金、钨)纳米探针为显微部件组装的扫描隧道显微镜(STM),它的工作原理就是基于量子隧道效应。图5-20是它的示意图。在样件表面有一表面势垒阻止内部的电子向外运行。但是,由于隧道效应,表面内的电子能够穿过表面势垒,到达表面外形成一层电子云。这层电子云的密度随着与表面的距离增大而迅速减小,其纵向和横向分布由样件表面微观结构决定。扫描隧道显微镜就是通过显示这层电子云的分布来观测样件表面微观结构的真面目。

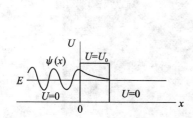

图 5-19　一定宽度的势垒

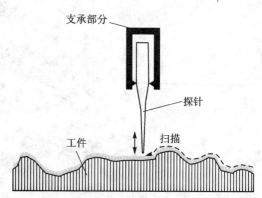

图 5-20　纳米扫描探针与样件表面电子云示意图

测量时,先将纳米探针推向样件表面,直至两者的电子云略有重叠为止(两者间隙的典型值为1 nm)。这时在探针和样件间加上电压2 mV～2 V,在电场作用下,电子便会通过电子云形成隧道电流。隧道电流表达式为

$$I_t = V_B \exp(-\alpha_1 \sqrt{\Phi} x_t) \tag{5-29}$$

式中,V_B 为探针尖端和样件表面电极之间的电压(200 mV为典型值);I_t 为隧道电流;Φ 为隧道势垒的有效高度或电极材料的有效功函数(0.5eV为典型值);常数 $\alpha_1 = 1.025\text{Å}^{-1} \cdot \text{eV}^{-0.5}$(10Å = 1nm);$x_t$ 为隧道势垒最短宽度,即隧道探针与样件电极之间最小空隙(1 nm为典型值)。

由式(5-29)可见,隧道电流与探针和样件隧道之间的电压成比例;与探针和样件电极之间隧道空隙成指数函数关系,表明隧道电流对探针和样件电极间的空隙极其敏感。间隙增大0.1 nm,电流将减小一个数量级,灵敏度极高。对此隧道电流进行探测和处理,就可得知探针尖端与样件表面间的空隙变化,实现纳米范围的测量。这种基于隧道电流效应原理的传感器称为电子隧道纳米位移(或位置)传感器,简称电子隧道传感器。它对位置变化具有极高的灵敏度。除了利用它研制和组装了扫描隧道显微镜装置检测物质表面原子结构或位置外,还可构造多种物理量测量的量子效应传感器(或纳米传感器)。

5.4.2　力平衡式隧道加速度传感器

基于电子隧道效应,已成功地设计和制造了高灵敏度的隧道加速度传感器,使加速度传感器的分辨率从 μg 级跃为 ng 级。比基于电容效应制成的加速度传感器,其灵敏度和分辨率足

足高出几个数量级,而且尺寸更小,质量更轻。这种高灵敏度隧道加速度传感器,在导航、微重力、声学和地震等测量领域有广泛的需求。

1. 结构与制造

图 5-21 为一种基于隧道效应的加速度传感器原理结构,图 5-21(a)是轴侧视图,横截面剖视图表明在图 5-21(b)上。传感器整体由悬臂纳米探针、衬底、敏感质量以及顶盖组成,它们分别在不同晶片上制作,然后装配、键合而成。

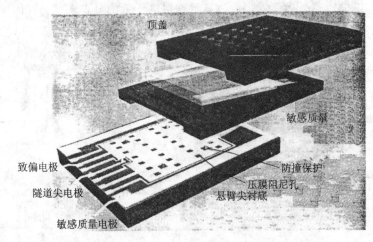

(a) 轴侧视图

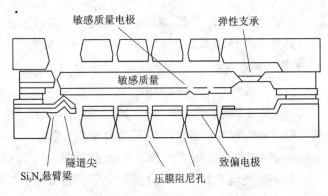

(b) 横截面剖视图

图 5-21 隧道加速度微传感器原理结构

敏感质量的尺寸为 7 mm×7.8 mm×0.2 mm,质量为 30 mg,由厚 200 μm 的双面抛光的 P-Si(100)晶片腐蚀而成;用一对并联片簧悬臂支承,片簧厚度 33.2 μm。敏感质量的制作步骤表示在图 5-22 上。图(a),对硅晶片热氧化,并覆盖一层低应力的 Si_3N_4 膜;图(b),光刻和在 KOH 溶液中腐蚀支承片簧的厚度和敏感质量的边界;图(c),在敏感质量前沿端部处蒸金并形成一电极;图(d),在 KOH 溶液中刻蚀出敏感质量并加以清洗处理。

隧道探针电极制作在低应力的 Si_3N_4 悬臂梁上,悬臂梁由 2 μm 厚的 Si_3N_4 膜刻蚀而成,表面被 Cr/Pt/Au 层覆盖。铬(Cr)层起黏附作用,铂(Pt)层用于防止 Cr 原子迁移到金电极表面。选择金(Au)作为电极是因为它的化学稳定性好,并具有较高的功函数。选用低应力 Si_3N_4 材料制作悬臂梁,为的是防止探针尖端万一受碰撞时损伤金电极。这里设计的 Si_3N_4 悬臂梁的谐振频率为 40 kHz,远离敏感质量的工作频率(1 Hz~1 kHz)。

悬臂隧道探针的制作步骤表示在图 5-23 上。图(a),对 P-Si(100)晶片用湿法扩散氧化;图(b),光刻和在 KOH 溶液中刻蚀出硅尖;图(c),在硅梁上淀积 2 μm 厚的低应力 Si_3N_4 层,形成 Si_3N_4 悬臂梁和针尖,用离子刻蚀界定出悬臂梁和压膜阻尼孔;图(d),用 Cr/Pt/Au 对悬臂梁金属化,最终在 KOH 溶液中刻蚀出悬臂梁电极和压膜阻尼孔。

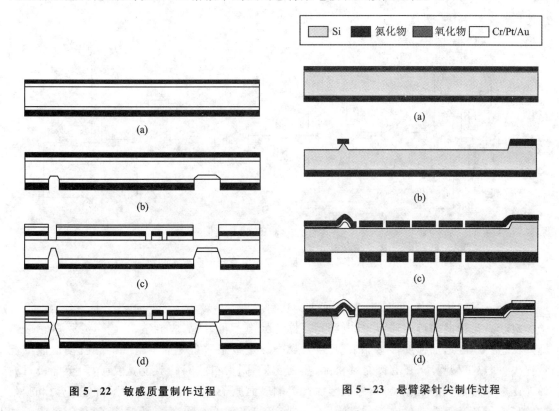

图 5-22 敏感质量制作过程　　图 5-23 悬臂梁针尖制作过程

隧道加速度传感器的敏感质量表面电极与探针尖端电极之间的隧道空隙标称值为 1 nm,隧道电流 I_t 显示的静态值为 1.4 nA。

当安装该加速度传感器的载体(如飞行器等)有垂直方向的加速度时,敏感质量将偏离平衡位置,隧道电流随之发生变化。由于隧道电流的变化量与敏感质量的位移是指数关系,所以隧道加速度传感器具有极高的灵敏度,能分辨 μg~ng 量级的加速度值,并且不需应用昂贵的高性能集成电路。

2. 反馈控制电路

为了提高加速度测量的稳定性和测量精度以及展宽动态范围,本传感器采用 0 位力平衡反馈控制,即敏感加速度的质量块依靠其闭环反馈电路,始终保持在非常接近 0 位移位置上工作,也就是保持探针尖端电极与敏感质量电极间的空隙不变。一般情况下,在敏感质量的位移小于 0.1 nm 下,仍可通过调节反馈电路参数,确保获得可靠的输出。

图 5-24 是对该隧道加速度传感器设计的反馈控制电路。图中"敏感质量电极＋偏置电压 15 V＋1 MΩ 电阻"部分用于确保传感器输出一个稳定的隧道电流 I_t；参考电压部分用于平衡静态值，以保证 0 输入和 0 输出；设置的 22 MΩ 电阻，为的是将隧道电流转换为电压值；还设置了可调放大倍数的低噪声放大器，以免波形失真；低通滤波器用以滤掉高频噪声；跟随器部分用来隔离滤波电路，便于滤波电路的设计和计算；加速电路部分用以促使快速传递交流信号；300 kΩ 电阻用以提高传感器阻抗。控制电路形成的反馈信号施加在偏离 0 位移的电极上，产生静电力，使敏感质量恢复到 0 位移的位置上，实现再平衡。

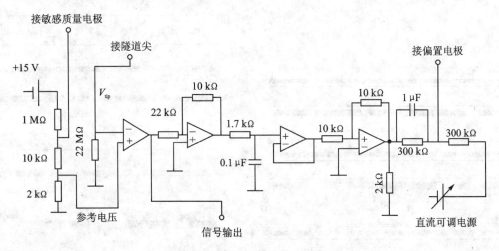

图 5-24 反馈控制电路接法

3. 噪声源分析

对于高灵敏度的传感器，来自电路元器件的噪声不可忽视，应能精确计算，并采取相应措施降低它。就隧道加速度传感器来说，主要噪声源是敏感质量受周围空气的热扰动造成的能量损失，即热机械噪声；还有因组装松弛、热蠕变、不同材料层间的双金属效应，乃至电极材料的功函数漂移造成的机械噪声，以及因探针尖端表面原子迁移、尖端和极板间的感应力和吸附的游离原子杂质等造成的电子隧道噪声。这些可归属于 $1/f$ 噪声（f 为频率，又称闪烁噪声），它产生的原因复杂，且是低频噪声的主要来源，频率越低，噪声越大。

分析表明，热机械噪声是限制隧道加速度计分辨率的主要因素，热机械噪声是可以计算的，依据热力学定律，每个能态在平衡状态下，其热能为 $k_B T/2$。就此系统而言，热机械噪声源产生的幅值，可以转化为等效加速度噪声，并且可由下式计算：

$$\bar{a}_m = \sqrt{\frac{4 k_B T \omega_r}{m_p Q}} \tag{5-30}$$

式中，k_B、T、ω_r、Q 和 m_p 分别代表玻耳兹曼(Boltzmann)常数、温度、敏感质量的谐振频率、机械品质因数和敏感质量。

由式(5-30)可见，对于很小加速度信号的测量，欲得到大于噪声的加速度响应，传感器的敏感质量必须具有低的谐振频率和低的阻尼。图 5-25 给出了热机械噪声和电子隧道噪声两者的综合结果，估计在 20 ng/$\sqrt{Hz}$ 以下。开环谐振频率为 100 Hz，频率范围从 5 Hz～1 kHz，机械品质因数 $Q>50$。

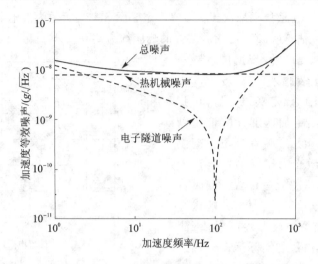

图 5-25　热机械噪声和电子隧道噪声综合图形

而本设计的隧道加速度计,谐振频率为 700 Hz,敏感质量块的质量为 30 mg,机械品质因数 $Q=1.5$,热机械噪声源预计为 $0.13\ \mu g/\sqrt{Hz}$($130\ ng/\sqrt{Hz}$)。可见,热机械噪声源是我们设计隧道加速度计应首要考虑的因素。

4. 隧道加速度计的特性测试

对于任何 0 位力平衡式加速度计均需测量敏感质量的谐振频率与致偏电压之间的关系。本加速度计采用的测试实验装置如图 5-26 所示。测得敏感质量的开环谐振频率为 700 Hz。而后在致偏电极上施加致偏电压,吸附敏感质量接近探针尖端位置。于此状态下,在致偏电压上添加交变信号 $V_{AC}\sin\omega t$,然后用激光测振仪测出敏感质量的振幅。总静电力与 $(V_{DC}+V_{AC}\sin\omega t)^2$ 成比例,即与 $(V_{DC}^2+2V_{DC}V_{AC}\sin\omega t+V_{AC}^2\sin^2\omega t)$ 成比例。因为 $V_{DC}\gg V_{AC}$,只有第 2 项对

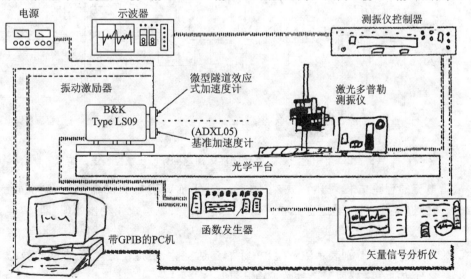

图 5-26　隧道加速度计特性测试实验装置

动态控制起主要作用,并且该项取决于V_{DC}值而定。图 5-27 所示为静电驱动与偏压V_{DC}之间的响应关系。由图可估算(推断)在隧道位置的响应约为 260 Å/V。

为了验证隧道加速度计,现把传感器部分及反馈控制电路组装起来,如图 5-28 所示。图中参考电压用以确定隧道电流;正弦振荡波的频率应在隧道加速度计的带宽以内;反馈控制系统使敏感质量在 0 位平衡位置上振荡。然后用激光测振仪测量隧道尖端电压、致偏电压和敏感质量位置。同时将测量结果记录在矢量信号分析仪,并输送至 PC 机显示。从激光测振仪那些测量值(测量报告)中获取敏感质量的实际运动与隧道尖或致偏电极之间的电信号关系。

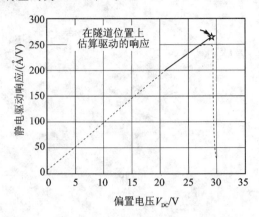

图 5-27 静电驱动和估算驱动在隧道位置附近的响应

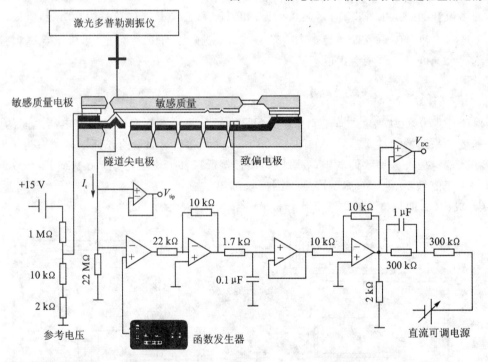

图 5-28 用于验证隧道性能的隧道加速度计与反馈控制电路装置

隧道电流的理论方程表述在式(5-29)。基于前面静电驱动器响应的测量结果(见图 5-26),在隧道位置附近,隧道空隙和致偏电压之间的关系可按线性化处理,即

$$x_t = x_0 - KV_{DC} \tag{5-31}$$

式中,x_t、x_0、K 和 V_{DC}分别表示隧道空隙、标称隧道空隙、隧道位置附近估算的静电驱动响应(见图 5-27)和加在敏感质量上的致偏电压。

隧道电流可表示为

$$I_t = V_{tip}/R \tag{5-32}$$

式中,V_{tip}表示在图 5-29 中被测量的尖端电压;R 为隧道尖端电极和大地之间的电阻。

将式(5-31)代入式(5-29),并取自然对数,就能把隧道电流的理论方程变换为

$$\ln I_t = K\alpha_1 \sqrt{\Phi} V_{DC} + 常数 \qquad (5-33)$$

被测出的隧道电流与致偏电极电压之间的关系绘制在半对数图 5-29 上,表明实测结果与隧道电流的理论值完全符合。

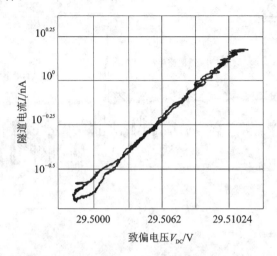

图 5-29 隧道电流的测量值与致偏电压之间的关系

5. 隧道加速度计的性能验证

现在验证本加速度计的分辨率和灵敏度。将本加速度计和参考加速度计 ADXL05(20 世纪 90 年代中期美国 AD 公司生产的硅电容式微加速度计已获广泛应用)安装在 B&K 公司出产的振动台上(见图 5-26),振动台的加速度振幅为 1.5 mg,频率为 100 Hz。测试结果描述在图 5-30 上。图中给出了本隧道加速度计和 ADXL05 电容加速度计在 1.5 mg 加速度激励下,输出电压随时间变化的函数关系(未经滤波)。

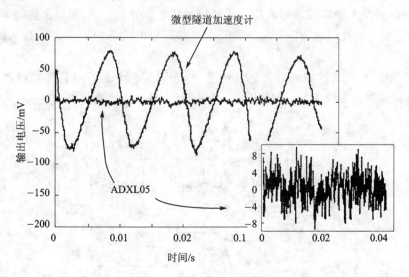

图 5-30 隧道加速度计和 ADXL05 电容加速度计在 1.5 mg 加速度激励下的输出电压测量结果

图 5-31 所示为隧道加速度计和 ADXL05 电容加速度计在 1.5 mg 加速度激励下的响应和噪声谱密度。谱密度表明：ADXL05 电容加速度计的灵敏度为 1 V/g，分辨率约为 0.5 mg/$\sqrt{Hz}$；而本隧道加速度计的灵敏度为 50 V/g，分辨率为 2 μg/$\sqrt{Hz}$。综上可见，隧道加速度计具有很高的灵敏度和分辨率。因此，在设计隧道效应型加速度计时，勿须采用将接口电路与传感器实行单片集成的方法。从而降低了电路设计的难度。

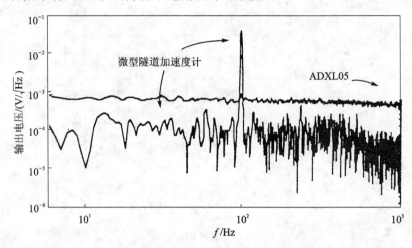

图 5-31 隧道加速度计和 ADXL05 电容加速度计在 1.5 mg 加速度激励下的响应和噪声谱密度

正如前面所述，欲达到更精细的分辨率如 20～10 ng/$\sqrt{Hz}$，应设计低谐振频率的敏感质量，并且具有较高的品质因数，即加速度计应工作在低阻尼环境下。

思 考 题

5.1 微机械加工制成的电容式传感器里的器件电容都非常小，因而寄生电容的影响不能忽略。采取哪些电路技术和措施可以抑制乃至消除寄生电容的影响。请举数例说明，并给出原理电路。

5.2 由差动电容器组成的硅加速度传感器，连同其自平衡的电容器电桥原理表示在题图 5-1 上。试说明其工作原理，并导出在电桥平衡（$\Delta Q=0$）时，输出电压 V_m 的表达式并加以

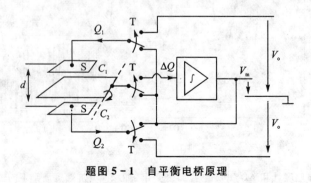

题图 5-1 自平衡电桥原理

分析说明。图中符号 V_0、T、Q 分别代表参考电压、开关和电荷。

5.3 题图 5-2(a)给出一隧道加速度计的敏感部分剖视图,压电悬臂梁是该加速度计的敏感质量,感受与其垂直方向的加速度;图(b)给出该加速度的反馈电路。试详细分析并说明其工作过程和原理。

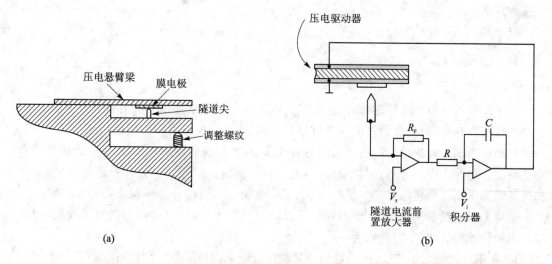

题图 5-2 隧道加速度计

第6章 微机械硅谐振式传感器

6.1 概述

基于谐振敏感原理的传感器,称为谐振式传感器。它的谐振敏感元件在被测量(物理、化学或生物参数)的调制下直接输出频率信号,测量频率变化便可得知被测量。

频率和周期是能获得最高测量精度的物理参数,为最佳的测量对象,且不会因传输距离而降低精度。作为一个信号,频率与幅值(如电压)相比,抗干扰能力更强。开环压阻式、电容式和负反馈力平衡式微传感器均为模拟量(电压或电流)输出,与计算机配套需经 A/D 转换器,无疑会给测量系统带来误差,而谐振式为正反馈闭环工作模式,直接输出频率或周期,与模拟量输出的传感器相比,主要优点为:

1. 频率输出无需 A/D 转换即可与计算机匹配组成高精度数字测控系统;
2. 传感器的性能主要取决于谐振器的机械性能,电路参数对其影响很小,因此,它的年漂移率极低,长期稳定性极好;
3. 由于谐振效应,在微小输入下,即可获得很大的频率变化输出,灵敏度很高;
4. 若设计和制造的谐振器结构有很高的机械品质因数(Q 值,参见 2-2 式),用较简单的匹配电路即可实现闭环自激振动系统。并获得优良的精度和重复性。

理论和实践已经证明,谐振式微传感器,在精度、灵敏度、分辨率、长期稳定性和可靠性诸多方面,是目前各种模拟式微传感器所不能比拟的,深受航空测量、计量标定、气象监测、工业过程检测乃至化学、生物的微量检测等各种精密测量场合的重用。

综合起来:谐振式传感器从技术角度说是先进的,从结构设计角度说是复杂的,从加工工艺角度说也比硅压阻式和硅电容式难许多。但是,硅谐振式的突出优点已被认为是用于精密测量场合的一种有望替换其他测量原理的新原理、新技术。

谐振式微传感器的振动元件可有多种形状,图 6-1 给出一些典型结构。它们的振动形式多采用弯曲振动,也有采用扭转振动的,每种形式的振动均有无限多个振动模态。设计谐振式

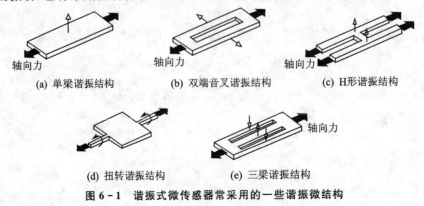

图 6-1 谐振式微传感器常采用的一些谐振微结构

微传感器时仅选用这些模态中的一种起主导作用,通常是选用能级最低的基模态。让被测量改变谐振元件的应变(势能)或质量(动能),使基模态的谐振频率改变,构成被测量与谐振频率的函数关系。通过测量谐振频率的变化得知被测量。

6.2 硅谐振式传感器的物理机制

6.2.1 测量原理

图 6-2 给出谐振式微传感器的测量原理为正反馈自激振动系统,由四部分组成:谐振结构、振动激励单元、振动检测单元和具有正反馈特性的控制与调节放大电路。前三者一起合称为机械谐振器。于是图 6-2(a)可简化为图 6-2(b)所示的正反馈闭环自激振动系统,简称自振系统。

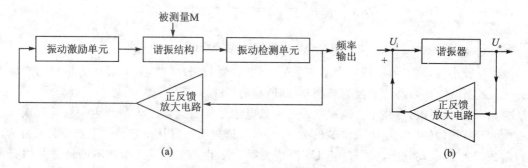

图 6-2 谐振式传感器系统框图

该系统的传递函数 $\phi(s)$ 应写为

$$\phi(s) = \frac{G(s)}{1 - G(s)A(s)} \tag{6-1}$$

式中 $G(s)$、$A(s)$ 分别代表谐振器的传递函数和放大器的传递函数。

令 $\phi(s)$ 的分母为零,可得系统的特征方程

$$1 - G(s)A(s) = 0 \tag{6-2}$$

将式(6-2)写成相角方程和幅值方程的形式,分别为

$$(\varphi_{\text{谐振器}} + \varphi_{\text{电路}})_{\omega=\omega_r} = 2n\pi \quad (n = 0, \pm 1, \pm 2, \pm 3, \cdots) \tag{6-3}$$

$$|G(\omega)_{\text{谐振器}}|_{\omega=\omega_r} \cdot |A(\omega)_{\text{电路}}|_{\omega=\omega_r} = 1 \tag{6-4}$$

式中 φ 为相角,$G(\omega)$、$A(\omega)$ 分别代表谐振器幅值和放大电路幅值的传递函数。ω,ω_r 分别代表激励频率和谐振频率。

由此可见,闭环系统要实现等幅自激振动,必须同时满足式(6-3)和(6-4)表示的相位平衡条件和幅值平衡条件。即①谐振器和反馈放大电路的总相移满足等于0或整数倍于 2π 条件时,闭环回路中才能发生自激振动,同时放大器在自振频率下实现正反馈。②谐振器幅值的传递函数乘以反馈放大电路幅值的传递函数之积等于1的条件时,闭环回路才能发生等幅自激振动。

等幅自激振动是这样建立起来的:分析图 6-2(b)所示的闭环系统。该系统包括一个放大器和以正反馈形式接入电路的谐振器。其中放大器部分为系统的非线性环节,而谐振器部

分代表系统的线性环节。图6-3绘出了放大器的输入电压振幅U_i和输出电压振幅U_o的非线性特性。还绘出了谐振器的反馈特性U_o和U_f的线性关系。在自激振动回路中U_i就是反馈电压幅度U_f。

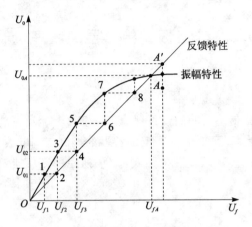

图6-3 放大器输入输出特性

当U_f较小时,放大器幅值特性基本上是线性的,当U_f较大时,放大器因为饱和因素而进入非线性工作区,振幅特性衰减为如图6-3所示的模样。

当电源刚接通时,电路中出现一电冲击,该电信号使放大器输入端产生一微弱电压U_{i1},经放大,可从振幅特性上点1求得输出电压U_{o1},U_{o1}通过反馈可从反馈特性上点2又求得振幅为U_{f2}的放大器输入电压。同样,由U_{f2}经放大得U_{o3},由U_{o3}得U_{f4},如此不断地重复进行放大—反馈—再放大的传递过程。每循环一次,振幅放大一次,直至输出电压增长到两条特性线的交点A_0时,达到放大器输入信号的振幅等于反馈信号的振幅,满足了$|G(\omega) \cdot A(\omega)|=1$的幅值平衡条件,实现了等幅自激振动。形成的稳定自激振动系统恰是非线性正反馈闭环控制系统,如图6-2(b)所示。上述这些,就是闭环控制系统的自振形成的物理机制。

至此,谐振式传感器工作的物理过程可表述为:被测参数M调制谐振器的谐振频率,谐振器的谐振动由激励元件驱动,检测元件检测到信号输出;谐振器的谐振动由具有正反馈特性的控制和调节电路维持,而反馈调控电路又由被测参数所控制,它们一起构成一个正反馈闭环自振系统。实现自动跟踪谐振器的谐振频率,达到连续测量的目标,见图6-2(a)。

6.2.2 品质因数

从能量观点看,形成稳定的自激振动条件是:在同一周期内,从能源输入给振动系统的能量等于振动系统克阻尼消耗的能量。就是说,在自振系统中有能量消耗,也有能量供给。而机械品质因数是对谐振系统阻尼的度量。若Q值高,说明谐振系统的阻尼小,二者为反比关系。

谐振器的动态数学模型,根据振型正交理论,用单自由度质量—弹簧—阻尼系统来描述最为清楚。其振动微分方程为

$$m\ddot{x} + c\dot{x} + kx = F_e(t) \tag{6-5}$$

式中m、c、k分别代表谐振器的质量、阻尼和弹簧常数。$F_e(t)$代表施加在谐振器上的激振力($F_0\sin\omega t$),以补偿振动系统阻尼耗损(吸收)的能量。这个力与系统的振动速度成比例。当$F_e(t)=c\dot{x}$时,便可维持振动系统在谐振频率上作等幅自激振动。

定义阻尼系数(阻尼比)$\xi=\dfrac{c}{c_c}$；$c_c=2m\omega_n$ 称为临界阻尼；$\omega_n=\sqrt{k/m}$，称为无阻尼时系统的固有频率。

设方程(6-5)的特解为 $x=x_0\sin(\omega t-\varphi)$，并将其代入式(6-5)，最后可得振幅比为

$$X=\dfrac{x_0}{x_s}=\dfrac{1}{\sqrt{\left[1-\left(\dfrac{\omega}{\omega_n}\right)^2\right]^2+\left[2\zeta\dfrac{\omega}{\omega_n}\right]^2}} \tag{6-6}$$

式中，x_s 为静位移($=F_0/k$)，x_0 为最大振幅。

从振动系统力的矢量关系(见图6-4)，可得相角为

$$\varphi=\arctan\dfrac{c\omega}{k-m\omega^2}=\arctan\dfrac{2\zeta\left(\dfrac{\omega}{\omega_n}\right)}{1-\left(\dfrac{\omega}{\omega_n}\right)^2} \tag{6-7}$$

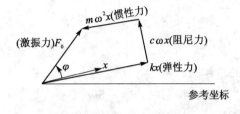

图 6-4 振动系统矢力图

在不同阻尼下作出 $\dfrac{x_0}{x_s}=f\left(\dfrac{\omega}{\omega_n}\right)$ 和 $\varphi=f\left(\dfrac{\omega}{\omega_n}\right)$ 曲线族，即幅频、相频特性，如图6-5所示，图(a)为幅频特性，图(b)为相频特性。它们对设计谐振传感器非常有用。

由式(6-6)、(6-7)可见，当激振力的频率 $\omega\approx\omega_n$ 时，幅值达到最大，相角 $\varphi=90°$，即激振力相位超前振动位移的相位90°，而与振动速度的相位相同，见图6-6。在此情况下，谐振器发生谐振，谐振时的振幅比称为谐振微结构的机械品质因数，用 Q 表示。由式(6-6)得

$$Q=\left(\dfrac{x_0}{x_s}\right)_{max}=\dfrac{1}{2\zeta} \tag{6-8}$$

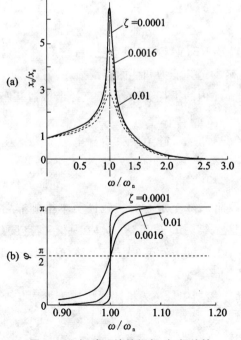

图 6-5 振动系统的幅频、相频特性

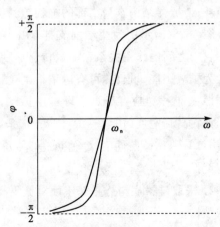

图 6-6 激振力 $F_e(t)$ 与振动速度 $\dot{x}$ 之间的相位关系

Q 值可用谐振微结构的幅频特性锐度来表示,并以通频带度量。该通频带由谐振曲线下降到最大值的 $Q/\sqrt{2}\left(\approx\dfrac{0.707}{2\zeta}\right)$ 时所界定,用 $\dfrac{\Delta\omega}{\omega_n}=\dfrac{\omega_2-\omega_1}{\omega_n}$ 表示,见图 6-7。将数值 $\dfrac{0.707}{2\zeta}$ 代入式(6-6),可导出通频带为

$$\frac{\omega_2-\omega_1}{\omega_n}=2\zeta$$

品质因数为

$$Q=\frac{\omega_n}{\omega_2-\omega_1}=\frac{1}{2\zeta} \qquad (6-9)$$

由分析可见,阻尼越小,通频带越窄,Q 值越高,谐振器结构的选频能力越强,传感器性能越稳定。

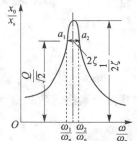

图 6-7 通频带和品质因数

由于振动系统总是存在阻尼,必然要损耗谐振器结构的振动能量,所以 Q 值也可用能量比表示为

$$Q=2\pi\frac{\text{谐振微结构的总能量}}{\text{每周期损耗的能量}} \qquad (6-10)$$

式(6-10)与式(2-2)意同。

高 Q 值有许多优点:
1) 可以降低维持谐振器振动的能源供给;
2) 可以降低因能量损耗伴随而生的测量误差;
3) 可以获得极窄的通频带滤掉不希望有的振动频率,降低对机械扰动的灵敏度,使谐振器在满量程内稳定振动;
4) 可以少考虑由调控电路提供稳定的相移,易于设计维持谐振器振动的电路;
5) 易于设计和制造出高精度、高灵敏度和高稳定性的谐振传感器。

一般而言,欲使谐振传感器的精度达到 0.01%F.S.,稳定性达到 0.01%/年,则 Q 值应大于 5 000。如谐振式压力微传感器、惯导级微陀螺以及 RF(射频)通讯系统等,它们的 Q 值均需达到数千乃至数万以上,才能确保谐振器具有准确的选频能力和低的能量损耗。

能量损耗是由三种机制形成:进入谐振器周围介质内的损耗;进入用于支撑谐振器基座内的损耗;谐振器结构本身内部的损耗等。

图 6-8(a)示例为两端固支硅谐振梁,支撑在硅衬底上,硅梁中央由静电力驱动产生振动。它们之间的作用关系和能量传递显示在图 6-8(b)上。

为了减小能量损耗,可有以下措施:
1) 硅谐振梁应置于真空环境中振动,使其周围阻尼降至最小。实践证明本措施非常有效。如在高真空度($10^{-5}\sim10^{-6}$ Torr),条件下,硅谐振梁的 Q 值可达 10^5;在一定真空度(如 $10^{-2}\sim10^{-3}$ Torr)条件下,Q 值可达 8 000~10 000;在常压条件下(大气环境),Q 值降至 100 甚至更低。
2) 采取硅衬底与静止基座面机械隔离措施,防止振动能量传入机座或机座干扰力传至谐振器结构。

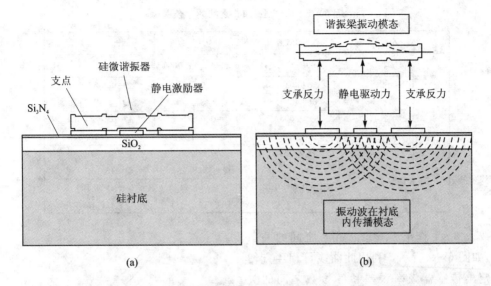

图 6-8　两端固支硅谐振梁在静电激励下于多层衬底的垂直方向上振动模态示意图

3) 采取合适的退火温度,使谐振梁自身内部的残余应力减至最小。

4) 采用特殊的谐振器自平衡结构,以使进入机械支撑部位内的能量损耗降到最小,如图 6-1 中示出的双端音叉和三梁结构就属于振动自平衡结构。

这些都是设计谐振传感器应周密考虑的,以确保谐振微结构的能量损耗或者阻尼降至最小,Q 值达到最高。

相位角、阻尼(或 Q 值)和频率三者的关系由式(6-7)联系起来,根据式(6-7)和(6-9),得

$$\zeta = \frac{\left[1-\left(\frac{\omega}{\omega_n}\right)^2\right]}{2\left(\frac{\omega}{\omega_n}\right)}\tan\varphi \qquad (6-11)$$

或写成:

$$\varphi = \tan^{-1}\left[\frac{\omega/\omega_n Q}{1-\frac{\omega^2}{\omega_n^2}}\right] \qquad (6-12)$$

略去 $\left(\frac{\omega}{\omega_n}\right)^2$ 项(6-11)式或(6-12)式简化为 $\frac{\omega}{\omega_n}=\left|\frac{\Delta\omega}{\omega_n}\right|=\frac{1}{Q\tan\varphi}$,由此式可知,相对频率差 $\left|\frac{\Delta\omega}{\omega_n}\right|$ 与 Q 值和 $\tan\varphi$ 成反比。在 φ 角一定条件下,Q 值越高,$\left|\frac{\Delta\omega}{\omega_n}\right|$ 越小,频率稳定性越好。当 φ 角为 90° 时,$\left|\frac{\Delta\omega}{\omega_n}\right|=0$,即频率误差为零。

相对频率误差 δ、Q 值、相位误差 $\Delta\varphi$ 三者之间的数值关系,见表 6-1。

表 6-1　δ、Q、$\Delta\varphi$ 和 ζ 之间的数值关系

δ		±0.1%	±0.01%	±0.001%
ω/ω_n		0.999；1.001	0.9999；1.0001	0.99999；1.00001
$\Delta\varphi$	±5° ($\varphi=85°$)	$\zeta=0.01143$ $Q=43.725$	$\zeta=0.001143$ $Q=437.445$	$\zeta=0.0001143$ $Q=4374.453$
	±10° ($\varphi=80°$)	$\zeta=0.00567$ $Q=88.183$	$\zeta=0.000567$ $Q=881.834$	$\zeta=0.0000567$ $Q=8818.342$
	±20° ($\varphi=70°$)	$\zeta=0.00275$ $Q=181.818$	$\zeta=0.000275$ $Q=1818.182$	$\zeta=0.0000275$ $Q=18181.818$
	±40° ($\varphi=50°$)	$\zeta=0.001192$ $Q=419.463$	$\zeta=0.0001192$ $Q=4194.631$	$\zeta=0.00001192$ $Q=41946.309$

按表 6-1 作出 δ、Q、$\Delta\varphi$ 和 ζ 之间的关系曲线，如图 6-9 所示。利用此曲线可相当方便地确定出传感器频率误差和各参数之间的关系，对设计传感器的有关参数有指导意义。

例如，传感器频率误差为 ±0.01%，若取 $\Delta\varphi=\pm5°$，Q 值应为 437.445。但是，放大电路如作不到相位误差在 ±5° 以内，而只能作到 ±20° 以内，那么应设法使谐振器结构的 Q 值作到大于 1818.182（如 2000）。反之，若 Q 值提高有困难，就应该在可能情况下，设法缩小放大电路的相移。

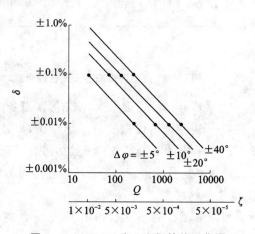

图 6-9　δ、Q、$\Delta\varphi$ 和 ζ 之间的关系曲线

6.2.3　谐振梁的微分方程

由于大部分谐振传感器的谐振敏感元件由矩形截面的梁构成，本节将集中讨论这种结构的横向振动或弯曲振动。

受轴向力 N 和驱动力 $F_e(x,t)$ 作用时，具有黏性阻尼的矩形梁（图 6-10），其微幅横向振动可用下列线性非齐次偏微分方程描述：

$$EJ\frac{\partial^4 w(x,t)}{\partial x^4} - N\frac{\partial^2 w(x,t)}{\partial x^2} + \rho_m\frac{\partial^2 w(x,t)}{\partial t^2} + c\frac{\partial w(x,t)}{\partial t} = F_e(x,t) \quad (6-13)$$

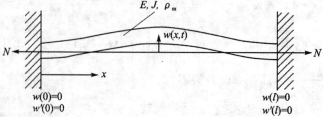

图 6-10　两端固支梁简图

式中 E、ρ_m 分别是梁材料的弹性模量和质量密度；J 是梁横截面的惯性矩（$J=bh^3/12$）；b 和 h

是梁的宽度和厚度；EJ 代表梁的弯曲刚度；$w(x,t)$ 是需要求解的挠度函数或振型函数。

式(6-13)中前两项描述的是梁的弹性效应，轴向加载的梁($N \neq 0$)是一个附加项；第 3 项为与梁惯量有关的加速度项；第 4 项为与速度有关的阻尼项；方程的右边为作用在梁上的驱动力项。

方程(6-13)的求解非常复杂。基于梁结构具有与时间无关而确定的振型特性，可以先求解无阻尼和无驱动力项作用下梁的弯曲振动，确定其振型和谐振频率。基于此，方程(6-13)可简化为

$$EJ \frac{\partial^4 w(x)}{\partial x^4} - N \frac{\partial^2 w(x)}{\partial x^2} + \rho_m \frac{\partial^2 w(t)}{\partial t^2} = 0 \tag{6-14}$$

此方程即为齐次无阻尼的偏微分方程，也即是在轴向力作用下梁自由振动的偏微分方程。

对于两端固支梁，边界条件为

$$w \bigg|_{x=0,l} = 0, \qquad \frac{\partial w}{\partial x} \bigg|_{x=0,l} = 0 \tag{6-15}$$

设方程(6-14)的解为

$$w = w(x,t) = w(x)\cos \omega t \tag{6-16}$$

式中，$w(x)$ 是梁沿轴线方向的振型函数；ω 是梁的谐振频率。

将式(6-16)代入式(6-14)可求得

$$w(x) = A\sin\lambda_1 x + B\cos\lambda_1 x + C\sinh\lambda_2 x + D\cosh\lambda_2 x \tag{6-17}$$

$$w'(x) = A\lambda_1 \cos\lambda_1 x - B\lambda_1 \sin\lambda_1 x + C\lambda_2 \cosh\lambda_2 x + D\lambda_2 \sinh\lambda_2 x \tag{6-18}$$

式中，

$$\left. \begin{aligned} \lambda_1 &= \left[-\frac{\delta_0}{2} + \left(\frac{\delta_0^2}{4} + \beta^2 \right)^{\frac{1}{2}} \right]^{\frac{1}{2}} \\ \lambda_2 &= \left[\frac{\delta_0}{2} + \left(\frac{\delta_0^2}{4} + \beta^2 \right)^{\frac{1}{2}} \right]^{\frac{1}{2}} \end{aligned} \right\} \tag{6-19}$$

而

$$\left. \begin{aligned} \delta_0 &= \frac{12N}{Eh^2} \\ \beta &= \left[\frac{12\omega^2 \rho_m}{Eh^2} \right]^{\frac{1}{2}} \end{aligned} \right\} \tag{6-20}$$

将式(6-15)代入式(6-17)和(6-18)可求得

$$\left. \begin{aligned} C &= -A \frac{\lambda_1}{\lambda_2} \\ D &= -B \end{aligned} \right\} \tag{6-21}$$

$$\left. \begin{aligned} \left(\sin\lambda_1 l - \frac{\lambda_1}{\lambda_2}\sinh\lambda_2 l \right)A + (\cos\lambda_1 l - \cosh\lambda_2 l)B &= 0 \\ (\cos\lambda_1 l - \cosh\lambda_2 l)A - \left(\sin\lambda_1 l + \frac{\lambda_2}{\lambda_1}\sinh\lambda_2 l \right)B &= 0 \end{aligned} \right\} \tag{6-22}$$

式(6-22)是求解 A 与 B 的代数联立方程，具有非零解的条件是系数行列式为零。即

$$\begin{vmatrix} \sin\lambda_1 l - \frac{\lambda_1}{\lambda_2}\sinh\lambda_2 l & \cos\lambda_1 l - \cosh\lambda_2 l \\ \cos\lambda_1 l - \cosh\lambda_2 l & -\sin\lambda_1 l - \frac{\lambda_2}{\lambda_1}\sinh\lambda_2 l \end{vmatrix} = 0 \tag{6-23}$$

将式(6-23)展开化简后得到两端固支梁在轴向力 N 作用下自由振动的频率方程为

$$2 - 2\cos\lambda_1 l \cosh\lambda_2 l + \frac{\delta_0}{\beta}\sin\lambda_1 l \sinh\lambda_2 l = 0 \qquad (6-24)$$

解式(6-24)可求得梁的各阶谐振频率为

$$\omega_i(N) = \omega_{ni}(0)\left(1 + \gamma_{ni}\frac{Nl^2}{Ebh^3}\right)^{\frac{1}{2}} \qquad (i=1,2,3,\cdots) \qquad (6-25)$$

式中，$\omega_{ni}(0)$为轴向力 $N=0$ 时梁的固有频率。在 $N=0$ 时，式(6-23)中的 $\lambda_1=\lambda_2=\lambda$，展开后可得

$$\sin^2\lambda l - \sinh^2\lambda l + \cos^2\lambda l + \cosh^2\lambda l - 2\cos\lambda l \cosh\lambda l = 0$$

利用 $\sin^2\lambda l + \cos^2\lambda l = 1$ 和 $\cosh^2\lambda l - \sinh^2\lambda l = 1$ 的关系，可求得两端固支梁的频率方程

$$\cos\lambda l \cosh\lambda l = 1 \qquad (6-26)$$

式(6-26)为超越方程，它的诸特征根为

$$\lambda_i l = 4.730, 7.853, 10.996, 14.137, \cdots (i=1,2,3,4\cdots), \lambda_i l = \alpha_{ni}.$$

固有频率

$$\omega_{ni}(0) = \frac{\alpha_{ni}^2 h}{l^2}\left(\frac{E}{12\rho_m}\right)^{\frac{1}{2}} \qquad (i=1,2,3,\cdots) \qquad (6-27)$$

式中，依赖于振型(模态)的系数 α_{ni} 和 γ_{ni} 列于表 6-2。

关于作用在梁上轴向力 N 的值，应根据具体情况确定。如图 6-11 示出的谐振压力微传感器的敏感结构，谐振梁制作在方膜片表面上，梁的谐振频率随膜片表面上的应力 σ（或应变）变化而改变。膜片表面上的应力取决于作用在膜片上被测压力 p 值。在此情况下，由膜片表面转换到梁上的轴向力 $N=bhE\varepsilon_x$，应变 ε_x 根据周边固支的方膜片在被测压力作用下的弯曲变形方程求解得到。

表 6-2 两端固支梁的系数 α_n 和 γ_n

振型(模态)	α_{ni}	γ_{ni}
$i=1$	4.730	0.295
$i=2$	7.854	0.145
$i=3$	11.00	0.082

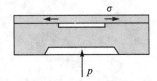

图 6-11 谐振压力微传感器的敏感结构

6.3 激励和检测机制

任何机械谐振器都有阻尼，要维持有阻尼的谐振器实现自由谐振动，必须施加一适当的激振力来补充因阻尼损耗的振动能量，像式(6-13)描述的那样，保持式中右边激振力项等于左边的阻尼项，即 $F_e(x,t) = C\dfrac{\partial w(x,t)}{\partial t}$。从闭环角度看，在振荡电路中，谐振器是决定谐振系统频率的元件。而激励谐振器产生自由谐振的机制主要有以下几种。

6.3.1 静电激励与电容检测

图 6-12 所示为静电激励/电容检测的原理。由图可见，静电激励类似电容器，一个极板为谐振梁，另一个为衬底。电容检测基于如下事实：当交变电压 $V_{DC}+u(t)$ 施加在电容器上，

在电极间产生一交变电场力 $q(x)\cos\omega t$，于是，电容器中便会形成交变电流，使电容值随之波动。当电场力的频率 ω 与梁的固有频率近乎相等时，梁将产生谐振，位于梁两端的电容将敏感到梁的谐振信号，取出检测到的电容变化，即为梁的谐振频率变化。

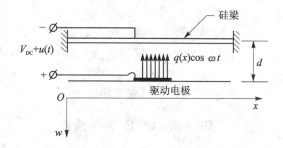

图 6-12 静电激励/电容检测原理简图

具体分析如下：设电场矢量沿梁的长度垂直于 x 轴，交变驱动力可表达为

$$q(x) = \frac{\varepsilon_0 \varepsilon_r b u V_{DC}}{[d - w_s(x)]^2} \quad (u \ll V_{DC}) \tag{6-28}$$

式中，ε_0、ε_r 分别代表真空和气隙介质（如空气）的介电常数，b 代表梁的宽度，d 为零电压时极板间气隙，$w_s(x)$ 是偏置电压 V_{DC} 引起的静挠度。

流入端口的微小检测电流信号可表达为

$$i(t) = C_0 \frac{du}{dt} + V_{DC} \frac{dC}{dt} \tag{6-29}$$

式中，静电容为

$$C_0 = \varepsilon_0 \varepsilon_r b \int_{x_1}^{x_2} \frac{dx}{d - w_s(x)} \tag{6-30}$$

由于谐振梁的运动，则有

$$\frac{dC}{dt} = \varepsilon_0 \varepsilon_r b \int_{x_1}^{x_2} \frac{\omega(t) w(x)}{[d - w_s(x)]^2} \tag{6-31}$$

$w(x)$ 为梁的谐振振幅，且 $w(x) \ll [d - w_s(x)]$。

静电激励/电容检测为非接触式机理，可以实现全硅结构，避免降低传感器性能，且灵敏度高。据报道，可以检测到极板间几个埃（Å，$1\text{Å} = 10^{-10}$ m）的距离变化的电容信号（$\leqslant 10^{-18}$ F 量级）。静电激励的另一优点是所需要的静电流很小，因此功耗极低，约为 10 nJ（纳焦耳）；还有温度系数小，稳定性好。

静电激励的缺点是，由于敏感结构尺寸小，敏感电容器的电容值很小，一般只有（0.3～12 pF），直接输出的电容变化信号很弱，且输出阻抗高，易受到来自传输线和外杂散电容的影响，这足以淹没有用的输出信号。所以必须经过接口电路转换后输出，一方面进行阻抗变换，另一方面把电容量转换成其他电信号输出，因而导致接口变换电路复杂，也易受电磁干扰。

在静电激励中，施加适当的直流（DC）偏置电压是必需的。若仅加交流（AC）激励电压 $u(t)$，谐振梁在其吸引下只能产生具有 2 倍于激励电压频率的信号输出。所以必须加上适当的 V_{DC} 作为静电激励条件下，确保梁正常谐振的工作平台。若 V_{DC} 过小，会使检测出的谐振信号模糊不清；过大，会使谐振信号不稳定，乃至将梁吸至与驱动电极相接触，即 $d = 0$，振动停止。此时的偏置电压称为牵引电压 V_{PI}。把梁按弹簧-质量系统考虑可求得

$$V_{PI} = \sqrt{\frac{8}{27} \frac{k d^3}{\varepsilon_0 \varepsilon_r A}} \tag{6-32}$$

式中，k 代表弹簧刚度；A 代表电极面积。

正常情况下，适当的偏置电压应取 $V_{DC} \ll 0.5 V_{PI}$。否则会引起谐振频率偏离梁的固有频

率过大,且不稳定。

为了克服小电容信号难以分辨、检测和简化变换电路,采用静电激励/压敏电阻检测是一种可取的方式。其优点是较容易检测到电压信号,输出阻抗低,变换电路也相应地简单些。缺点是温度性能差,灵敏度低,并且噪声较大。任何事物都是一分为二,不可能全是优点,必有其缺点的一面,应以达到的目标来决策取舍。

6.3.2 电热激励与压敏电阻检测

电热激励与压敏电阻检测容易实现,两者可用同一种材料以相同的工艺步骤制成。其激励机制是基于热效应。例如,制作在硅梁表面上的电阻热源,沿着梁和与梁垂直方向上产生温度梯度,若热波进入梁的穿透深度为梁的厚度或稍大些,则能以很小温升实现热-机转换,并且引发驱动弯曲力矩。图6-13给出电热激励/压敏电阻检测的原理。当交变电压 $V_{DC}+u(t)$ 施加在激励电阻 R_j 上时,产生周期性电-热转换,周期性热应力导致硅梁伸缩形变,同时产生激励梁振动的集中弯曲力矩 $M_d(x)$,见图6-13(b),又实现了热-机转换。当驱动力矩的频率逼

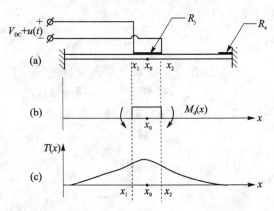

图6-13 电热激励与压敏电阻检测原理简图

近硅梁的固有频率时,硅梁即发生谐振动。制作在硅梁表面根部处的压敏电阻 R_s 感受到梁的谐振信号,实现了周期性的机-电转换和检测。具体分析如下。

加在电阻 R_j 上的驱动电压 $V_{DC}+V_{AC}\cos\omega t$ 产生的驱动功率(热量)$P_j(t)$ 为

$$P_j(t) = \frac{1}{R_j}(V_{DC}+V_{AC}\cos\omega t)^2 = \frac{1}{R_j}(V_{DC}^2+2V_{DC}V_{AC}\cos\omega t+V_{AC}^2\cos^2\omega t)$$

整理后,上式为

$$P_j(t) = \frac{V_{DC}^2+0.5V_{AC}^2}{R_j}+\frac{2V_{DC}V_{AC}\cos\omega t}{R_j}+\frac{0.5V_{AC}^2\cos2\omega t}{R_j} \tag{6-33}$$

式中,右边第一项为静热分量(P_{js}),后两项为动热分量(P_{jd})。静热分量沿梁长度的分布在 R_j 周围类似抛物线而后以斜直线分布至两端点,见图6-13(c),热量集中在 R_j 中心,并向两侧分布,恰与梁的基模态一致,有利于激起基频模态。静热的平均温升可表示为

$$\Delta T_a = \frac{l[(x_0/l)-(x_0/l)^2]}{2bh\lambda}P_{js} \tag{6-34}$$

式中,b、h、l 分别为梁的宽度、厚度和长度;λ 为梁材料的热导率。

但平均温升使梁产生轴向热应力,易导致梁的谐振频率偏移,必须解决好梁周围的散热环境,并尽量降低偏置电压。

动热部分才是驱动梁产生振动的根本原因。电热激励、压敏电阻检测适合于500 kHz以下场合应用。该方法具有输出阻抗低,接口电路也相对简单,但检测灵敏度比电容检测的低。

6.3.3 光热激励与光纤检测

光热激励机制与电热激励相似,但为非接触方式。当周期性的调制光进入硅梁表面,光波被吸收,导致周期性热应力,使硅梁产生弯曲振动,利用谐振梁表面和光纤端面为镜面的光波干涉法实现光检测。

光热激励和光纤检测具有可避免传感器存在电压的优点,故采用光热激励和光纤检测方式的传感器可以在爆炸区和高电场区安全使用。

在设计电热和光热激励硅谐振梁时,为了能以最小驱动功率实现在最小温差下激起硅梁产生谐振动,硅梁应设计成复合结构,即在单晶硅梁表面上淀积一层如 SiO_2 薄绝缘层。因为 SiO_2 的热导率为 Si 的 1/100,基于"双金属"效应,这样的复合梁就能在极低的驱动功率下产生谐振动。

热波的温度在介质中随扩散的深度按指数规律衰减。热波沿梁厚度方向的振荡扩散深度 μ 可用下式计算:

$$\mu = \sqrt{\frac{2\lambda}{\rho_m c \omega}} \qquad (6-35)$$

式中,λ、c 和 ρ_m 分别代表梁材料的热导率、比热容和密度,ω 为梁的谐振频率,即热波的调制频率。

6.3.4 电磁激励与检测

采用 H 形谐振梁容易实现电磁激励与检测,其工作机制表示在图 6-14 上。图 6-14(a)表示基本结构,工作原理是借助永久磁铁提供恒定磁场 B,当交变电流流过其中一根梁时,在磁场和电流作用下,便产生垂直于磁场和电流方向的洛仑兹力,激发 H 形梁谐振,并同时产生电压,该电压由另一根梁感应用来检测谐振动,实现电磁检测。用一个反馈电路保持稳定振荡。

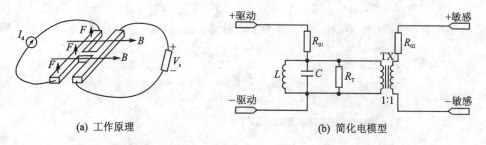

(a) 工作原理　　(b) 简化电模型

图 6-14　电磁激励 H 形双端口谐振梁的工作原理及简化电模型

图 6-14(b)表示其简化电模型。在这里,机械谐振被模型化为一个由 L、C、R_T 组成的并联谐振电路。R_{01} 代表驱动梁与边线的串联电阻,R_{02} 代表敏感梁与连线的串联电阻。电磁感应产生的输出电压模型化为变压器 TX。

6.3.5 压电激励与检测

压电激励与检测基于逆压电效应和正压电效应机制实现的,其作用机理示于图 6-15。驱动电压 $u(t)=V_{AC}\cos\omega t$ 施加在压电元件(梁)上,电场垂直于压电元件的表面(图中方向3),由于逆压电效应,在梁表面内(图中方向1和2)引起梁的形变,从而产生激励梁振动的集中弯

曲力矩 M_d。驱动载荷 $q(x)$ 可表示为

$$q(x) = -M_d[\delta_{-1}(x-x_1) - \delta_{-1}(x-x_2)] \quad (6-36)$$

式中，M_d 是施加在梁上压电层（PZT，ZnO，AlN）的电压引起的弯矩（偶极矩）；δ_{-1} 为偶极子函数（Dirac 函数的一阶导函数）。

设梁的材料和压电层材料的弹性模量相等，压电层厚度 $h_z \ll h$，则 M_d 可近似表示为

$$M_d(t) = \frac{Ebhd_{31}}{2(1-\nu)} u(t) \quad (6-37)$$

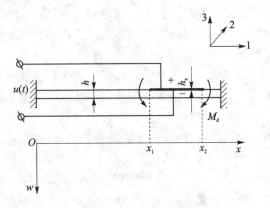

图 6-15 压电激励与检测原理

式中，d_{31} 为伸缩压电常数。

被检测电流为

$$i(t) = \iint_A \frac{\partial D_3(x,t)}{\partial t} dA \quad (6-38)$$

式中，$D_3(x,t)$ 为介电位移；$A = (x_2 - x_1)b$，为电极面积。

$$D_3(x,t) = -d_{31} \frac{E}{1-\nu^2} \frac{h}{2} \frac{\partial^2 w(x)}{\partial x^2} + \varepsilon_{33}^T (1-k_{31}^2) \frac{u(t)}{h_z} \quad (6-39)$$

式中，ε_{33}^T 和 k_{31} 分别代表压电层材料的介电系数和耦合系数。

压电激励与检测广泛用于石英谐振结构，因为石英本身具有压电性。而 ZnO 和 AlN 压电层则适用于硅梁谐振结构，因为硅材料无压电性。

还有，压电激励与检测方式非常适合于高频和超高频激励，如数百 MHz 乃至 GHz。像声表面波式谐振传感器常采用这种激励方式。

以上介绍了 5 种激励机制，其中静电激励、电磁激励的驱动力为分布力，电热、光热和压电激励的驱动力为集中弯矩。不论哪种激励方式必须遵循一定的激励电压值，以维持谐振器处于自由的线性振动，过大激励电压会迫使谐振器出现非线性强迫振动现象，如图 6-16 所示那样，这是非常不利的。图中 F_{crit} 代表临界激励力。

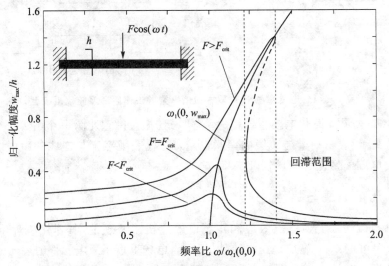

图 6-16 两端固支梁受强迫的非线性振动曲线

6.4 硅谐振式传感器

本节将讨论一些硅谐振式传感器的研制示例及应用。

6.4.1 硅谐振梁式压力传感器

1. 结构原理

许多被测量可以用谐振式传感器来检测,若被测量是流体压力,就称为谐振式压力传感器。图 6-17 所示为北京航空航天大学微机械传感器实验室于 1996 年首先提出并研发的一种电阻热激励、电阻检测的硅谐振梁式压力传感器敏感芯片的原理结构。它采用光刻、腐蚀和硅-硅键合工艺制作而成:先将上、下 2 块 N 型硅晶片分别加工成图示形状,然后用硅-硅键合工艺将两者熔接成一整体;再以上晶片表面作为基准面,抛光刻蚀到需要的厚度,就得到两端固支的硅谐振梁;随后在梁的中央和根部注入激励和检测电阻,并蒸发引线;接下来,在下硅片背面刻蚀方槽,形成感压膜片,膜片厚度视被测压力量程确定。至此,便制成了压力传感器的感压和谐振的敏感结构芯片,压力引起膜片弯曲,谐振梁的谐振频率随膜片表面上的应力变化而改变。图 6-18 所示为完整传感器的截面图。硅谐振梁封装在真空参考腔内,以减小空气和环境因素的影响,提高传感器的 Q 值和性能。这种微谐振结构的优点是,对于不同的压力量程均可采用相同尺寸的硅谐振梁和专用的放大调频电路,所不同的仅是硅膜片的厚度。

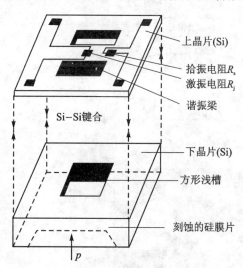

图 6-17 电热激励、电阻检测硅谐振梁式
压力微传感器芯片原理结构

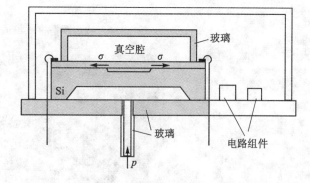

图 6-18 完整的压力微传感器截面图

2. 开环特性测试

研究谐振式微传感器首先应解决开环特性测试,包括谐振频率、振幅、相位及 Q 值等,然后设计闭环自激系统。这是研制该类微传感器的必由之路。

由于谐振梁的尺寸为 μm 级，故其谐振幅度只有 nm 级，相应的输出电压信号为 μV 乃至 nV 级，且信噪比很低，对于从强背景噪声中提取如此微弱的有用信号，难度很大。根据目前掌握的资料，国内外尚未见到微传感器动力特性测试的现成仪器，一般都是采用多台高档的通用仪器搭建而成。

北京航空航天大学微机械传感器实验室，基于相关检测原理，于 1999 年成功研制出微传感器频率特性测试仪并已付诸应用。其测试原理和信号流程表示在图 6-19 上。该仪器的特点是集多项新技术于一身，具有频率自动扫描、激励功率控制、弱信号检测、频率特性曲线自动生成等功能以及友好的图形界面。它适用于静电、压电、电磁和电热激励及电阻检测的硅谐振式微传感器的动力特性测试。图 6-20 为该仪器的外形及测试的幅频特性曲线。

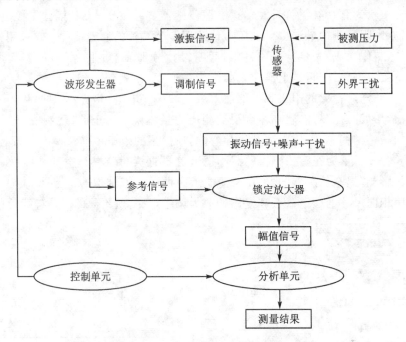

图 6-19　频率特性测试仪原理和信号流程

图 6-20　硅谐振梁式压力微传感器频率特性测试仪外形

图 6-21 所示为在一定真空度下测得的电热激励、电阻检测的硅谐振梁式压力微传感器的幅频特性。硅梁名义尺寸为 1 600 μm×100 μm×20 μm,测得的曲线峰值约为 0.8 μV,谐振频率约为 31.825 kHz,求得的品质因数(Q 值)约为 9 500。

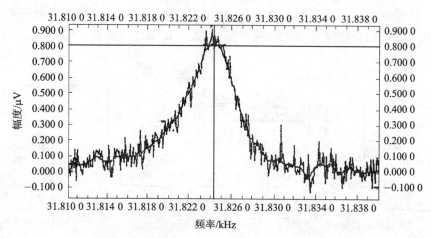

图 6-21 硅谐振梁式压力微传感器幅频特性曲线

3. 闭环自激系统的设计

硅谐振式压力传感器是一个受被测压力调制的正反馈自激振动系统。正反馈自激振动系统的实现,必须满足其相位和幅值条件(参见 6.2 节)。

由振动力学可知:在谐振条件下,激励电阻热驱动力矢量的相位应超前硅谐振梁位移矢量的相位 $\pi/2$;与此同时,检测电阻敏感到是硅谐振梁的轴向交变应变,与电阻的交变变化同相位,即振动信号由激励电阻在硅梁上传递到检测电阻时,相位仍保持 $\pi/2$(略时间延迟)。这表明:"激励电阻+硅梁+检测电阻"组成的谐振器的相位是 $\pi/2$;因此,与谐振器一起构成正反馈闭环系统的电路部分的相位应保持为 $-\pi/2$,才能满足相位条件。为了实现闭环自激振动起振和维持满量程等幅振动,在电路设计中必须设置增益控制环节,以满足幅值条件的要求。

实现自激振荡的电路有多种,其工作原理主要基于 2 类:正弦振荡器原理和锁相-压控振荡器原理。考虑到微传感器信号微弱的特点,一般带通滤波器(选频放大器)达不到滤波的要求,选用基于相干检测原理的锁相-压控振荡技术为宜。它不仅能跟踪信号的频率,同时又能锁定信号的相位,对信号实行窄带化处理。而不能同时符合与有用信号同频又同相的噪声和干扰将被其滤除,从而能有效地提取淹没在噪声中的微弱有用信号。

实验研究发现:在激励电压($V_{DC}+V_{AC}\cos\omega t$)驱动下,在检测电阻桥路的输出端,存在激励电压感应的电容耦合干扰(同频干扰),因此无法判读出谐振梁有用的输出信号。解决的方法之一是,省去直流偏压 V_{DC}。由式(6-33)可知,在输入仅为交流情况下,产生的交变驱动热应力的频率是输入交变电压频率的 2 倍,如果仅在电桥输出端检测这个 2 倍频信号,则硅梁谐振信号就不会因同频干扰信号过强而被淹没。

可见,采用纯交流激励的闭环自激系统,是解决同频干扰的有效手段。但检测电阻输出的谐振信号电压 $V_i(t)$ 的频率是激励电压 $V_o(t)$ 频率的 2 倍,所以不能将 $V_i(t)$ 直接反馈到激励电阻上,必须对 $V_i(t)$ 进行"2 分频"。因此,本系统最终确定采用"锁相+分频"的方案。即在设计的基本锁相环的反馈支路中接入一个倍频器(×N)实现分频。其闭环系统框图表示在图 6-22 上。由图可见，在检测电阻相位比较器中进行比较的两个信号频率是 $2\omega_i$ 和 $N\omega_o$，当环路锁定时，则有 $2\omega_i=N\omega_o$，即 $\omega_o=2\omega_i/N$。其中 N 是决定分频的倍频系数。(这里 $N=2$)。而压控振荡器输出的频率 ω_o 受被测压力调制，直接检测该频率即得对应的被测压力值。以 ω_o 为激励的电压信号 $V_o(t)$ 同时反馈到激励电阻上，维持硅梁稳幅谐振，形成微传感器闭环自激系统。

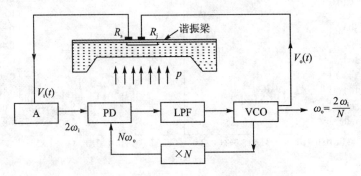

图 6-22 锁相分频闭环自激系统框图

图 6-23 示出压力微传感器样件的实测结果，数据列于表 6-3 中(大气环境，Q 值约 300)。

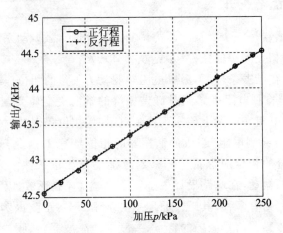

图 6-23 压力-频率特性曲线

表 6-3 压力-频率特性数据

压力 p/kPa	0	20	40	60	80	100	120	140	160	180	200	250
正行程 f/kHz	42.550	42.711	42.873	43.035	43.197	43.361	43.520	43.680	43.842	43.999	44.159	44.547
反行程 f/kHz	42.549	42.711	42.873	43.036	43.198	43.361	43.522	43.682	43.845	44.000	44.160	44.547

由于硅梁和膜片尺寸偏厚，制造工艺尚有缺陷，导致压力灵敏度偏低，精度也不高，有待改进。

电热激励(或光热激励)方式，易使传感器性能不稳定，产生漂移。为此，北航微机械传感器实验室于 2007 年起开创出一种硅双谐振梁式(双模态)压力传感器，能实现温度自补偿。敏感结构如图 6-24 所示。其中工作梁设置在方膜片中央,谐振频率受被测压力和温度等环境因素调制,而补偿梁则设置在方膜片硬周边处,与工作梁的几何参数相同,并严格保持平行。其谐振频率只受温度等环境因素的调制。

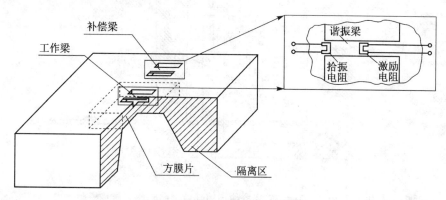

图 6-24 双谐振梁敏感结构示意图

传感器工作原理的总体方案表述在图 6-25 上,由双谐振梁敏感结构、双闭环系统和差分运算单元组成。通过对工作梁和补偿梁谐振频率差分运算,即可准确解算出被测压力,自动消除温度等环境因素的影响。

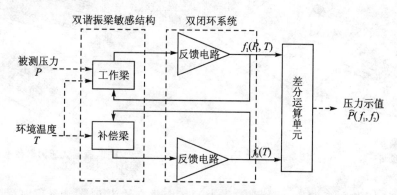

图 6-25 双谐振梁结构压力传感器总体方案

实验证明:在 $-40\ ℃\sim +60\ ℃$ 温度范围内,双谐振梁式压力传感器的热零点漂移比单梁式足足降低了一个数量级。

下面再介绍 3 种现已实际应用的硅谐振梁式压力微传感器,供参考。

图 6-26 所示为英国 Druck 公司研制和生产的硅谐振梁式压力微传感器完整的截面视图。硅梁采用静电激励、电容检测。硅梁与硅膜片为整体结构,在体型硅上采用自停止刻蚀技术制成。硅梁类似一种碟型结构,仅有 6 μm 厚,全长为 600 μm。图 6-27 示出它的全貌视图。

图 6-28 所示为该传感器的轴侧视图。蝶型谐振梁被衬底、隔离玻璃板和膜片构成的腔体包围,腔体内抽成真空(实际结构在玻璃管中实现,见图 6-26),电极用来进行静电激励和振动检测。

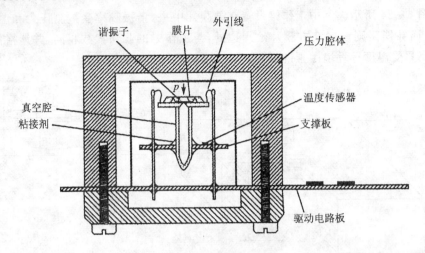

图 6-26 静电激励、电容检测的硅谐振梁式压力微传感器

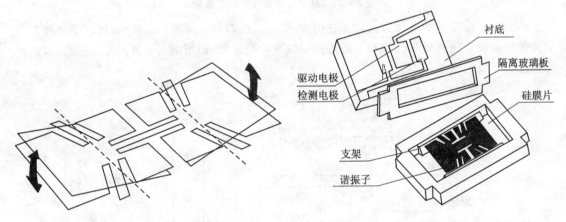

图 6-27 硅谐振梁全貌　　　　图 6-28 硅谐振梁式压力微传感器轴侧视图

该传感器在 100 kPa 的压力量程内,谐振频率变化率约为 9%,满量程内精度达 0.01%,年稳定度也达 0.01%。图 6-29 示出了该传感器的测量结果。

图 6-30 所示为 Schlumberger 航空传感器分公司研制的静电激励、压敏电阻检测的硅谐振梁式压力微传感器的原理结构。感压膜片尺寸为 2.5 mm×2.5 mm,谐振梁尺寸为 600 μm× 40 μm×6 μm。其制作过程与图 6-17 类同,封装在真空环境中。硅梁的固有频率约为 120 kHz,测压量程分别为 0.5~130 kPa 和 0.5~3 000 kPa。谐振梁的 Q 值为 60 000,有些全封装的传感器,Q 值超过 140 000,谐振峰值在 120 kHz 处,宽度约为 1 Hz;分辨率很容易达到优于 10^{-6}(满量程)量级,典型的频率与压力关系曲线如图 6-31 所示。压力灵敏度约 12%,测量精度优于 0.01%,年稳定度优于 0.01%,可满足航空军用温度(-55~+125℃)要求。

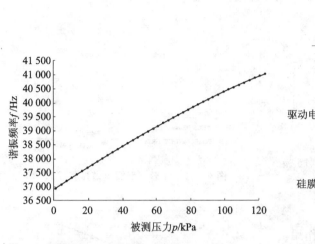

图 6-29 传感器的压力-频率特性

图 6-30 静电激励、压阻检测硅谐振梁式压力微传感器原理结构

对封装后的传感器样件作了如下试验,测试结果为:压力迟滞不大于 0.001%(满量程);在 $-55 \sim +125$ ℃ 范围内,温度迟滞不大于 0.015%;过压特性检测时将一个 3 000 kPa 的传感器,过压达工作压力的 2.5 倍,去掉过压后,传感器恢复到原先的输出特性。

图 6-32 所示为日本横河电气公司(Yokogawa Electric Corporation)研制和生产的硅谐振梁式压差传感器的原理结构。具体是,在 6.8 mm×6.8 mm×0.5 mm 的单晶硅体上制作一感压硅膜片,在硅膜片上采用外延掺硼技术制作 2 个 H 形硅谐振梁,形成感受压差的复合结构。硅梁封装在真空腔内,既不与被测介质接触,又确保振动时不受空气阻尼影响,Q 值高达 50 000。全制作过程参见本书第 3 章图 3-24。

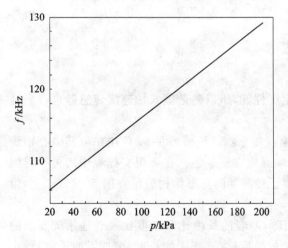

图 6-31 传感器的压力-频率特性

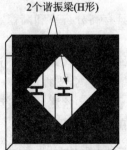
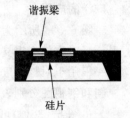

图 6-32 H 形硅谐振梁式压差微传感器原理结构

硅梁振动信号的激励与检测采用电磁方式,由永久磁铁提供磁场。激励线圈 A 的交变电流激发硅梁在基频上振动,同时由检测线圈 B 感应,再送入自动增益放大器。在输出频率的同时将交变电压信号反馈给激励线圈 A,构成正反馈自激振荡系统,以维持谐振梁连续等幅振

动,相应关系表示在图 6-33 上。图 6-34 示出谐振梁弯曲振动基模态。

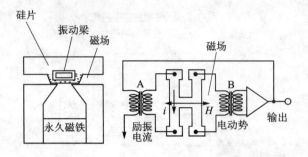

图 6-33 电磁激励与检测闭环系统原理

图 6-34 H 形硅谐振梁谐振基模态

当被测压力差作用于膜片时,膜片产生弯曲形变,2 个谐振梁同时受不同应力作用,中心处硅梁受拉伸,频率增加;边缘处硅梁受压缩,频率下降。频率变化受被测压差调制,2 个谐振梁的频率差即对应不同的被测压差,典型的压力差-频率关系曲线示于图 6-35。

用检测频率差的方法表示被测压力,可以消除因环境温度变化带来的附加误差。

该传感器的一般精度约为 0.075%,还有可达更高的精度,优于 0.03%。现已成功应用于工业过程压差变送器中,性能远远优于压阻式和电容式压差变送器。

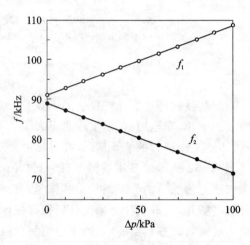

图 6-35 压力差-频率特性曲线

6.4.2 硅谐振式加速度传感器

1. 原理结构设计

因为谐振检测原理具有高分辨率和高稳定度性能,所以硅谐振式加速度传感器也得到日益广泛的应用。

图 6-36 所示为一种悬臂梁式硅谐振加速度传感器。敏感质量 m 悬挂在与其中心轴线平行且对称的 2 根支撑梁的一端,支撑的另一端固定在框架上。在 2 根支撑梁中间再平行制作一根用于对加速度信号敏感和检测的谐振梁。传感器的外形结构表示在图 6-36(a)上,俯视图和剖视图分别表示在图(b)和图(c)上。

由图 6-36(c)可见,支撑梁比谐振梁短而厚,两者的长度比和厚度比视悬挂系统要求的灵敏度和谐振频率来确定。当支撑梁和谐振梁的长度比(支撑梁的长度/谐振梁的长度)较小时,计算表明,系统可以产生较高的灵敏度。

支撑梁的尺寸设计多从悬挂系统需求的刚度和支撑梁的强度来考虑;谐振梁的尺寸主要根据在不受加速度时(谐振梁按两端固支考虑)期望获得的基本谐振频率和要求对加速度的灵敏度来确定。因此,支撑梁的设计尺寸趋于短而厚,谐振梁的设计尺寸趋于长而薄。

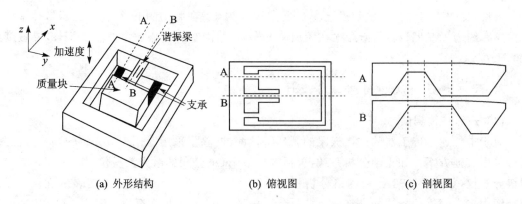

(a) 外形结构　　　　　　(b) 俯视图　　　　　　(c) 剖视图

图 6-36　硅谐振悬臂梁式加速度传感器

为了有利于提高谐振梁的 Q 值,把谐振梁设计为并行 3 梁平衡结构(见图 6-1(e))。中间梁的宽度等于左右相邻两梁宽度之和,且三者在端部经由能量隔离区连成一整体。隔离区的长度约为谐振梁总长度的 7.5%。

谐振模态选用它们反对称相位的差动模态,即中间梁和左右相邻两边梁在 180°反相位下谐振,见图 6-37(c)。在此谐振模态下,各梁在固定端产生的反力和反力矩因方向相反而抵消,把振动能量保存在梁的内部而不向外泄漏,起到提高谐振梁结构的 Q 值。图 6-37 示出了梁平衡结构的几个谐振模态,图(a)为一阶模态;图(b)为二阶模态;图(c)为三阶模态。

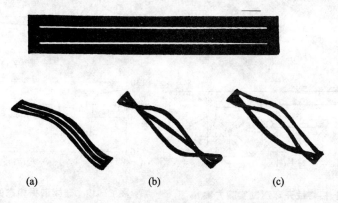

(a)　　　　　　(b)　　　　　　(c)

图 6-37　3 梁平衡结构的几个谐振模态

当有沿 z 轴方向的加速度作用于敏感质量 m 上时,质量 m 沿 z 轴方向发生移动,使支撑梁弯曲。因为谐振梁与支撑梁厚度不同,两者的中性轴不在同一平面内,迫使谐振梁产生拉伸或压缩应变。该应变将改变谐振梁在无加速度作用时的固有谐振频率,其改变量与被测加速度值成函数关系。

本传感器采用电热激励和压敏电阻检测机制,激励电阻和检测电阻制作在中间梁的两端。

为了减小悬臂结构对侧向加速度(如 y 方向)的灵敏度,两支撑梁的宽度远比其厚度大得多,由侧向加速度引起支撑梁侧向弯曲几乎是不可能。

基于上述原则,可设计出一组传感器的相关尺寸。对于图 6-36,设计的传感器芯片尺寸为 4 mm×4 mm×1.3 mm;敏感质量尺寸为 1.55 mm×2 mm×0.3 mm;支撑梁尺寸为 350 μm×200 μm×22 μm;谐振梁尺寸为 700 μm×200 μm×5.5 μm。

可见,支撑梁与谐振梁的长度比为 0.5,厚度比为 4。在此比例下,算得传感器悬挂系统的谐振频率约为 1.5 kHz。而谐振梁在无加速度作用时,固有的谐振频率约 100 kHz,灵敏度约 200 Hz/g。

2. 开环特性测试和闭环回路设计

(1) 开环特性测试

对于本加速度传感器的硅谐振梁的开环特性测试,除了采用 6.4.1 节介绍的测试方法外,还可采用其他方案。如光学分析系统:包括选用 polytec 公司的激光测振仪(如 OFV-3001)、频谱分析仪(如 HP3588A)和网络分析仪(如 HP4195A)等。实验测试方案表示在图 6-38 上。图中来自网络分析仪的交变电压信号($V_{DC}+V_{AC}\cos\omega t$)施加在激励电阻上,产生的轴向热效应$(V_{DC}+V_{AC}\cos\omega t)^2/R_j$,驱动硅梁谐振,谐振动的应变信号由检测电阻全桥敏感输出,并将同频信号电压经差分放大直接反馈给网络分析仪维持硅梁等幅谐振。在上述给定的尺寸和在大气环境条件下测得的幅频、相频特性如图 6-39 所示。图中第 1 个峰值仅为中间梁单独振动,谐振频率约为 72 kHz,幅值为 0.1 μm;3 梁同相振动,谐振频率约为 85 kHz;中间梁静止,两边梁反相振动的谐振频率约为 108 kHz;中间梁与两边梁处于 180°反相位振动的谐振频率约为 111 kHz;分别求得的 Q 值为 220,200,310,400。

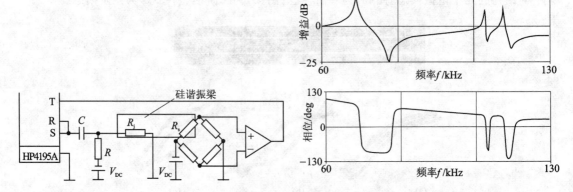

图 6-38 幅-相特性开环测试实验方案 　　图 6-39 硅梁谐振模态的幅频、相频特性

(2) 闭环回路设计

根据开环测得的幅频、相频特性,便可设计闭环正反馈电路,其原理表示在图 6-40 上,相应的具体参考电路表示在图 6-41 上。图中前置放大器用来放大以检测电阻 R_s 为基础组成的全桥输出信号,第 2 级放大器用来对信号进行再放大。从而将微弱的信号放大到足以驱动移相器所需的电压。"移相器+整流放大模块+可变增益放大器+场效应管"构成闭环控制器(正反馈网络),可变电阻用于谐振状态下所需的相位补偿。以满足闭环自激的幅、相条件,实现闭环自激工作状态。另外,还有 2 个支持模块电路:带直流偏置的激励电路和供电桥用的桥式电源。图中还给出一组元器件的参考参数。

(3) 动态特性测试

加速度传感器是测量加速度和振动的主要器件。为了合理使用加速度传感器,了解其动态特性是必需的,主要指谐振频率和阻尼。掌握谐振频率和阻尼的有效方法是对加速度传感

第 6 章　微机械硅谐振式传感器

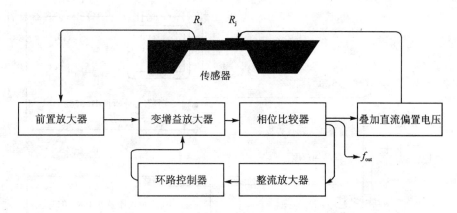

图 6-40　正反馈闭环回路框图

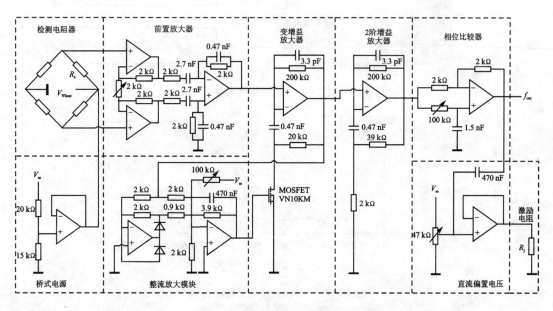

图 6-41　正反馈闭环电路

器进行动态测试,测出传感器平直的频响特性、谐振频率和动态灵敏度(即灵敏度与频率的函数关系)。图 6-42 所示为一种动态测试方案,包括振动台、动态信号分析仪(傅里叶频谱分析仪),以及必要的其他控制设备。

将图 6-38 所示的加速度传感器安装在频率可调且具有一定加速度幅值(如若干个 g)的振动台上。传感器在一定频率范围内输出的频谱由动态信号分析仪解析并显示,生成传感器灵敏度与频率的函数关系。

图 6-43 所示为加速度值为 $2g$ 时,在欠阻尼情况下,测出的频响特性,加速度传感器的谐振峰值在 1 500 Hz,验证了前面的计算结果。

实际结构为:传感器的敏感质量夹在上、下玻璃板中间封装成一整体。封装后,玻璃底板与敏感质量表面间应留有 1 μm 左右的气隙,使其形成接近临界阻尼(0.707)的气体压膜阻尼。这不仅可以得到理想的频响特性,还可以防止敏感质量与玻璃底板碰撞或粘连。

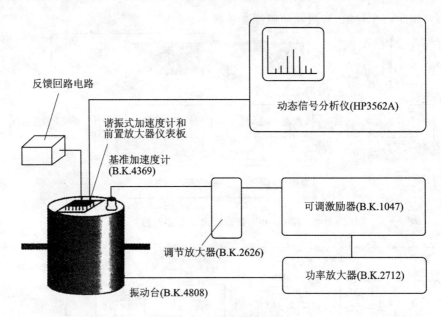

图 6-42 动态测试系统

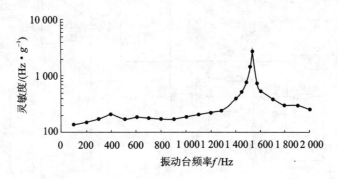

图 6-43 加速度传感器动态特性

6.4.3 硅谐振式角速率传感器

1. 概 述

角速率微传感器又称微陀螺,是敏感载体角运动的一种装置。基于角动量原理的经典框架式机械转子陀螺仪,由 300 多个零部件组装而成,结构复杂、体积大、性能一般、使用寿命短,不能满足技术发展和许多新应用的要求。后来相继发展了没有机械转子的固体陀螺。有代表性的当属激光环陀螺、半球谐振陀螺和光纤陀螺。它们的性能可达惯导级的漂移精度(0.01°/h);广泛应用于现代飞行器的制导与惯导系统中。但价格贵,体积较大,仍不能适用于正在发展的微型惯导测量单元和低价格的商用市场的需求。因此,研制新一代微机械陀螺(MMG)自然受到世界范围的普遍关注。微陀螺的式样有多种,倍受重视的当属硅谐振式微陀螺。它们是基于哥氏(Coriolis)效应原理实现角运动测量的。

硅谐振式微陀螺仪是用表面/体型微机械加工技术制作的 μm 尺寸级的固体陀螺仪,体积小、质量轻、功耗低、耐冲击。目前已有低精度(如 100°/h)和中等精度(如 10°/h)的产品。低精度产品可用于汽车导航、防滑及防碰撞等系统中;中等精度产品可用于包括战术导弹、远程火炮、微小卫星和短程导航等系统以及某些民用系统。达到 $1°/h$ 乃至 $0.01°/h$ 惯导级的漂移精度是追求的目标。

2. 硅谐振微陀螺的工作原理

硅谐振微陀螺是一种单轴角速率陀螺仪,基于对旋转坐标系的哥氏加速度或哥氏力的敏感来检测角运动的。现以如图 6-44 所示模型来说明:图中敏感质量 m 悬挂在正交的弹簧和阻尼系统上。用外加激励力 ($F=F_0\sin\omega t$)沿 x 轴方向驱动其振动,当它同时又受到绕 z 轴角速度 ω_z 作用时,则在 y 轴方向必将产生哥氏力($F_c = 2m\omega_z\dot{x}$)。此情况下,运动方程可表达为

$$m\ddot{x} + c_x\dot{x} + k_x x = F_0\sin\omega t \tag{6-40}$$

$$m\ddot{y} + c_y\dot{y} - 2m\omega_z\dot{x} + k_y y = 0 \tag{6-41}$$

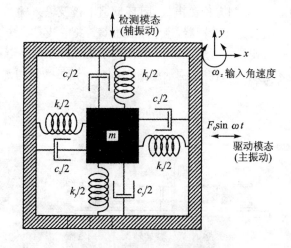

图 6-44 谐振微陀螺原理简图

式中,c_x、c_y、k_x 和 k_y 分别代表沿 x 轴和 y 轴方向的阻尼和弹簧常数。当敏感质量在激振力 $F_0\sin\omega t$ 作用下谐振时,从式(6-40)和(6-41)可求得振动位移为

$$x(t) = x_s\cos\omega_x t \tag{6-42}$$

$$y(t) = \frac{2m\omega_z\omega_x x_s}{k_y}\frac{1}{\sqrt{\{1-(\omega_x/\omega_y)^2\}+(\omega_x/\omega_y)^2}}\sin(\omega_x t - \varphi) \tag{6-43}$$

式中,
$$x_s = F_0 Q_x/k_x$$

$$\varphi = \arctan\frac{\omega_x/\omega_y}{Q_y\{1-(\omega_x/\omega_y)^2\}}$$

$$Q_x = m\omega_x/c_x;\quad Q_y = m\omega_y/c_y$$

这里,ω_x、ω_y、Q_x 和 Q_y 分别代表沿 x 轴和 y 轴的谐振频率和品质因数;x_s 代表沿 x 轴方向的静位移。

在等幅谐振状态下,沿检测轴 y 振荡的振幅正比于绕 z 轴输入的旋转角速度 ω_z;并且在 ω_x 与 ω_y 相差很小的情况下,微陀螺会获得较高的灵敏度($|y/\omega_z|$)。

由式(6-43)可见,当 $\omega_x=\omega_y$ 时,振幅 $y(t)$ 达最大值,微陀螺具有最高灵敏度。欲获得 $\omega_x=\omega_y$ 的必要条件,首先应选择一个轴对称和解耦的陀螺微结构。它可最大限度地抑制驱动模态(主模态)和检测模态(辅模态)之间的动力学耦合,使两者谐振频率差$|\Delta\omega|=|\omega_x-\omega_y|$达到最小或趋于零,即 $\omega_x=\omega_y$。这是设计谐振微陀螺要牢记在心的一个准则。测量灵敏度(标度因子)和分辨率是确定陀螺性能的两个重要参数。

3. 静电激励、电容检测硅谐振式微陀螺

(1) 轴对称和解耦的谐振微结构

轴对称和解耦的谐振微结构,其主要优点可使主模态和辅模态的谐振频率易趋于一致,保证陀螺具有高灵敏度,因此倍受瞩目。现以梳状谐振轮式硅陀螺为例进行分析和讨论,其原理结构如图 6-45 所示。它由上、下两层组成,两层间留有 $1\sim 2\ \mu m$ 的间隙。下层是固定的玻璃衬底,上面制有检测电极、闭环反馈电极及输入输出引线。上层为活动的微机械谐振结构,核心是梳状轮式谐振器,经十字弹性簧片把它支撑在中心轮毂上,轮的外缘再经 2 根共轴线的簧片(扭杆)连接在矩形框架上,构成图示的整体轴对称谐振结构。陀螺结构是采用表面/体型微加工技术制成的(剖视结构示意图 6-46)。谐振微结构部分被封在真空罩内,以提高 Q 值。

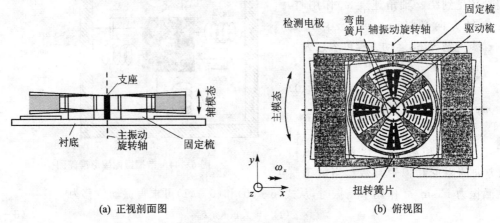

(a) 正视剖面图   (b) 俯视图

(灰色为活动部分,黑色为固定部分)

图 6-45 梳状谐振轮式硅陀螺原理结构

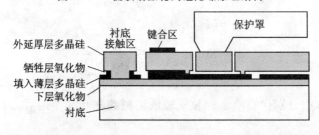

图 6-46 梳状谐振式硅微陀螺结构层示意图

在直流偏压和交流分量作用下,梳状谐振器就成为静电梳状驱动器,驱使谐振轮绕 z 轴(驱动轴)在 xy 平面内作弯曲振动(主振动);当陀螺结构感受载体角速度(输入角速度)绕 x 轴(敏感轴)旋转时,导致产生哥氏力。由于扭转簧片在垂直 xy 平面内的抗弯刚度很高、抗扭刚度很低,所以哥氏力仅使框架结构绕 y 轴(检测轴)作扭转振动(检测模态),从而实现了主振动模态与辅振动模态的动力解耦。即通过敏感主振动的十字簧片和敏感辅振动的扭杆,使谐振结构可独立地绕驱动轴 z 作弯曲振动,陀螺整体结构独立地绕检测轴 y 作扭转振动,实现了轴对称、解耦的陀螺结构。通过调节十字簧片和扭转簧片的刚度,能使主振动和辅振动的谐振频率达到非常接近乃至一致的程度,确保陀螺实现高灵敏度检测。

(2) 开环检测

1) 主振动模态。驱动梳状谐振结构绕驱动轴 z 在 xy 平面内作弯曲振动的静电力和力矩可表达为

$$F_\mathrm{d}(t) = \frac{1}{2}V(t)^2 \frac{\partial C}{\partial x} = \frac{1}{2}V(t)^2 \varepsilon_0 \frac{nb}{d_0} \tag{6-44}$$

$$M_\mathrm{d}(t) = F_\mathrm{d}(t) \sum_{i=1}^{n} r_i \tag{6-45}$$

式中,$V(t)$ 为外加电压,包括直流偏置和交流分量;n、b、d_0、r_i、ε_0、C 以及 x 分别代表活动梳齿上的梳齿数目、梳齿高(宽)度、梳齿间距、活动梳齿半径、真空介电常数、梳齿间平板电容以及梳齿横向位移。

根据振型正交理论,可把陀螺的活动梳齿结构离散为单自由度系统处理,在考虑阻尼和刚度条件下,陀螺主振动方程可写为

$$\ddot{\theta}_z + \frac{\omega_z}{Q_z}\dot{\theta}_z + \omega_z \theta_z = \frac{M_\mathrm{d}(t)}{J_z} \tag{6-46}$$

式中,θ_z、ω_z、J_z 及 Q_z 分别代表主模态绕 z 轴的转角、谐振频率、惯性矩及品质因数。

设 $M_\mathrm{d}(t) = M_0 \sin\omega_\mathrm{d} t$,当 $\omega_\mathrm{d} = \omega_z$ 时,主模态处于谐振状态,转角 θ_z 达到最大值,可由式(6-46)求得为

$$\theta_{zm} = \frac{M_0 Q_z}{k_z} = \frac{M_0 Q_z}{J_z \omega_\mathrm{d}^2} \tag{6-47}$$

式中,k_z 代表主模态弯曲振动系统的刚度。

由式(6-47)可知,对于确定的谐振结构,θ_{zm} 的大小取决于系统的品质因数 Q_z 和静电力矩 M_0。对于期望的 θ_{zm}、Q_z 值愈高,所需静电力矩愈小,功耗愈低。

转角 θ_z 的幅度可通过梳状电容器变化检测出来,以便实现主模态闭环自激振动。对于图 6-45 中的 8 组梳状组合,通常采用 4 组作为驱动器,驱动主模态绕 z 轴振动,另 4 组作为敏感电容器,检测主模态振动幅度。主模态引起的电压变化可表达为

$$V(t) = \frac{nq}{C(t)} = \frac{qd_0}{\varepsilon_0 bx(t)} \tag{6-48}$$

式中,q、$C(t)$ 及 $x(t)$ 分别代表电荷、电容及梳齿横向位移;ε_0、n、b 及 d_0 的含意同式(6-44)。

对于高纵、横(深、宽)比的梳状结构,计算和实验都表明,主模态的电容变化量一般都在 pF 级内,不难检测出来,这有利于闭环激励电路的设计。

2) 辅振动模态。设主模态谐振时的角振动 $\theta_z = \theta_{zm}\sin\omega_\mathrm{m}t$,则 $\dot{\theta}_z = \theta_{zm}\omega_\mathrm{m}\cos\omega_\mathrm{m}t$。与此同时,当沿 x 轴有惯性角频率 $\omega(t)$ 输入时,则在 x 轴的垂直方向将产生交变的哥氏力矩 $M_\mathrm{c} = 4J_z R_\mathrm{e}\theta_{zm}\omega_\mathrm{m}\omega(t)\cos\omega_\mathrm{m}t$ 作用在框架上,使其绕检测轴 y 作扭转振动(检测振动)。它的动力学方程可表达为

$$\ddot{\theta}_y + \frac{\omega_y}{Q_y}\dot{\theta}_y + \omega_y^2 \theta_y = 4\left(\frac{J_z}{J_y}\right)R_\mathrm{e}\theta_{zm}\omega(t)\omega_\mathrm{m}\cos\omega_\mathrm{m}t \tag{6-49}$$

式中,J_y、θ_y、ω_y、Q_y 及 R_e 分别代表绕检测轴 y 的惯性矩、转角、谐振频率、品质因数及梳齿横向位移至谐振微结构中心轴的等效半径。当输入的惯性角频率 $\omega(t)$ 为匀速时,则 $\theta_y(t)$ 的解可求得为

$$\theta_y(t) = \frac{4R_e(J_z/J_y)\theta_{zm}\omega(t)}{\omega_m\sqrt{[1-(\omega_y/\omega_m)^2]^2+[(1/Q_y)(\omega_y/\omega_m)]^2}}\sin(\omega_m t + \varphi) \quad (6-50)$$

当 $\omega_m = \omega_y$ 时，相角 $\varphi = 0$，此时

$$\theta_y(t) = \frac{4R_e(J_z/J_y)\theta_{zm}Q_y\omega(t)}{\omega_m}\sin\omega_m t \quad (6-51)$$

式(6-51)表明，当主模态和检测模态的谐振频率一致时，检测灵敏度最高，且品质因数愈高，灵敏度愈高。式(6-51)还表明，检测振动角位移与主振动角位移同相，因此，只要测出检测轴振动 $\theta_y(t)$ 与驱动轴振动 $\theta_z(t)$ 的同相分量，就可以用它作为输入角频率的度量。

框架角振动 $\theta_y(t)$ 必引起框架极板下的敏感电容变化，检测敏感电容的变化量，便可得知输入角频率。当无输入角频率时，检测模态保持在 0 位平衡，敏感电容 $C_1 = C_2 = C_0$；当有输入角频率时，检测模态绕 y 轴作扭转振动，框架对称 y 轴上、下摆动(见图 6-47)，形成差动电容。两个差动电容间隙分别为 $d + \Delta d$ 和 $d - \Delta d$，所产生的电容变化量为

$$\frac{C_1 - C_2}{2C_0} = \frac{\Delta C}{2C_0} = \frac{\Delta d}{d}$$

即

$$\Delta C = 2C_0\frac{\Delta d}{d} \quad (6-52)$$

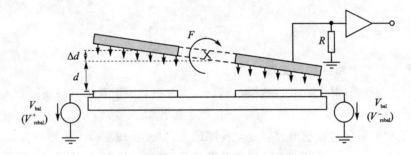

F—梳驱动力；V_{bal}—平衡电压；V_{rebal}—再平衡电压

图 6-47 活动电极与固定电极形成差动电容

式(6-52)表明，由输入角频率引起的微小位移可变换为差动电容的变化，且 2 电容的差值与微小位移成比例，位移 Δd 可用 $\theta_y L$ (L 为等效摆长)表示。根据式(6-51)，陀螺在谐振状态下，可得输入角频率 ω 和电容变化量的关系为

$$\frac{\Delta C}{\omega} = \frac{2C_0 4\theta_{zm}Q_y L(J_z/J_y)R_e}{\omega_m d} \quad (6-53)$$

分析式(6-53)得知，在其他参数确定后，检测模态的品质因数 Q_y 愈高，比值 $\Delta C/\omega$ 愈高，陀螺可检测的角频率愈低。最低角频率可表示为

$$\omega_{min} = \frac{\Delta C_{min}\omega_m d}{2C_0 4\theta_{zm}Q_y L R_e(J_z/J_y)} \quad (6-54)$$

3) 谐振频率调节。完全轴对称和解耦的陀螺结构是驱动模态和检测模态的谐振频率实现相一致的必要条件。但实际结构会因加工误差、残余应力以及质量分布不均匀等缘故而不能达到理想状态，导致两者的谐振频率不匹配(失配)，最终降低陀螺的灵敏度。

补偿方法之一，可以在固定的检测电极上施加一直流电压 V_p 来调节，直流电压起一个静

电力弹簧(或称电刚度、电弹簧)的作用,通过在检测轴上附加这个电刚度来补偿机械刚度的失配。调节直流电压 V_p 可使两者的谐振频率趋于一致。补偿方法之二,对驱动模态和检测模态施加不同的直流偏置电压,使两者的谐振频率相匹配。补偿方法之三,调节弯曲振动簧片和扭转振动簧片的机械刚度,使两者的谐振频率差达到最小。

(3) 闭环检测

闭环系统包括两个控制回路,即驱动模态控制回路(主模态控制回路)和检测模态控制回路(辅模态控制回路)。

1) 驱动模态控制回路。为了能测出角速率 $\omega(t)$,首要是先实现主模态闭环自激振动,并控制 $|\Delta\omega/\omega_z|$ 为最小($\Delta\omega = \omega_z - \omega_d$),使驱动频率和幅度稳定性高。整个闭环系统由相位(相角)回路和幅值(增益)回路控制,它们分别满足闭环控制的两个条件(见本章式(6-3)和(6-4)),可对闭环参数进行调整和优化。相位回路的主要任务是使驱动频率 ω_d 补偿如温度变化造成的谐振频率漂移和 $|\Delta\omega/\omega_z|$ 为最小。幅值回路设计的目标是调节因阻尼变化造成的幅值变化,确保整个回路的增益严格为1,实现闭环稳定自激控制。

2) 检测模态控制回路。当有角速率 $\omega(t)$ 输入时,检测模态被哥氏效应激励振动,敏感电容失去平衡,检测敏感电容的变化量,便可得知输入角速率信号,但在开环工作方式下,陀螺检测角速率的动态范围太窄,从展宽频带和抑制如温度干扰等方面考虑,陀螺检测必须采用闭环控制回路。其作用是,当有角速率 $\omega(t)$ 输入时,哥氏力矩使敏感电容不平衡,生成输出信号。该信号经低噪声前置放大器、高通滤波器、解调器等环节换算出角速率信号,同时形成反馈信号在加力电极上产生静电力矩去平衡作用在检测轴上的哥氏力矩,让检测轴回到原平衡位置(或称为力矩再平衡法)。在这种反馈回路中,陀螺的带宽和阻尼完全由控制电路决定。适当选择电路参数就能获得对角速率测量频带的展宽,保证陀螺有良好的动态性能和静态性能。

至于闭环控制电路可以设计为模拟电路或数字电路。组成模拟控制电路的每个器件都会产生附加的噪声和温漂,给电路调试增加困难,并且还难以实现优越的综合性能,如自检、自校以及自适应功能。为了避免这些缺点,本节选用数字控制电路,其框图表述在图6-48上。整个原理框图由微陀螺结构模拟器件和数字信号处理(DSP)部分构成。数字信号处理部分有两个通道,即主模态控制通道和辅模态控制通道。

主模态通道用来产生驱动陀螺的电压。该通道由相位和幅值控制回路组成,借助比例积分(PI)控制器来调节主模态回路中由于阻尼和弹性模量变化引起的幅值和频率的改变。

辅模态通道用来解调辅振动信号,经低通滤波后,作为参考信号的欠采样信号被解调成为90°相位的驱动电压。被解调和滤波出来的信号正比于角速率,继而获得有用的输出信号,或经 D/A 转换为模拟信号(电压/电流),或经 RS-232 串口通信输出数字信号。

整个闭环回路中各个环节的功能表述如图6-48所示。

表6-4中例举一硅谐振轮式微陀螺样机达到的一些技术数据,供设计时参考。

微陀螺样机尺寸(微陀螺+数字控制电路):45 mm×47 mm×31 mm。

图6-49所示为微陀螺的输入-输出特性。

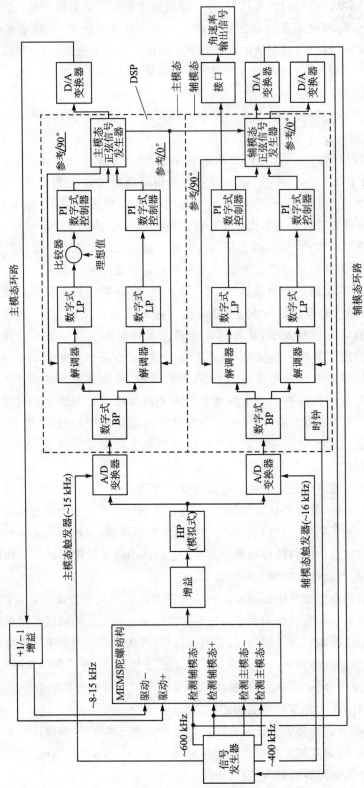

图6-48 闭环系统数字控制电路框图

表 6-4 微陀螺样机的一些技术数据

技术参数	达到指标
量程/(°/s)	±200
非线性度	<0.05%F.S
标度因子/(mV/°/s)	10
噪声(均方根)/(°/s)	0.05
带宽/Hz	50
温漂(−30~+70℃)/(°/s)	±0.5
g 灵敏度/(°/s·g^{-1})	<0.3
电源电压/V	12

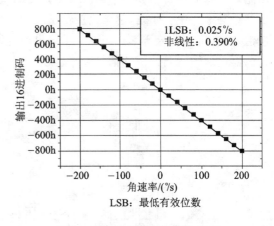

图 6-49 微陀螺输出-输入特性

4. 静电激励、频率输出的硅谐振式微陀螺

(1) 工作原理

前面曾多次阐明电容检测的优点是：灵敏度和分辨率高，功耗低，温漂小。所以硅谐振微陀螺感受哥氏力效应的目前多采用电容检测方法。但这种检测方法抗电磁干扰能力差，检测的信噪比低。因此，降低接口电路的噪声是必需的，这就增加了电路的复杂性和设计难度。选择谐振敏感检测原理直接测量哥氏力，并转化为相应的频率输出，益处明显。因为频率输出的传感器其性能主要取决于机械谐振器，受电路参数变化（如电漂移、噪声等）的影响很小，而且分辨率更高，又易与数字电路接口，故潜在应用前景广阔。

图 6-50 所示为一种频率输出的 z 轴硅谐振微陀螺仪原理简图。陀螺敏感质量(内环)经并联弹性支承连接在刚性支架(外框架)上，外框架经另一组并联弹性支承铆在固定架构上，该陀螺效应由相互垂直的线性振荡实现。

陀螺敏感质量由梳状驱动器驱动，相对外框架沿 y 轴方向往复振荡(称主振动)；当外加输入角速度沿 z 轴转动时，作用在敏感质量上的哥氏力传递到外框架上，使其沿 x 方向往复振荡(称辅振动，即检测振动)，并通过杠杆臂放大，将哥氏力直接作用到自身平衡的双音叉微结构上(沿双音叉轴向)，形成音叉式力传感器，对称设置在外框架两侧。两个力传感器感受等值反向轴向哥氏力的推挽作用，提供差动输出。音叉双臂由驱动器维持在反相模态振动，振动方向与陀螺敏感质量的振动方向平行。力传感器音叉双臂的谐振频率

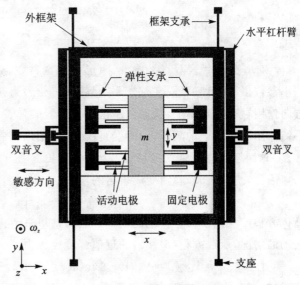

图 6-50 频率输出 z 轴硅谐振微陀螺仪原理结构

由陀螺敏感质量传给它的轴向时变哥氏力的变化所调制，每个力传感器的音叉谐振结构植入反馈振荡电路中。于是，解调出振荡系统的输出频率，便可计算出输入角速率（或角位移）的对应值，且有很高的分辨率。图 6-51 给出该陀螺仪频率信号解调方框图，表明了由谐振双音叉振荡器提取输入角速率的信号处理过程。

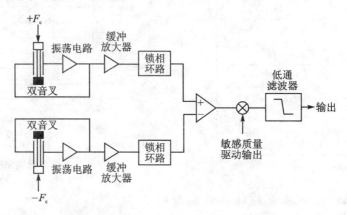

图 6-51　由谐振双音叉振荡器提取输入角速率的原理框图

综上所述，该陀螺仪由陀螺敏感质量、连带杠杆传动部分的外框架和对称布置在外框架两侧的两个双音叉式力传感器组成。陀螺敏感质量感知外界输入角速度，连带在外框架上的杠杆用以放大由陀螺敏感质量传来的沿敏感轴的时变哥氏力，两个双音叉式力传感器是把由杠杆放大传过来的轴向时变哥氏力转化为相应的频率输出。

(2) 理论模型

该陀螺仪的动力学模型可用串联耦合微分方程描述。陀螺敏感质量部分的模型可用典型的弹簧-质量-阻尼方程表示（参见 6.4.3 节）。沿敏感轴方向受时变哥氏力作用的双音叉力传感器的模型可用下式表示：

$$m_r \ddot{y}_r + b_r \dot{y}_r + (k_r + k_1 \sin\omega_g t) y_r = F_d \tag{6-55}$$

式中，

$$k_1 = C_m \frac{A|F_c|}{2L_r} = C_m \frac{A|F\sin(\omega_g t)|}{2L_r}$$

m_r、b_r 和 k_r 分别代表双音叉质量、阻尼和弹簧常数；ω_g 代表陀螺的驱动频率；$k_1\sin\omega_g t$ 为有效的小参数摄动项，它表明在陀螺驱动频率（$\omega_g/2\pi$）直接影响下，被放大的时变哥氏力沿敏感轴方向作用在音叉双臂上，从而调制谐振传感器的弹簧常数；F_d 为维持音叉谐振动的驱动力，以平衡作用在系统上的阻尼力；时变哥氏力 F_c 用以调制谐振系统的弹簧常数；杠杆增益 A 和常数 C_m 取决于谐振元件的振型；L_r 为杠杆臂长。

因此，式(6-55)就演变成著名的马休(Mathieu)方程：

$$M_r \ddot{y} + (k_r + k_1 \sin\omega_g t) y_r = 0 \tag{6-56}$$

马休方程广泛用于参数振动的研究。因为这里只考虑敏感质量驱动频率和结构谐振频率稳态振动的情况，所以方程(6-56)的近似解可表达为

$$y_r = y_0 [1 + \beta\sin(\omega_g t)] \sin\{\omega_r t - \beta\cos[(\omega_g t) + \varphi]\} \tag{6-57}$$

从式(6-57)得知：在轴向时变哥氏力影响下，位移 y_r 是一个调频、调幅量。式中，β 代表哥氏力的调制指数，可用频偏峰值（Δf）与哥氏力实时调制频率（f_g）之比来表示，即

$$\beta = \frac{\Delta f}{f_g} \tag{6-58}$$

因为两个双音叉力传感器对称设置在外框架两侧,所受轴向力为等值反向,所以输出的谐振频率为两个力传感器的频率偏差,即 $\Delta f_\circ = \Delta f_1 - \Delta f_2$。

陀螺的标定因子(测量灵敏度)S,等于输出频率偏差 $\Delta f_\circ$ 与输入角速率(ω_z)之比,即单位输入角速率引起的谐振频率增量。它可表达如下:

$$S = \frac{\Delta f_\circ}{\omega_z} \tag{6-59}$$

本节对频率输出的 z 轴硅谐振陀螺仪的工作原理和数学模型作了简要的表述,供进一步具体研制时参考。

6.4.4 谐振式碳纳米管质量传感器

1. 碳纳米管

如今,MEMS 传感器的敏感元器件的尺寸,正在从微米级微化到纳米级。基于纳米敏感元器件开发的纳米传感器,灵敏度和精度更高、稳定性更好。其中,碳纳米管就是制作微型传感器和探测器的理想敏感材料。

日本科学家饭岛澄男于 1991 年发现了碳纳米管,它是由碳原子组成的微小柱体,柱壁呈网状结构,如图 6-52 所示,并有单层和多层之分。它之所以被称为纳米管,是因为其体积以纳米计算。一般而言,一根碳纳米管的直径不大于几纳米(一根基本的碳纳米管直径只有 1.4 nm),但管的长度为其直径的数千倍以上。研究不断发现,这种细长的碳纳米管具有优良的机械性能和独特的电学、热学和光学特性。例如,它的弹性模量与金刚石大致相同,为 1 000 GPa,而其强度是金刚石的数十倍(屈服强度为 100 GPa),质量轻,密度为 1 330 kg/m³,仅是不锈钢的 1/6。

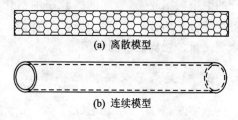

图 6-52 碳纳米管结构模型

沿碳纳米管长度方向,导电和导热的阻力极小,并且对光的感应也极其迅速,所以碳纳米管的潜在用途非常广泛。例如,可用来制作场发射和真空微电子装置、纳米传感器、纳米执行器、敏感物体表面单个原子结构或生物系统的纳米探头,以及制作极细导线、高强度电缆和快速导热通道等。

碳纳米管为各向异性材料。研究表明,碳纳米管结构在圆柱坐标系中的应力-应变关系可用下式表达:

$$\begin{bmatrix} \sigma_r \\ \sigma_\theta \\ \sigma_z \\ \tau_{\theta z} \\ \tau_{rz} \\ \tau_{r\theta} \end{bmatrix} = \begin{bmatrix} C_{11} & C_{12} & C_{13} & 0 & 0 & 0 \\ C_{21} & C_{22} & C_{23} & 0 & 0 & 0 \\ C_{31} & C_{32} & C_{33} & 0 & 0 & 0 \\ 0 & 0 & 0 & C_{44} & 0 & 0 \\ 0 & 0 & 0 & 0 & C_{55} & 0 \\ 0 & 0 & 0 & 0 & 0 & C_{66} \end{bmatrix} \begin{bmatrix} \varepsilon_r \\ \varepsilon_\theta \\ \varepsilon_z \\ r_{\theta z} \\ r_{rz} \\ r_{r\theta} \end{bmatrix} \tag{6-60}$$

式中，C_{ij} 为弹性刚度常数，它们的数值列于表 6-5 中。

表 6-5 碳纳米管材料 C_{ij} 数值

$C_{ij}/(10^9\text{N/m}^2)$	C_{11}	C_{12}	C_{13}	C_{14}	C_{15}	C_{16}	C_{22}	C_{23}	C_{24}	C_{25}	C_{26}	C_{33}	C_{34}	C_{35}	C_{36}	C_{44}	C_{45}	C_{46}	C_{55}	C_{56}	C_{66}
数值	1060	15	180	0	0	0	36.5	15	0	0	0	1060	0	0	0	2.25	0	0	220	0	2.25

2. 碳纳米管质量传感器检测原理

图 6-53 所示是以悬臂碳纳米管为谐振敏感元件的质量传感器示意图。纳米级粒子质量 m 连接在管的自由顶端。其中图(a)为离散模型，图(b)为连续模型。分析计算时，碳纳米管可视为圆柱梁或薄壁圆柱壳。其固有频率 f_n 基本表达式为

$$f_n = \frac{1}{2\pi}\sqrt{\frac{3EJ}{mL^3}} = \frac{1}{2\pi}\sqrt{\frac{k}{m}} \quad (6-61)$$

式中，E、J、L 分别表示梁的弹性模量、惯性矩和长度；$3EJ/L^3 = k$ 称为梁的刚度(弹簧常数)。

分析式(6-61)可知，碳纳米管谐振器的刚度为常数，质量为变数。变质量将导致碳纳米管的谐振频率改变，检测谐振频率的变化量，即可得知对应的被测质量值。这就是谐振式碳纳米管质量传感器的检测原理。

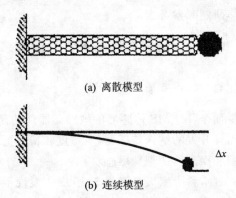

图 6-53 悬臂单层碳纳米管质量传感器模型

3. 碳纳米管弯曲振动分析

近年来，连续力学理论成功地应用于分析图 6-53 所示碳纳米管的动态(频率)响应问题。碳纳米管作为一种细长杆，在作垂直轴线方向振动时，其主要变形模式为弯曲变形，通常称为弯曲振动或横向振动。忽略剪切变形和截面绕中心轴转动的影响，称这种梁为欧拉梁。基于欧拉梁的碳纳米管，其微幅振动的偏微分方程式为

$$EJ\frac{\partial^4 y}{\partial x^4} + \rho_m A \frac{\partial^2 y}{\partial t^2} = 0 \quad (6-62)$$

式中，ρ_m 和 A 分别代表碳纳米管梁的质量密度和横截面积；E、J 的物理意义同前。

当外加频率接近或等于悬臂碳纳米管梁的固有频率时，碳纳米管便产生谐振动。理论上说，谐振频率取决于碳纳米管的外径、内径、长度和弯曲弹性模量。设式(6-62)的解为

$$y(x,t) = Y(x)\sin(\omega_n t + \varphi)$$

式中，$Y(x)$ 为振型函数。利用边界条件和初始条件，最后可求得悬臂碳纳米管的固有谐振频率为

$$f_i = \frac{\alpha_i^2}{8\pi l^2}\sqrt{\frac{(D_o^2 + D_i^2)E}{\rho_m}} \quad (6-63)$$

式中，$\alpha_1 = 1.875$、$\alpha_2 = 4.694$、$\alpha_3 = 7.855$、$\alpha_4 = 10.996$，分别代表 1 阶、2 阶、3 阶和 4 阶谐振动系数，参数 D_o、D_i 和 l 分别代表碳纳米管的外径、内径和长度，可从碳纳米管的横向电磁波图像中获得；密度 ρ_m 和弯曲弹性模量 E 可由碳纳米管材料性质得知。利用这些数据便可从式

(6-63)求得各阶谐振频率 $f_i(i=1,2,3,\cdots)$。

当今,运用 ANSYS 软件(3维固体力学有限元模型)对碳纳米管的频率特性进行了分析计算,得到与用上述连续力学方法相吻合的计算结果,将它们归纳于表6-6中,超过MHz级。

图6-54为悬臂单层碳纳米管有限元放大模型。

表6-6 悬臂单层碳纳米管前4阶谐振频率

(单位:Hz)

谐振频率	理论计算 (式(7-10))值	有限元模拟 计算值
f_1	4 815 710	4 735 540
f_2	30 181 716	29 554 600
f_3	84 496 661	82 220 000
f_4	165 595 383	159 642 000

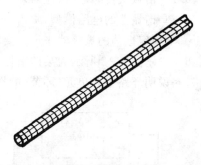

图6-54 悬臂单层碳纳米管有限元放大模型

表6-7列出三种尺寸碳纳米管的基频。从表6-7可见,有限元模拟结果与实验结果两者相差约12%~13%。这起因于碳纳米管材料制造过程中形成的缺陷所致。一般而言,有限元模拟结果证实,它适用于对碳纳米管进行深入研究。例如,对碳纳米管质量传感器的研究。

表6-7 三种尺寸碳纳米管基频

D_o/nm	D_i/nm	l/μm	E/GPa	理论计算/Hz	有限元模拟/Hz	实验值/Hz
32	17.8	5.55	28.4	768 420	749 318	658 000
49	26.1	4.65	28.6	1 665 502	1 645 260	1 420 000
63	26.8	5.75	20.3	1 131 638	1 121 150	968 000

4. (单层)碳纳米管质量传感器特性

现在,对悬臂碳纳米管质量传感器的特性用有限元法进行模拟计算。在碳纳米管自由顶端依次附加上不同纳米级粒子质量,碳纳米管外经 $D_o=66$ nm,内径 $D_i=17.6$ nm,管长 $l=5.5$ μm。对不同附加纳米级质量的计算结果归纳列于表6-8。

表6-8 不同附加质量下谐振悬臂式单层碳纳米管质量传感器的质量-谐振频率关系

附加质量/fg	理论计算(式(6-62))值/Hz	有限元模拟结果/Hz	灵敏度/(g/Hz)
20	2 017 274.93	2 025 396.28	7.13×10^{-21}
22	1 938 830.63	1 945 438.16	7.63×10^{-21}
24	1 868 879.03	1 874 251.81	8.12×10^{-21}
26	1 805 990.60	1 810 343.33	8.61×10^{-21}
28	1 749 051.48	1 752 552.38	9.10×10^{-21}
30	1 697 179.17	1 699 961.81	9.58×10^{-21}

结果表明:谐振悬壁式单层碳纳米管质量传感器的灵敏度高达 10^{-21} g/Hz。据2012年有关报道称,该型传感器已能探测幼克范围的质量变化(如一个质子的质量)。幼克是最小的质量单位,只有 10^{-24} 克。

思 考 题

6.1 谐振式传感器(谐振器)在靠近谐振点附近的谐振频率,其电模型应如何来描述。

6.2 谐振器的电路模型,常由一个带正反馈网络的放大振荡器构成,如题图6-1所示。对于一个稳定振荡的振荡器来说需要满足什么条件,以复频形式写出。

6.3 题图6-2所示为某硅谐振式微传感器的闭环振荡电路框图。试按框图设计出原理电路,并说明环路中各单元(环节)的作用。

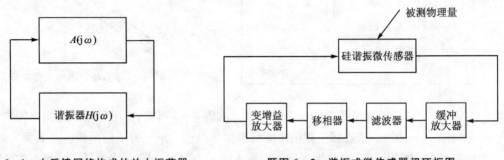

题图6-1 由反馈网络构成的放大振荡器　　　题图6-2 谐振式微传感器闭环框图

6.4 题图6-3给出H形双端口谐振器的完整振荡器电路框图。试分析说明此电路的工作原理及特点。

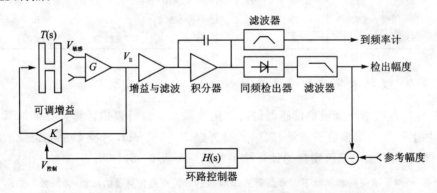

题图6-3 H形双端口谐振器的完整振荡器电路框图

6.5 总结硅微机械谐振式传感器的设计理论,并以压力微传感器、加速度和微陀螺为例说明其共有的几个基本点和特殊点。

6.6 从物理效应角度举例说明纳米传感器为何可达超高的灵敏度和精度。

第 7 章 微机械弱信号检测与处理

7.1 概 述

微弱信号的检测与处理是微机电系统组成的第 3 大要素。由于微机电装置产生的输出信号微小,任何放大电路在此情况下都存在背景噪声。如何在背景噪声下把微弱的信号检测出来,是设计微机电系统必须解决的一个关键问题。

微弱信号一般是指其信号幅度的绝对值非常小,且信噪比很低($\ll 1$)的信号。例如电压值在 μV、nV 量级,电容值低于 pF 量级,远低于噪声电平,并和噪声信号始终混杂在一起。可见,检测有用信号的困难主要不在于信号的微小,而在于信号"不干净",被噪声"污染"了、"淹没"了;所以,将有用信号从强背景噪声下检测出来的关键是设法抑制噪声。抑制或降低噪声的技术可以分为 2 类:一是设计低噪声放大器(见 5.4.2 节),例如对直流信号采用斩波稳零运算放大器(如 F7650),对交流信号采用 OP 系列运算放大器;二是分析噪声产生的原因和规律,以及被测信号的特征,采用适当的技术(如压缩带宽或信号平均等)和方法以增强信号的信噪比,把有用信号从噪声中提取出来。本章将重点放在第二类技术上的讨论。图 7-1 给出的为采用图 6-19 所示的测试仪对一微传感器样件测试的结果。图 7-1(a)为采用较宽频率扫描范围的结果,图 7-1(b)为缩小频率扫描范围的结果。由图可读出测试仪自身的噪声量级,峰-峰值约为 120 nV。图 7-1(c)为平滑过的结果。

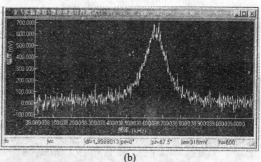

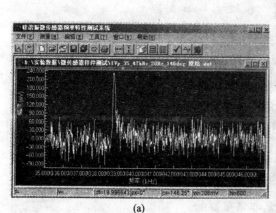

图 7-1 测试仪对微传感器样件测试的结果

除噪声外,信号通道中还可能存在干扰。干扰与噪声有本质区别。噪声由一系列随机电压组成;而干扰通常都有外界的干扰源,有些为周期性的,如工频干扰、同频干扰等,有些为瞬时的,如冲击电压、电或磁的干扰等。干扰对微弱信号的检测同样是有害的;但可以根据干扰源的不同特点,采取相应措施加以消除。

7.2 微弱信号检测技术

弱信号检测途径之一是降低传感器与接口电路的固有噪声,将传感器与接口电路集成在同一芯片上,尽量提高其信噪比。其二是利用弱信号检测技术,采取有效手段,抑制混杂在有用信号中的干扰噪声,提取被测信号。检测技术和方法,目前主要有滤波技术、开关电容技术、相关原理和相关检测技术,锁相技术和时域信号的取样平均技术等。这些技术在第 5、6 章中大多得到应用。本节就它们的基本概念和理论基础作进一步的系统论述。

7.2.1 滤波技术

抑制噪声和干扰最普通方式就是设计合理的滤波器。滤波器的作用就是压缩系统的通频带,从而抑制某些频带的信号(如噪声的频率分量),保留其它频带的信号(有用的信号分量)把信号通过的频率范围称为滤波器通带,把阻止信号通过的频率范围称为阻带。根据通带和阻带位置不同,可分为 4 种理想滤波器的特性:低通、高通、带通和带阻。如图 7-2 所示。非理想的滤波器在截止频率 ω_x 处并不呈现无限陡峭的过渡特性,但近于理想的实际滤波器是可以做到的。

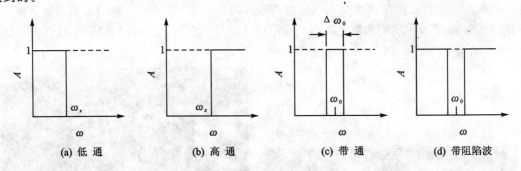

图 7-2 理想滤波器的频率响应

所有的实际滤波器都有相移。根据网络理论,无源滤波器增益响应(对数-对数刻度)的斜率与滤波器相移(弧度)的关系为

$$\varphi = \frac{\pi}{2} \times \frac{\mathrm{d}(\log_a |A|)}{\mathrm{d}(\log_a \omega)} \tag{7-1}$$

式中,$|A|$ 是滤波器响应的幅值,即 $\frac{|V_o|}{|V_i|}$。如果滤波器(或任意网络)的频率已知,就可以导出相移。在确定反馈网络的稳定性时,相位响应是非常重要的。

滤波器的响应可用 3 种方式描述:在时域中用微分方程描述;在频域中用频率响应 $A(\omega)$ 描述;在 s 域中用拉氏变换,即传递函数 $H(s)$ 描述。

第 7 章 微机械弱信号检测与处理

总之使用滤波器的目的尽管有多种多样,但其中最普遍的是为了抑制混杂在有用信号中的各种干扰噪声,以提高传感器信号的信噪比。

1. RC 无源低通滤波器

图 7-3 所示为由 R,C 组成的单级 RC 无源低通滤波器的基本电路。

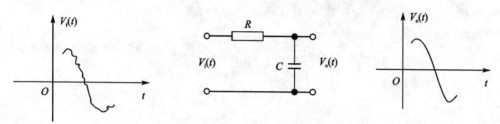

图 7-3 无源低通滤波器

由图 7-3 可导出其幅频特性为

$$G(\omega) = \frac{1}{\sqrt{1+\left(\frac{\omega}{\omega_x}\right)^2}} \tag{7-2}$$

相频特性为

$$\varphi(\omega) = -\arctan\left(\frac{\omega}{\omega_x}\right) \tag{7-3}$$

式中,

$$\omega_x = \frac{1}{RC}$$

幅、相频特性曲线表示在图 7-4 上。

从对数频率曲线上看,如图 7-4(a)所示,截止频率 ω_x 的意义明显,对应的增益(或幅值)$|G|$ 在 -3 dB 处;而在线性频率刻度曲线上,见图 7-4(b),截止频率 ω_x 的意义则不甚明显,增益 $|G|$ 为 $\frac{1}{\sqrt{2}}=0.707$;图 7-4(c)表示的为相频特性。

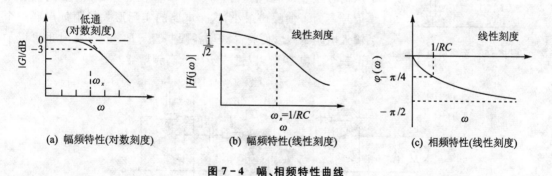

图 7-4 幅、相频特性曲线

2. RC 有源低通滤波器

RC 无源滤波器的幅频特性比较平坦(图 7-4),但在 RC 滤波器中接入有源器件就能得到陡峭的幅频特性。

有源低通滤波器由运算放大器、电阻 R 及电容 C 组成。单级有源低通滤波放大器表示在图 7-5 上。这个电路只比简单的有源低通滤波器增加了一个电阻 R_2。如果 R_2 的阻值较大,该电路可以在足够低的频率或直流上作为放大器。

在此情况下,如果输入为正弦波,在不考虑相移时,其增益可写为

$$G = \frac{|V_o|}{|V_i|} = \frac{R_2/R_1}{\sqrt{1+\left(\frac{\omega}{\omega_x}\right)^2}} \quad (7-4)$$

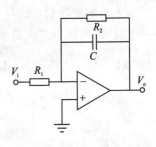

图 7-5 有源低通滤波器

对应的传递函数

$$H(s) = \frac{V_o(s)}{V_i(s)} = \frac{-1/R_1 C}{s + 1/R_2 C} \quad (7-5)$$

由式(7-4)可以看出,其频响与图 7-4(a)低通滤波器的频响相同,只是由于考虑放大器的增益,须移动增益轴(在直流时增益为 R_2/R_1)。

3. 高通、带通及带阻滤波器

(1) RC 元件组成的高通滤波器

图 7-6 所示为无源高通滤波器的基本电路。与无源低通滤波器一样,其幅、相特性可写为

$$\left.\begin{array}{l} G(\omega) = \dfrac{1}{\sqrt{1+\left(\dfrac{\omega_x}{\omega}\right)^2}} \\[2ex] \varphi(\omega) = \operatorname{arctg}\left(\dfrac{\omega_x}{\omega}\right) \end{array}\right\} \quad (7-6)$$

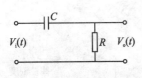

图 7-6 无源高通滤波器

图 7-7 所示为有源高通滤波器的基本电路和实际电路。从信号质量来看,输入信号中一般存在高频噪声,会淹没有用信号。为了使噪声最小,这个电路的实际形式是附加串联一个输入电阻 R_1,以便将高频增益限制为 $-R_2/R_1$。有时也可以加上一个小电容 C',以进一步降低高频增益。

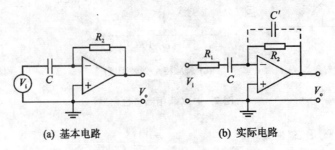

(a) 基本电路　　　　　　(b) 实际电路

图 7-7 有源高通滤波器

图 7-8 所示为 2 次高通有源滤波器。

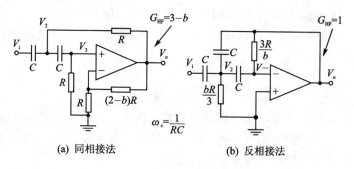

图 7-8 2 次高通有源滤波器

（2）带通滤波器

图 7-9 所示为一种有源带通滤波器,是有源低通和有源高通滤波器的组合。为了调整到所规定的频率 ω_0 上,首先须选择数值相等的电容器,然后计算出电阻 R。通常,C 要选择合适的标称值,以免 R 过大或过小。

为避免振荡,须选用高精度的元件。为了获得所要求的 Q 值,即带宽的倒数,应正确地选择放大器的增益 G。

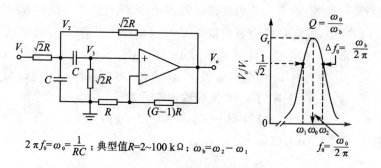

图 7-9 有源带通滤波器

（3）带阻(陷波)滤波器

在使用 RC 元件的带阻滤波器中,用文氏电桥组成的电路是最容易调整的(图 7-10)。在陷波频率 ω_0 处,串联阻抗 Z_s 的数值和相位等于并联分支阻抗 Z_p 的 2 倍,于是 $V_2=V_i/3$。在反相端的电阻应该这样选择：使得反相端与同相端的增益在 ω_0 处配合适当,使输出电压 V_o 为

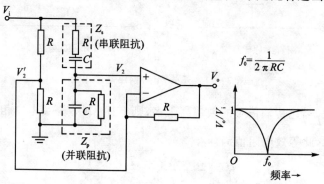

图 7-10 文氏桥式陷波滤波器

0。元件的精度要求很高,但数值并不要求太准确。因为在 RC 臂中加了个电阻,可对陷波频率进行辅助调整。改变接在反相端上的任一电阻,可使在陷波频率上的输出非常接近于 0。

最后指出,在微机电系统中,滤波器常被用于电源滤波或系统前端的预滤波,且主要应用低通滤波器。

7.2.2 开关电容技术

开关电容接口电路是敏感电容式传感器最常用的放大电路。开关电容放大器的基本工作原理,已说明在图(5-6~5-9)上,它是一种在时钟脉冲信号控制下,利用电容器充、放电效应实现电荷转移获得输出电压的数据采集工作系统。

电容检测与其他检测方法(如压阻式)相比,失调更小、功耗更低,分辨率可达到(10^{-18}~10^{-21})F。所以用来检测压力、加速度和陀螺的 MEMS 传感器多基于电容检测,并采用开关电容检测电路。

开关电容网络的基本思想是把传统 RC 滤波器中的电阻用与一对开关连接的电容代替,从而消除了因电阻 R 上的热损耗。在 CMOS 电路中,根据电压范围的要求,可以选择用一个 MOS 晶体管或 CMOS 对管来当作开关。版图紧凑,且在静态周期内 CMOS 开关不消耗功率,故整个电路功耗低。等效电阻和电容值与开关频率乘积的倒数成正比,详述如下。

图 7-11(a)是一种 MOS 开关电容网络的原理结构,执行开关工作的 MOS 管 S_1 和 S_2 受时钟信号 φ 和 $\bar{\varphi}$ 的控制,使电容 C 交替地接通至 $1-1'$ 和 $2-2'$ 端子,等效电路如图 7-11(b)所示。时钟信号 φ 和 $\bar{\varphi}$ 反相。当 φ 为高电平时,S_1 导通,S_2 截止,电容 C 接至 $1-1'$ 端,得到充电电荷 $Q_1=CV_1$;当 $\bar{\varphi}$ 为高电平时,电容 C 接至 $2-2'$ 端,电容器两端电荷改为 $Q_2=CV_2$。因此,在时钟周期 T_c 内,从 $1-1'$ 端向 $2-2'$ 端传输的电荷量为

$$\Delta Q = Q_1 - Q_2 = C(V_1 - V_2) \qquad (7-7)$$

由 $1-1'$ 端流向 $2-2'$ 端的平均电流为

$$I = \frac{\Delta Q}{T_c} = \frac{C}{T_c}(V_1 - V_2) \qquad (7-8)$$

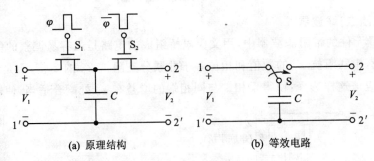

(a) 原理结构　　　(b) 等效电路

图 7-11　开关-电容网络基本单元

看时钟频率 $f_c\left(=\dfrac{1}{T_c}\right)$ 比传输信号的频率高很多,则上述 MOS 开关电容相当于在 1-2 端之间的一个等效电阻 R,此等效电阻值为

$$R = \frac{V_1 - V_2}{I} = \frac{T_c}{C} = \frac{1}{f_c C} \qquad (7-9)$$

这表明,等效电阻值和电容值与时钟(开关)频率乘积的倒数成正比。

现以 MOS 开关电容组成一个 RC 滤波器为例说明其应用,如图 7-12 所示,图 7-12(a) 为一 RC 低通滤波器;图 7-12(b) 为 MOS 开关电容电路替换电阻 R。此时电路的时间常数为

$$\tau = RC = \frac{C_2}{f_c C_1} \tag{7-10}$$

式(7-10)表明,只利用 MOS 开关电容即可构成简单的滤波器而勿需制作电阻。取决于时间常数的网络频响特性,由时钟频率和电容比值来决定,与电容的绝对值无关,而时钟频率(通常由石英振荡器控制)和电容比值容易保证足够的精度和稳定性。

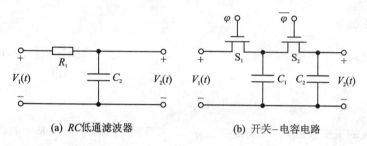

(a) RC低通滤波器　　　　(b) 开关-电容电路

图 7-12　开关-电容滤波器

传统的电阻电容滤波器,电阻的制作会占用芯片上较大的面积,且有工艺偏差,满足不了更高灵敏度(或分辨率)和更低漂移的要求。

综上所述,开关电容电路的优点可归纳为:

1. 用电容代替电阻,提高了时间常数的精确度。因此,和传统的电阻电容滤波器相比,开关电容滤波器的精确度更高。因为此时 RC 的时间常数由电容比值来决定。

2. 合理的选择开关频率,用相同的芯片面积,开关电容电路得到的时间常数要比传统的 RC 实现方法高很多。这正是大多数 MEMS 应用中需要的低通滤波器用开关电容电路实现的原因。

3. 开关电容网络除用作滤波器外,还可用于构成低功耗的放大器和低功耗的振荡器等多种高分辨率和低漂移的检测电路使用(参见第 5 章)。

7.2.3　频域信号的相关检测技术

7.2.1 节介绍的带通滤波器也能压缩带宽、抑制噪声,但很有限。它不适用于微弱信号的检测,而只能作为辅助电路应用。本节介绍相关分析和相关检测方法,可以最大限度地压缩带宽、抑制噪声,达到检测微弱信号的目的。

相关分析是研究像噪声这一类随机变量的一种统计规律,即相关性。相关性通常涉及到 2 个时刻,所以用相关函数表示,表示两个随机信号在不同时刻取值的相关程度。相关函数一般包括自相关函数和互相关函数。

1. 自相关函数

自相关函数表示随机变量 $x(t)$ 与延时了时间间隔 τ 的同一变量的相关性。定义为

$$R_{xx}(\tau) = \lim_{T \to \infty} \frac{1}{T} \int_{-\frac{T}{2}}^{\frac{T}{2}} x(t) x(t-\tau) \mathrm{d}t \tag{7-11}$$

其含意是 $x(t)$ 与 $x(t-\tau)$ 相乘,结果在周期 T 上取平均。

若变量 $\tau=0$,则

$$R_{xx}(0) = \lim_{T \to \infty} \frac{1}{T} \int_{-\frac{T}{2}}^{\frac{T}{2}} x^2(t) \mathrm{d}t \tag{7-12}$$

自相关函数的主要性质是,对于实随机变量 $R_{xx}(\tau)$ 是实偶函数,即

$$R_{xx}(\tau) = R_{xx}(-\tau)$$

当 $\tau=0$ 时,自相关函数为最大值,且等于均方值: $R_{xx}(0) = R_{xx}(\tau)_{\max} = E(x^2)$。

用自相关函数可以检测混杂于随机过程中的周期信号以及求自功率谱密度函数等。

2. 互相关函数

互相关函数指 2 个不同的随机变量 $x(t)$ 和 $y(t-\tau)$ 之间的统计依赖性,可用互相关函数表示。定义为

$$R_{xy}(\tau) = \lim_{T \to \infty} \frac{1}{T} \int_{-\frac{T}{2}}^{\frac{T}{2}} x(t) y(t-\tau) \mathrm{d}t \tag{7-13}$$

互相关函数的主要性质是,对实随机变量 x,y,互相关函数一般不是 τ 的偶函数,即

$$R_{xy}(\tau) \neq R_{xy}(-\tau)$$

但有

$$R_{xy}(\tau) = R_{yx}(-\tau)$$

即二者互为镜像对称。若 2 个随机过程 $x(t)$ 和 $y(t)$ 是统计独立的,则其互相关函数 $R_{xy}(\tau)=0$。

运用互相关函数可以检测出噪声中的信号。

3. 功率谱密度函数

在信号处理过程中,常用平均功率描述信号与噪声。同时,要知道一定带宽范围内的平均功率,也须引入功率谱密度函数的概念。

(1) 自功率谱密度函数

对随机过程 $x(t)$ 的自相关函数 $R_{xx}(\tau)$ 进行傅里叶变换,得到

$$S_{xx}(\omega) = \frac{1}{2\pi} \int_{-\infty}^{\infty} R_{xx}(\tau) \mathrm{e}^{j\omega\tau} \mathrm{d}\tau \tag{7-14}$$

称 $S_{xx}(\omega)$ 为自功率谱密度函数,又称均方谱密度函数,简称自谱。其意义是每单位频带内的谐波均方值,即相当于能量,所以自谱表征能量由频率的分布情况决定。

(2) 互功率谱密度函数

对于平稳随机过程 $x(t), y(t)$ 的互相关函数 $R_{xy}(\tau)$ 进行傅里叶变换,得到

$$S_{xy}(\omega) = \frac{1}{2\pi} \int_{-\infty}^{\infty} R_{xy}(\tau) \mathrm{e}^{j\omega\tau} \mathrm{d}\tau \tag{7-15}$$

称 $S_{xy}(\omega)$ 为互功率谱密度函数,简称互谱。

4. 频率响应函数和相干函数

随机信号在稳定线性系统的响应计算时,可以用频域内的频率响应函数 $H(\omega)$ 或时域内的脉冲响应函数 $h(t)$ 描述。现以单输入和单输出常系数线性系统为例说明。

对于图 7-13 所示系统,其输入和输出谱的关系可以通过理论演释导出如下公式:

(1) 响应的均方值

$$E(y^2) = \int_{-\infty}^{\infty} |H(\omega)|^2 S_{xx}(\omega) d\omega \quad (7-16)$$

或

$$E(y^2) = R_{yy}(0)$$

图 7-13 单输入单输出系统

式中，$S_{xx}(\omega)$ ——激励的自谱；

$H(\omega)$ ——系统的频率响应函数；

$R_{yy}(0)$ ——响应的自相关函数 $R_{yy}(\tau)$ 在 $\tau=0$ 时的值。

(2) 响应的自谱

$$S_{yy}(\omega) = |H(\omega)|^2 S_{xx}(\omega) \quad (7-17)$$

(3) 激励与响应的互谱

$$S_{xy}(\omega) = H(\omega) S_{xx}(\omega) \quad (7-18)$$

(4) 相干函数

$$\gamma_{xy}^2(\omega) = \frac{|S_{xy}(\omega)|^2}{S_{xx}(\omega) S_{yy}(\omega)} \quad (7-19)$$

由式(7-19)可知，若输入、输出的功率谱密度之间的关系使其相干函数等于 1，就表明输出响应完全是由输入引起的，它是常系数线性及无噪声的系统。而在所有其他情况下，$\gamma_{xy}^2(\omega)$ 常小于 1，但大于 0，当 $\gamma_{xy}^2(\omega) = 0$ 时，表明在研究的频率上测得的输出完全是由噪声所致。所以，一般情况下，相干函数应是

$$0 \leqslant \gamma_{xy}^2(\omega) \leqslant 1 \quad (7-20)$$

相干函数可用来确定某输入和输出的相关性，测量中是否有噪声混杂，以及系统是否非线性，传递函数是否可信等。

对于多输入多输出系统的响应计算，输入和输出谱的关系可以写成矩阵形式，这里从略。

5. 相关技术对噪声抑制的应用

(1) 自相关检测

实现自相关检测的原理如图 7-14 所示。

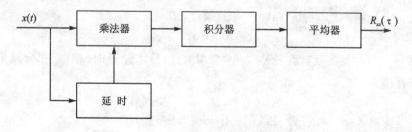

图 7-14 自相关检测原理

设输入 $x(t)$ 由被测信号 $s(t)$ 和噪声 $n(t)$ 组成，即

$$x(t) = s(t) + n(t) \quad (7-21)$$

输入经延时、相乘、积分及平均运算后，得到自相关输出 $R_{xx}(\tau)$。因为信号与噪声是完全独立的，故输入 $x(t)$ 的自相关函数是这 2 部分各自的相关函数之和，即

$$R_{xx}(\tau) = R_{ss}(\tau) + R_{nn}(\tau) \quad (7-22)$$

随着 τ 的增加,根据噪声的相关性质 $R_{nn(\tau)}$ 趋向于零,从而得到含 $s(t)$ 信号的自相关函数 $R_{xx}(\tau)$,抑制了噪声的影响,提高了信噪比,检测出有用信号 $s(t)$。

图 7-15 表示信号与噪声各自的相关函数。随着时间 τ 的增加,噪声的自相关函数迅速衰减,而信号却是不衰减的周期函数,从而可检测出有用信号。

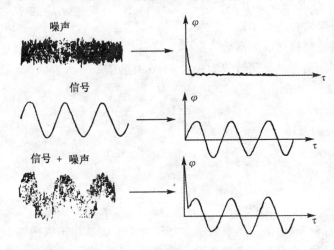

图 7-15 信号与噪声的相关函数

(2) 互相关检测

互相关检测原理表示在图 7-16 上。

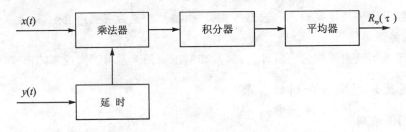

图 7-16 互相关检测原理

设输入 $x(t)$ 由被测信号 $s(t)$ 和噪声 $n(t)$ 组成,即

$$x(t) = s(t) + n(t) \tag{7-23}$$

若 $y(t)$ 与信号 $s(t)$ 有相关性,而与噪声 $n(t)$ 无相关性,输入经延时、相乘、积分及平均运算后,得到互相关输出为

$$R_{xy}(\tau) = R_{sy}(\tau) + R_{ny}(\tau) \tag{7-24}$$

根据互相关函数的性质,式中 $R_{ny}(\tau)=0$。从而得

$$R_{xy}(\tau) = R_{sy}(\tau) \tag{7-25}$$

$R_{xy}(\tau)$ 中包含了信号 $s(t)$ 所携带的信息,从而把被测信号 $s(t)$ 检测出来。

与自相关检测比较,互相关检测可以获得一定的互相关增益,检测效果较好,在实际中经常被采用。

例如,检测淹没在噪声 $n(t)$ 中的正弦信号 $s(t)$。输入 $x(t)$ 是

$$x(t) = s(t) + n(t) = A\sin(\omega t + \theta) + n(t)$$

用一个与 $s(t)$ 同频率的信号 $y(t)$，令 $y(t)=B\sin\omega t$，通过求 $x(t)$ 与 $y(t)$ 的互相关函数，把淹没在噪声中的正弦信号检测出来。

$$R_{xy}(\tau) = \lim_{T\to\infty}\frac{1}{T}\int_{-\frac{T}{2}}^{\frac{T}{2}}[A\sin(\omega t+\theta)+n(t)]\cdot B\sin(\omega t-\tau)\mathrm{d}t =$$
$$\frac{AB}{2}\cos(\omega\tau-\theta)+R_{sn}(\tau)$$

显然有 $R_{sn}(\tau)=0$ 的关系成立，从而检测出被测信号的幅值、相位及频率。

(3) 相干检测

相干的含意是指频率相同、相位或相位差固定不变的两列信号，即两信号随时保持彼此间的一致性。一般的带通滤波器(选频放大器)只能对被测信号的频率进行跟踪识别，保持频率随时相同，未涉及信号的相位。所以它对混杂在有用信号中的噪声抑制是有限的。如果基于相干原理，设计一新的窄带滤波器(相干检测装置)，不仅能随时跟踪信号的频率，同时又能锁定信号的相位，实现两信号完全相干，这样，噪声同时符合与信号既同频又同相的可能性，必将大为减小(相干函数 $\gamma_{xy}^2(\omega)$ 逼近于1)。从而抑制干扰噪声，提高信噪比。这就是相干检测的基本思想和对噪声抑制的方法。

完成上述功能的相干检测装置称为锁相放大器。

7.2.4 锁相环理论

锁相环(锁相放大器)是基于相干检测原理设计而成的。它由鉴相器(PD)、环路低通滤波器(LPF)和电压控制振荡器(VCO)组成的闭环(见图7-17)。现将其基本工作原理先简述再详论。

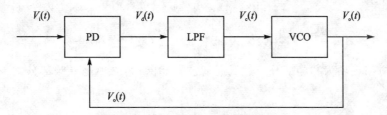

图7-17 锁相环原理框图

当环路无信号输入时，VCO 工作在自由振荡状态，频率为 ω_0；环路有信号输入时，PD 将对输入信号 $V_i(t)$ 和 VCO 输出信号 $V_o(t)$ 进行比较，产生误差电压 $V_d(t)$。该误差电压经LPF滤除掉高频分量和噪声后，控制 VCO 的瞬时相位和频率，使2个信号的频率差和相位差逐步减小。如果输入信号的频率 ω_i 处于环路的锁定范围内，则锁相环路的相位负反馈特性会使输出与输入信号同步，并进入锁定状态，称"入锁"。一旦入锁后，由于环路具有自动控制功能，将使输出信号频率自动跟踪输入信号频率，从而完成2个信号相位同步、频率自动跟踪的功能。这就是锁相环的基本工作原理。

综上可知，锁相环是一个相位负反馈的闭环系统，具有"锁定"和"跟踪"的特殊功能。在鉴相的过程中，同时利用频率和相位进行检测，因此，噪声和信号同频又同相的概率会很低，又利用低通滤波器来实现窄带带通，从而提高了传感器信号的信噪比。

1. 锁相环的相位模型和动态方程

(1) 鉴相器

鉴相器(PD)是一个相位比较器,用来检测输入信号的相位 $\theta_i(t)$ 和 VCO 输出信号的相位 $\theta_o(t)$ 进行比较,产生对应于两信号相位差 $\theta_e(t)$ 的误差电压 $V_d(t)$,起到相位差/电压变换的作用。即

$$V_d(t) = f[\theta_e(t)] \tag{7-26}$$

鉴相器的实现形式一般分为两类:一是乘法器电路,通过对输入信号和输出信号的乘积进行平均,获得直流的误差输出;二是序列电路,它的输出电压是输入信号过零点与反馈电压信号过零点之间的时间函数。在模拟锁相环中,PD 普遍采用具有正弦鉴相器特性的模拟乘法电路。

设输入信号为

$$V_i(t) = V_i \sin[\omega_i t + \theta_i(t)] \tag{7-27}$$

式中,V_i,ω_i 和 $\theta_i(t)$ 分别为输入信号的振幅、角频率和输入信号以 $\omega_i t$ 为参考的瞬时相位。

VCO 输出信号为

$$V_o(t) = V_o \cos[\omega_o t + \theta_o(t)] \tag{7-28}$$

式中,V_o 为 VCO 输出信号的振幅,ω_o 为 VCO 的固有振荡角频率,$\theta_o(t)$ 为 VCO 输出信号以其固有振荡相位 $\omega_o t$ 为参考的瞬时相位。

设相乘系数为 K_m,则输入输出相乘的结果为

$$K_m V_i(t) V_o(t) = K_m V_i \sin[\omega_i t + \theta_i(t)] V_o \cos[\omega_o t + \theta_o(t)]$$

$$= \frac{1}{2} K_m V_i V_o \sin\{[\omega_i t + \theta_i(t)] + [\omega_o t + \theta_o(t)]\} +$$

$$\frac{1}{2} K_m V_i V_o \sin\{[\omega_i t + \theta_i(t)] - [\omega_o t + \theta_o(t)]\} \tag{7-29}$$

式(7-29)右方第一项为和频部分经过低通滤波器滤除;第二项是差频部分,为有用误差电压 $V_d(t)$。令

$$V_{dm} = \frac{1}{2} K_m V_i V_o \tag{7-30}$$

整理相乘后的结果为

$$V_d(t) = V_{dm} \sin\{(\omega_i - \omega_o)t + [\theta_i(t) - \theta_o(t)]\} \tag{7-31}$$

由式(7-31)的量纲可见,正弦函数里的部分均为相位信号,统称为相位误差 $\theta_e(t)$,即

$$\theta_e(t) = (\omega_i - \omega_o)t + [\theta_i(t) - \theta_o(t)] \tag{7-32}$$

所以鉴相器的输入输出特性为

$$V_d(t) = V_{dm} \sin \theta_e(t) \tag{7-33}$$

这就是正弦鉴相特性。

(2) 环路滤波器(LPF)

(LPF)的功能是传递相位误差信息,并滤除其中的高频分量、噪声和瞬变杂散干扰,以便得到更纯正的控制电压 $V_c(t)$ 去控制 VCO 的输出频率。(LPF)的输出电压 $V_c(t)$ 与输入电压 $V_d(t)$ 的关系可用一常系数线性微分方程表示,故令其传递函数为 F(S)。锁相环正是利用(PD)和(LPF)来压缩等效噪声带宽,以达到抑制输入噪声的目的。

(3) 压控振荡器(VCO)

(VCO)是一个电压/频率(或相位)的变换电路。其输出电压 $V_o(t)$ 的频率 $\omega_o(t)$ 受控制电压 $V_c(t)$ 的控制,使 $\omega_o(t)$ 向 $\omega_i(t)$ 靠拢。即让 $V_i(t)$ 和 $V_o(t)$ 的相位差减小。在线性范围内,(VCO)的特性可表示为

$$\omega_o(t) = \omega_0 + K_o V_c(t) \tag{7-34}$$

式中,K_o 为压控灵敏度。由于(VCO)的输出反馈到(PD)上,对(PD)起作用的不是瞬时角频率而是瞬时相位。由于相位是频率对时间的积分,即有

$$\int_0^t \omega_o(t)\,dt = \omega_0 t + K_o \int_0^t V_c(t)\,dt \tag{7-35}$$

将式(7-35)与式(7-28)相比较可知,以 $\omega_0 t$ 为参考的输出瞬时相位为

$$\theta_o(t) = K_o \int_0^t V_c(t)\,dt \tag{7-36}$$

可见,(VCO)在锁相环路中起了一次积分作用,故称它为环路中的固有积分环节,传递函数为 $\dfrac{K_o}{S}$。

上述的分析为环路输入与输出瞬时相位关系,由此可构建起如图7-18所示的相位模型。

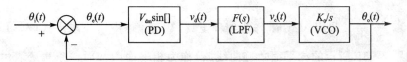

图7-18 锁相环路相位模型框图

图7-18表明的是一个相位负反馈的误差控制系统。反馈相位 $\theta_o(t)$ 与输入相位 $\theta_i(t)$ 进行比较,得误差相位 $\theta_e(t)$,由 $\theta_e(t)$ 产生误差电压 $V_d(t)$,经环路滤波 $F(S)$ 滤除,得控制电压 $V_c(t)$,$V_c(t)$ 加到(VCO)上,使之产生频率偏移,跟踪输入信号频率 $\omega_i(t)$。若输入信号的频率 $\omega_i(t)$ 为固定值,在 $V_c(t)$ 的作用下,(VCO)的输出频率向 $\omega_i(t)$ 靠拢,一旦达到二者相等时,在满足一定条件下,环路就能稳定下来,达到锁定。锁定之后,被控的压控振荡器频率与输入信号频率相同,两者之间维持一定的稳态相差。

由图7-18的相位模型可得

$$\theta_e(t) = \theta_i(t) - \theta_o(t) \tag{7-37}$$

$$\theta_o(t) = K_o V_{dm} \sin[\theta_e(t)] \frac{F(S)}{S} \tag{7-38}$$

将式(7-37)代入(7-38)得

$$S\theta_e(t) = S\theta_i(t) - K_o V_{dm} F(S) \sin \theta_e(t) \tag{7-39}$$

令环路增益

$$K = K_o V_{dm}$$

则得锁相环路动态方程的一般形式

$$S\theta_e(t) = S\theta_i(t) - K F(S) \sin \theta_e(t) \tag{7-40}$$

式中,S 表示拉氏算子,为复变量。

若采用的环路滤波器为有源比例积分滤波,可导出其传递函数为

$$F(S) = -\frac{1 + S\tau_2}{S\tau_1} \tag{7-41}$$

式中,$\tau_1=CR_1$,$\tau_2=CR_2$,代入式(7-40),即得对应的动态方程

$$S^2\tau_1\theta_e(t) = S^2\tau_1\theta_i(t) - K(1+S\tau_2)\sin\theta_e(t) \qquad (7-42)$$

式(7-42)是一个表示相位误差和频率误差之间关系的二阶非线性微分方程,方程的解就表示环路系统的动态特性。造成环路非线性的器件是鉴相器。

2. 锁相环工作过程

动态方程(7-42)得不到精确的解析形式,只能求其近似的数值解。这里应用相平面轨迹法来求解,并对环路中捕获、锁定和失锁等动态行为进行分析。

式(7-42)中,$S\theta_i(t)$的物理意义是环路的固有频差,为常值。故$S^2\theta_i(t)=0$,于是式(7-42)变为

$$S^2\tau_1\theta_e(t) = -K(1+S\tau_2)\sin\theta_e(t) \qquad (7-43)$$

为了明晰各项的物理意义,把式(7-43)再化为

$$\tau_1 S^2\theta_e(t) = -K\sin\theta_e(t) - KS\tau_2\sin\theta_e(t) \qquad (7-44)$$

$$S^2\theta_e(t) = -\frac{K}{\tau_1}\sin\theta_e(t) - \frac{K\tau_2}{\tau_1}\cos\theta_e(t)\cdot S\theta_e(t) \qquad (7-45)$$

现给定

$\dfrac{K}{\tau_1}=0.1$,$\dfrac{K\tau_2}{\tau_1}=0.5$,用Matlab作为编程工具,基于龙格库塔法求出式(7-45)的数值解,并绘制成如图7-19所示的相平面轨迹曲线族,称为相平面图。而一条轨迹表示出环路在趋于(或失锁时不趋于)平衡状态时的瞬态过程的动态行为。具体结论如下:

第一:相轨迹是有方向的曲线,在上半平面,瞬时频差$\dot{\theta}_e>0$,随着时间的增长,相点$(\dot{\theta}_e,\theta_e)$从左向右运动;在下半平面,$\dot{\theta}<0$,随着时间的增长,相点$(\dot{\theta}_e,\theta_e)$从右向左运动。

第二:$\dot{\theta}_e$是θ_e对时间的导数,可理解为瞬时频差,以下均用$\Delta\omega$表示。对于不同的相轨迹可以看出:

① 当两个初始频差$\Delta\omega_0$绝对值相等,符号相反时,两条相轨迹对原点对称。这说明锁相环的锁定与输入和输出频率差值的符号无关,只与差值的绝对值有关。

② 当两个初始频差$\Delta\omega_0$在一定范围内(如每个2π周期内)时,相轨迹总会与横轴相交于两点(称为奇点),其中一个点,许多相轨迹都卷向它见图7-19(a),这就是环路的稳定平衡点(即锁定点)。在另一个奇点上,相轨迹的速度不为零,运动状态继续进行,即不存在稳定平衡点,这不稳定的奇点,称为鞍点。

令式(7-45)中有,$\dfrac{d\theta_e}{dt}=0$,$\dfrac{d^2\theta_e}{dt^2}=0$,可得稳定平衡点为

$$\theta_e(t) = \pm 2n\pi \quad (n=0,1,2,\cdots) \qquad (7-46)$$

不稳定平衡点为

$$\theta_e(t) = \pm(2n+1)\pi \quad (n=0,1,2,\cdots) \qquad (7-47)$$

即最后锁定时,相位误差为零,输入、输出频差为零,频差变化率为零。这是采用有源比例积分作为环路滤波器所特有的。

若采用一般的低通滤波,达到锁定状态时,输出频率等于输入频率,两者之间维持一定的稳态相位差,该相位差是维持误差与控制电压所必须的,这是误差控制系统的特征。

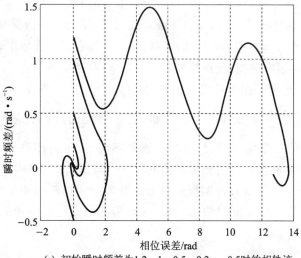

(a) 初始瞬时频差为1.2、1、0.5、0.2、-0.5时的相轨迹

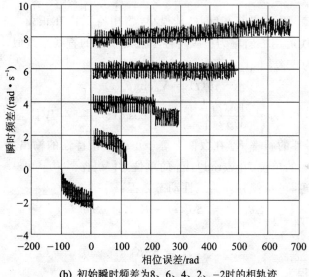

(b) 初始瞬时频差为8、6、4、2、-2时的相轨迹

图 7-19 采用有源比例积分器的环路相轨迹

③ 当$|\Delta\omega_0|\leqslant 1$时,相轨迹为非振荡的螺旋线,不管系统的初始状态如何,经过衰减振荡最终趋向平衡态,见图 7-19(b)。这表明系统初始就进入到锁相环的捕获带内,随着时间的增长,系统控制作用越来越强,相位误差越来越小,环路最终锁定。

当$1\leqslant|\Delta\omega_0|<6$时,相轨迹为正弦振荡,但其平均值是逐渐减小,相轨迹最终收敛于横轴的某点处。振荡特性表明:瞬时输出频率时而靠近输入频率,时而远离输入频率,而瞬时频差在不断减小,即鉴相器输出差拍电压,差拍电压上下不对称,其平均分量不断减小,这是频率牵引的结果。当平均频差$\Delta\omega$减小到某值时,相轨迹将摆脱正弦振荡状态进入非振荡螺旋线区,称其为进入快捕带。接下来的过程和$|\Delta\omega_0|\leqslant 1$时相同。

当$|\Delta\omega_0|>6$时,相轨迹仍为正弦振荡,但其平均值呈现逐渐增大的趋势,为发散曲线,不会与横轴相交。此时环路处于失锁状态,此情况下,环路瞬时相差将无休止地增加,系统失去

控制作用。

当$|\Delta\omega_0|=6$时,为临界状态,相轨迹为等幅正弦振荡,平均值一直保持在初始条件$|\Delta\omega_0|=6$的位置。若有外界小扰动使得$|\Delta\omega_0|<6$,环路将进入捕获带。在频率牵引下,相差逐渐减小,输出频率逐渐向输入频率靠拢,最终维持锁定。若外界扰动使$|\Delta\omega_0|>6$,系统发散,环路失锁。所以,$|\Delta\omega_0|=6$,是使环路维持锁定状态的最大固有频差。称为锁相环路的同步带。

上述分析,均是在给定$\frac{K}{\tau_1}=0.1$,$\frac{K\tau_2}{\tau_1}=0.5$的条件下得出的,其结论不失一般性。因为给定环路参数不同,导致的只是同步带、快捕带的取值不同,而带内环路的运动规律是相同的。故可以通过设计不同的环路参数来得到需要的捕获、锁定特性。

值得指出,调试经验表明,有源比例积分的比例系数与锁相环的动态响应速度密切相关,比例系数越大,锁相环的响应速度越快,但对输入信号的信道分辨率越低。应用中要综合考虑,选取合适的参数。

3. 环路跟踪性能

在环路的同步状态,瞬时相差$\theta_e(t)$总是很小,鉴相器工作在正弦鉴相特性的零点附近。而零点附近的特性曲线可用一斜率为正弦特性零点处斜率的直线来近似,$\theta_e(t)$在$\pm 30°$内的误差不会大于5%。因为

$$v_d(t) = V_d \sin\theta_e(t) \tag{7-48}$$

$$K_d = \frac{dv_d(t)}{d\theta_e(t)}\bigg|_{\theta_e=0} = V_d\cos\theta_e(t)\bigg|_{\theta_e=0} = V_d \tag{7-49}$$

可见,近似线性鉴相特性的斜率K_d在数值上等于正弦鉴相特性的输出最大电压V_d。只是二者使用的单位不同,K_d的单位为[v/rad],V_d的单位为[V]。

经过上述近似处理,可得锁相环路线性动态方程:

$$S\theta_e(t) = S\theta_i(t) - K_oK_dF(S)\theta_e(t) \tag{7-50}$$

再令环路增益

$$K = K_oK_d$$

最终得线性化动态方程为

$$S\theta_e(t) = S\theta_i(t) - KF(S)\theta_e(t) \tag{7-51}$$

采用运放构成的有源低通滤波(见图7-5),对应的传递函数如式(7-5)所示[$H(S)=F(S)$]。将$F(S)$代入式(7-51)中,通过拉氏变换可求得环路误差传递函数为

$$\theta_e(S) = \frac{S^2+\frac{S}{R_2C}}{S^2+\frac{S}{R_2C}+\frac{K}{R_1C}} = \frac{S^2+2\xi\omega_n\cdot S}{S^2+2\xi\omega_n\cdot S+\omega_n^2} \tag{7-52}$$

式中,$2\xi\omega_n=\frac{1}{R_2C}$,$\omega_n^2=\frac{K}{R_1C}$。

若采用运放构成的有源比例积分,电路结构如图7-20所示。对应的传递函数为

$$F(S) = -\frac{1+SR_2C}{SR_1C} \tag{7-53}$$

将式(7-53)代入式(7-51),可求得环路误差传递函数为

第 7 章 微机械弱信号检测与处理

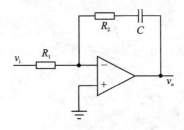

图 7-20 有源比例积分滤波器

$$\theta_e(S) = \frac{S^2}{S^2 + S\dfrac{KR_2}{R_1} + \dfrac{K}{R_1 C}} = \frac{S^2}{S^2 + 2\xi\omega_n \cdot S + \omega_n^2} \qquad (7-54)$$

式中,$2\xi\omega_n = \dfrac{KR_2}{R_1}, \omega_n^2 = \dfrac{K}{R_1 C}$。

综上可见,采用不同的环路滤波器所得到的传递函数均为二阶线性系统。有源低通滤波和有源比例积分的主要区别在于误差传递函数的零点个数不同,有源比例积分多了一个零点,起到相位超前的作用,既能改善系统的响应速度,又能减小稳态误差。

由于相位与频率之间为线性关系,现再采用频率阶跃作为输入信号,对二者进行时间响应和稳态误差的对比分析。

频率阶跃信号的拉氏变换为

$$\theta_i(s) = \frac{\Delta\omega}{S^2} \qquad (7-55)$$

采用有源低通滤波时的误差响应的拉氏变换为

$$\theta_e(s) = \frac{\Delta\omega}{S^2 + 2\xi\omega_n \cdot S + \omega_n^2} + \frac{2\xi\omega_n \cdot \Delta\omega}{(S^2 + 2\xi\omega_n \cdot S + \omega_n^2)S} \qquad (7-56)$$

采用有源比例积分时的误差响应的拉氏变换为

$$\theta_e(S) = \frac{\Delta\omega}{S^2 + 2\xi\omega_n \cdot S + \omega_n^2} \qquad (7-57)$$

分别取 $\xi = \sqrt{2}, \xi = 1$ 和 $\xi = \dfrac{1}{\sqrt{2}}$,画出二者对频率阶跃输入信号的相位误差时间响应曲线,如图 7-21 所示(图中字符 Zeta 分别与 $\xi = \sqrt{2}, \xi = 1, \xi = \dfrac{1}{\sqrt{2}}$ 对应)。

由图 7-21 可见,对于相同的输入信号,采用有源比例积分比采用有源低通滤波的稳态误差要小。说明如下:应用拉氏变换终值定理

$$\theta_e(\infty) = \lim_{t \to \infty}\theta_e(t) = \lim_{S \to 0} S \cdot \theta_e(S) \qquad (7-58)$$

采用有源低通滤波时的稳态误差为

$$\theta_e(\infty) = \lim_{S \to 0} S \cdot \theta_e(S) = \frac{R_1}{R_2 K} \cdot \Delta\omega \qquad (7-59)$$

采用有源比例积分时的稳态误差为

$$\theta_e(\infty) = \lim_{S \to 0} S \cdot \theta_e(S) = 0 \qquad (7-60)$$

实际上,任何电路都不能实现真正的理想积分。只要运放的增益不等于无穷大,它就只能是一个近似的理想比例积分滤波器。在此情况下,稳态相差只能接近于零,而不是真正等于

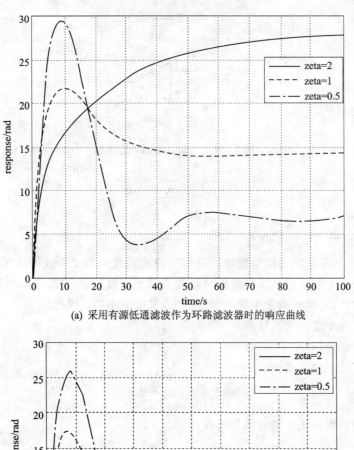

(a) 采用有源低通滤波作为环路滤波器时的响应曲线

(b) 采用有源比例积分作为环路滤波器时的响应曲线

图 7-21 相位误差时间响应曲线

零。因为充当鉴相器功能的模拟乘法器芯片和有源比例积分中所使用的运放芯片自身存在一定的零点漂移。故当环路锁定时,压控振荡器的输入直流电压并不等于零,锁相环的输入、输出信号之间存在一个常值的稳态相差,这直接导致了系统的测量误差。所以在设计电路系统时,应设法极力减小芯片的零点漂移。

第 6 章中图 6-22 所示硅谐振梁式压力传感器的闭环自激系统的框图就是基于上述锁相环理论设计而成的,有用信号和干扰混合信号经前置放大和滤波后进入锁相环路。在环路锁定时,压控振荡器输出的正弦频率应等于进入锁相环的有用信号的频率,二者保持恒定的相位差。

在图 6-22 中引入倍频器的理由已说明在 6.4.1 节中。

7.2.5 时域信号的取样平均技术

利用相干检测的锁相环技术是频域窄带化处理的方法；但若被测微弱信号是一个用时域描述的脉冲波形，再用锁相技术就不方便了。尽管各域信息之间有密切联系，可以相互转换；但在实际测量中，它们各自的参数没有明显的直接关系。这时，适于采用积累平均的方法降低噪声。

淹没在噪声中的快速时间变化的弱信号，在生物医学的血流、脑电及心电信号测量中会经常遇到。这些弱信号的特点是：均为周期重复的短脉冲波形。对其测量的要求主要是波形恢复。解决的方法是，在信号出现的周期内，将时间分成若干个间隔，时间间隔的长短取决于要求恢复信号的精度；然后对这些时间间隔的信号进行多次测量，并加以平均。某一时间间隔的信号幅值通过取样方法获得，而信号的平均则可通过积分或者利用计算机的数据处理来实现。

设待测输入 $x(t)$ 由信号 $s(t)$ 和噪声 $n(t)$ 组成，即
$$x(t) = s(t) + n(t)$$
如果对上述信号进行 N 次测量，将各次测量结果相加之后再平均，可得

$$\bar{s}(t) = \frac{1}{N}\sum_{k=0}^{N-1} x(t_0 + kT) =$$
$$\frac{1}{N}\sum_{k=0}^{N-1} s(t_0 + kT) + \frac{1}{N}\sum_{k=0}^{N-1} n(t_0 + kT) \tag{7-61}$$

式(7-61)第 1 项为有用信号，N 次取样，每次取样得到的应是相同值；所以

$$U_s = \frac{1}{N}\sum_{k=0}^{N-1} s(t_0 + kT) = s(t_0) \tag{7-62}$$

式(7-61)第 2 项是随机噪声，设噪声均方值为

$$\sigma_n^2 = \frac{1}{N}\sum_{k=0}^{N-1} n^2(t_0 + kT) \tag{7-63}$$

累加平均后的输出值应为

$$U_n = \frac{1}{N}\sqrt{\sum_{k=0}^{N-1} n^2(t_0 + kT)} =$$
$$\frac{1}{N}\sqrt{N\sigma_n^2} = \frac{\sigma_n}{\sqrt{N}} \tag{7-64}$$

显然信号与噪声累加平均前的输入信噪比为

$$SNR_i = \frac{s(t_0)}{\sigma_n} \tag{7-65}$$

累加平均后的输出信噪比为

$$SNR_o = \frac{s(t_0)}{\sigma_n/\sqrt{N}} = \frac{\sqrt{N}s(t_0)}{\sigma_n} \tag{7-66}$$

可见，累加平均法对重复信号进行检测，使得信噪比提高了 $\sqrt{N}$ 倍，这就是平均效应的 $\sqrt{N}$ 法则。图 7-22 就是其信噪比的示意图：图 7-22(a)为含有噪声的重复信号，实线为信号波形，虚线为噪声的污染；图 7-22(b)为对应点的各取样值；图 7-22(c)表示信号大小的取样；

图 7-22(d)为噪声的取样;图 7-22(e)是经各次取样的信号积累,它是线性叠加,若取样数为 N,则增加 N 倍;图(f)是噪声

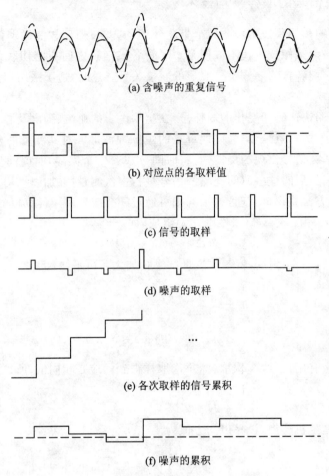

图 7-22 累加平均的信噪比示意图

的累积,其增减值如图 7-22(d),如果 N 值很大,它有可能趋近于 0 均值。

综上所述,取样平均其实是一种频率的压缩技术。它将一个高重复频率的信号,通过逐点取样,将随时间变化的模拟量转变成为对时间变化的离散量的集合,这种集合即为信号的低频复制,从而可以测量低频信号的幅值、相位或波形。

由于时域信号累加平均有很好的分辨率,故用途广泛。诸如应用于噪声分析与处理、脉冲超声、光电检测及脑电和心电测定等方面。典型应用如在数字存储示波器中,较普遍地使用累加平均法复现被噪声淹没的重复性信号。

7.2.6 抗干扰的技术措施

前面所讨论的抑制噪声的机理和技术,只是设计弱信号检测电路其中的一步,主要达到恰当地确定元件和参数,并判断所选择的电路是否能像期望的那样满意地工作的目的。这其中没有考虑外界引入的耦合干扰。在实际电路设计中,如果这些外界干扰被忽视了,而没有采取有效措施将它们的影响降至最小,那么,电路的理论分析和设计将前功尽弃。所以,在设计实

际使用的弱信号检测电路时,除必要的理论分析外,还必须考虑抗外界干扰的技术措施,包括屏蔽技术、接地技术、隔离技术、滤波技术以及电路的合理布局和电路板的制作工艺等。

在解决这些技术和技巧问题方面,经验往往比理论更重要,或者说:经验是最好的老师。因此,这里不想做过多的文字叙述,建议读者在遇到这些问题时,多参考和借鉴弱信号检测的有关书籍和资料中所介绍的实际电路示例和有关的电子仪器及其线路图,以完善设计的电路测试系统,把外界干扰、耦合等噪声降至最小。

思 考 题

7.1 若有一待检测信号为 $s(t)+n(t)$,其中 $s(t)$ 为有用信号,$n(t)$ 为叠加在 $s(t)$ 上的噪声。试分析说明应用相关检测原理滤除噪声、提高信噪比的过程,并指出 $s(t)$ 与 $n(t)$ 应具备的特征。

7.2 阐明开关电容技术的基本思想。分析开关电容滤波器比 RC 有源滤波器的优点何在?

7.3 题图 7-1 给出了硅电容传感器的基本开关电容放大器电路,图中 C_s 为敏感电容,ϕ_1 和 ϕ_2 为两个时钟相位(不可相互重叠)。阐明:

(1) 放大器的基本工作原理。

(2) 求输出端的输出电压 $V_{out}=$?

(3) 这种开关电容电路的基本方案有何优点?

7.4 基于锁相环理论,试设计静电激励、电容检测的硅谐振梁式压力传感器自激闭环电路的原理框图。

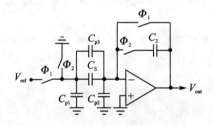

题图 7-1 电容传感器的基本开关电容放大器电路

参考文献

[1] KO W H. The future of sensor and actuator systems. Sensors and Actuators, 1996, A. 56: 193~197

[2] 纳米科技及其检测仪器专辑.现代科学仪器,1998(1、2合).

[3] 刘广玉.微传感器设计、制造与应用.北京:北京航空航天大学出版社,2008.

[4] Yu chong Tai, Muller Richard S. IC-Processed synchronous micromotors. Sensors and Actuators, 1989. Vol. 20, 49~55.

[5] Anders Olsson. A numerical design study of the valveless diffuser pump using a lumped-mass model. J. micromech. microeng, 1999, vol. 9: 34~44.

[6] Schomburg W. K, Goll C. Design optimization of bistable microdiaphragm values. Sensors and Actuators, 1998. A. 64: 259~264.

[7] Christofer Hierold. From micro to nanosystems: mechanical sensors go nano. J. Micromech. Microeng, 2004. 14, s1~s11.

[8] Robert Bogue. Nanosensors: a review of recent progress. Sensor Review, 2008, 28/1, 12~17.

[9] 刘广玉.几种新型传感器——设计与应用.北京:国防工业出版社,1988.

[10] 程鹏.自动控制原理.北京:高等教育出版社,2005.

[11] 汤章阳.锁相环技术在硅谐振微传感器闭环系统中的应用研究.北京:北京航空航天大学,2006.分类号:TP212.

[12] 汤章阳.温度自补偿热激励硅谐振式压力传感器研究.[D].北京航空航天大学,2012.论文编号:10006BY0717126.

[13] [美] O. Brand, G. K. Fedder. CMOS MEMS 技术与应用.黄庆安,秦明,译.南京:东南大学出版社,2007.

[14] [美] Mohamed Gad-el-Hak. 微机电系统设计与加工.张海霞,赵小林,译.北京:机械工业出版社,2010.

[15] [美] Floyd M. Gardner. 锁相环技术. 3版.姚剑清,译.北京:人民邮电出版社,2007.

[16] Liu Wing Kan, Karpow Eduard G. Park Harold S. Nano Mechanics and Materials. Copyright © 2006 Wiley.